全図解

世界最強部隊

アメリカ海軍SEALの サバイバル・マニュアル

元SEAL隊員
クリント・エマーソン
竹花秀春［訳］

三笠書房

はじめに――

「もしも」「まさか」――その瞬間、命をつなぐ方法

滅びるのが世の定め。生き残れることのほうが例外なのだ。
カール・セーガン（天文学者）

これから紹介するサバイバルスキルの多くは、シークレット・エージェント（秘密工作員）の任務や訓練がもとになっている。エージェントは、命の危機にさらされる状況での忍耐力、正確な判断や行動、創意工夫を極限まで高める訓練を定期的に行ない、それを任務で実践する。

前著『アメリカ海軍ＳＥＡＬのサバイバル・マニュアル』は、カムフラージュや監視、秘密潜入のやり方を解説し、密かに行なわれる特殊作戦の世界を一般の方に知ってもらうマニュアルだった。

今回の「災害・アウトドア編」では、ずばり「命をつなぐ方法」について紹介する。ここでいう命とは、自分の命だけでなく他人の命も含んでいる。雪崩（なだれ）が起きた場合から、山中でイノシシなどの動物の突進を受けた場合、それこそテロに巻き込まれた場合まで、あらゆる極限状況を乗り越えられるスキルを紹介するのが本書の目的である。

ただサバイバルに特化したスキルといっても、きわめて危険なものがいくつかあり、多くのス

キルは危機的な状況でしか試みてはならない。実際に使うにあたっては法律で禁じられているものもある（訳注：日本では銃や刃物の所持を禁止、あるいは厳しく制限されているので注意）。

たとえば、携帯電話のバッテリーを使って狼煙（のろし）を上げる（76ページ参照）のも、危険を伴うため極限状態に置かれたときに限られるだろう。家への侵入犯（122ページ参照）とかハイジャック犯に立ち向かう（182ページ参照）のは勇敢な行動だが、このうえない危険が伴う。

本書に書かれている情報を利用した結果として負傷したとしても、著者ならびに出版社は一切の責任を負わない。本書の狙いは、サバイバルスキルを実際に使えるようになってもらうことではない。絶体絶命の状況で役に立つかもしれない多様な知識を、ひとつの読みものとして楽しんでもらうことだ。

他者の人権を尊重し、自国の法律を守り、けっして悪用しないように。

最強たる者が生き延びられることを願う。

元ＳＥＡＬ隊員　クリント・エマーソン

※本文に記載された製品や材料等はアメリカで流通するものであり、その一部は日本では入手困難、あるいは入手を法律で禁じられています。

もくじ

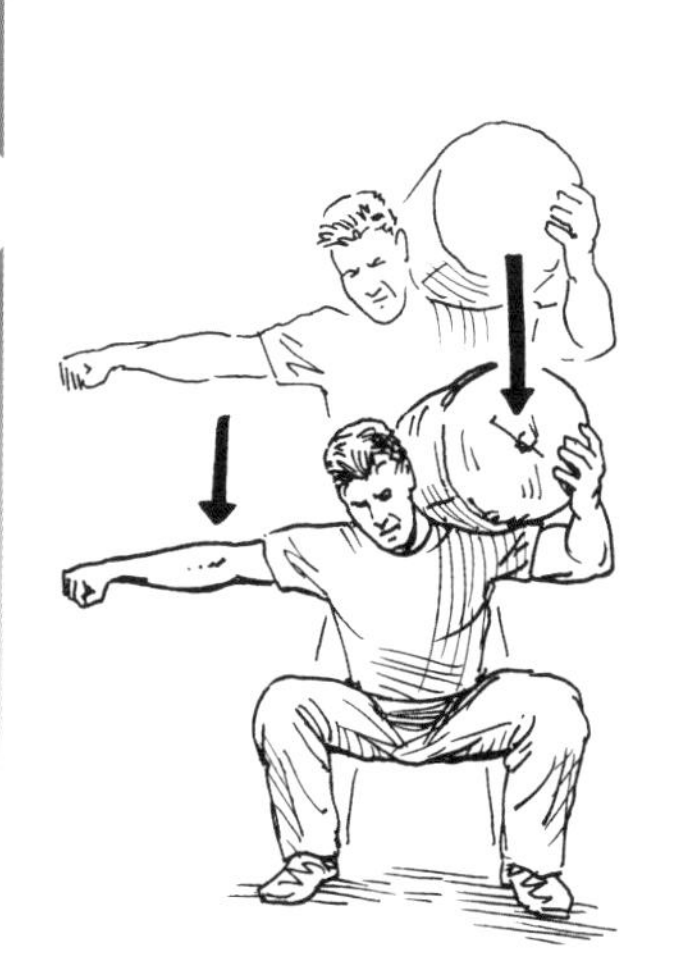

PART 4 自宅を脅威から守る

PART 5 公共の場でのトラブル

PART 6 犯罪・テロから身を守る

PART 7 災害を生き延びる

編集協力：リリーフ・システムズ
イラスト：Ted Slampyak

PART 1
PERSONAL PREPAREDNESS

あらゆる危機に備えるために

心構えを持つ

サバイバルの能力は、単に適切な道具を携帯している、過酷な肉体トレーニングを実践しているというだけではない。

サバイバル訓練において筋力や体力や道具以上に大切な要素は、先のことを考えて先手を打つ心構えを持つことである。


大半の人は、比較的平穏な現代社会において、特に何をしなくてもいい雰囲気の中で日々を送っている。

心配事といえば、締め切りが間に合わないとか、駐車違反の切符を切られるとか、恋人との口げんかとか、そんなものだろう。生活の土台が揺らぐことはない。映画やスポーツ観戦に伴う危険は、せいぜい映画の続編がつまらないとか、ひいきのチームが負けることくらいだ。

だが、都市の中心部であっても、国際紛争の脅威や、単独犯による予測不能な凶行が起こりうることは、肝（きも）に銘（めい）じておきたい。


サバイバルの心構えとして、怖いことから目を背けたいという誘惑を断ち切り、逆に起こってほしくないさまざまな危険の可能性を想像して備えなければならない。山の上から近くの映画館まで、どこでどんなことが起こり得るのか、想像を膨らませるのである。

サバイバルの心構えを「心配性」で片づけてはいけない。むしろ「現実的」なのだ。

そのために、まずはあらゆるたぐいの危機を意識して対応を行なうための多角的な戦略が必要となる。すなわち、状況認識、個人および文化の認識、積極的に脅威を減らすテクニック、受け身でない攻めの心構えである。

状況認識

地元にいるときも地元を離れているときも、状況認識を心の鉄則として身につけ、脅威に襲われる危険性を少しでも減らす。

自分を中心に直径1メートルほどの球体をイメージして、その内側の状況を把握する。携帯電話は見ずに、上を見て下を見る。周りに注意を向け、近くにある潜在的な脅威を察知し、脅威が現実のものになったときにどう対処するか、あらかじめ決めておく。攻めるか守るか、対応

危機を生き延びるための服装と道具

のガイドラインを決める。

　例えば、自分を尾行しているらしき人間が、通りの反対側からこちら側に渡ってきたとしよう。私なら、次に見える店などに入って110番に電話するか、周りの人間に助けを求める。四方を囲まれた人の多い公共空間に入るときは、あらかじめ出口を確認しておく。

　前もって状況から予想されるリスクを見極め、危機対応について考えを巡らせておけば、実際に緊急事態が起こったときにとっさに行動できる。大混乱が起こったとしても、どうしたものかと周りの人間があたふたする中、自分だけは安全な場所へ逃げられる。

狙う側の視点

「個人の認識」と「文化の認識」の両方を持つことで、ターゲットとして狙われにくくなる。

　個人の認識とは、自分の身なりや振る舞いを狙う側の視点から見ることだ。自分の格好が泥棒や凶悪犯にどんなメッセージを送っているか考えよう。

　高級ブランドのロゴを見せれば、金を持った絶好の獲物だと、犯罪者の注意を引くだけだ。服やアクセサリーはノーブランドが望ましい。

　どんな状況でも、自分を目立たなくすることにはメリットがある。誰にも気づかれることなく、さまざまな危機をやり過ごせるからだ。

　文化の認識とは、自分の身なりや振る舞いがその場や社会の一般的な風習と比較してどうなのか、確認することだ。

　旅行中は目立つ格好を避け、周りに溶け込むようにする。観光客や旅行者とわかれば、さまざまな犯罪や詐欺、強盗のカモとして狙われることが多くなる。目立たないようにする最も手っ取り早い方法は、地元の人間に紛れるように服装を毎日替えることだ。

脅威を減らす

　女性が犯罪者から身を守るには、女性ならではの手軽な方法がある。それは、長い髪を下ろしたりポニーテールにしたりせず、団子にまとめて髪をつかまれにくくすることだ。こうすれば、ターゲットとして狙われる可能性も少ない。

身分証明書に細い紐を通して首にかけたり、ネックレスを身につけたりするのは控えよう。引っ張られて身動きがとれなくなる。

スカートやドレスではなく、ズボンをはくのもよい。犯罪者はスカートやドレスを着た女性を狙うことが知られている。それにズボンのほうが動きやすく、あらゆる危機から下半身を守ってくれる。

攻めの心構え

サバイバルといえば、「自己防衛」が真っ先に頭に浮かぶだろう。しかし大半の危機状況において、守りの心構えは役に立たない。

危機レベルが警戒ラインを越えて、アクションを起こすべきときがきたら、冷静に頭を切り替えて攻めの心構えに入る。

凶暴な相手に出くわしたときは、こちらも相手が見せる攻撃性と同等かそれ以上の攻撃性を示さなければならない。その際は、襲ってきた相手が複数の武術を学んでいる、武器の扱いがきわめて正確であるといった最悪のケースを想定し、ありったけの力を振り絞って立ち向かう。生きるか死ぬかがこの戦いにかかっていると心得よう。

このアグレッシブな反骨精神と冷静さは、自然災害に遭遇したときや、自然界でのサバイバルにも適用できる。

まず第一に、どんな災害に見舞われたとしても、感情をコントロールして、パニックで我を忘れないように努め、危険からできるだけ速やかに、しかも効率的に逃げることを目標とする。

闘争・逃走本能は強力だが、最適な対応を取るためには、その感情を抑えて冷静な頭で考えることが何よりも必要だ。

002 「携帯常備セット」を揃える

サバイバルは適応力が物をいう。本書の多くのスキルは、そのときに手に入る素材で即席でつくれる道具に焦点を当てている。

とはいえ、厳選した最低限の装備は、普段から準備しておきたい。環境や自分の習慣に合わせて、自分だけの携帯常備セットを用意するのだ。既製品を自分なりに改造するにしろ、ゼロから自作するにしろ、基本の必需品は少数の軽いアイテムのみとしよう。

左図に携帯常備セットの例を示した。それぞれのアイテムに若干説明を加えよう。

バッグに差し込める防弾板を用意しておけば、銃を持った襲撃者が現われたときに、即席の盾となる。

小さな懐中電灯は、現在地の確認や信号の発信など、使い道は無限だ（122ページ参照）。

軸が金属でできたペンは、筆記用具としてだけでなく、自衛用の武器としても使える（相手の目や首に突き刺すのだ）。

小銭の束は、バナナのように折り曲げて骨を砕く道具にできる。この金属製のバナナは、止血帯としても使用できる。

瞬間接着剤は傷の縫合に使える（254ページ参照）。

強度のある樹脂ケブラー製の紐を靴紐にするか携行していれば、金属を縫い合わせることができる。

外科ハサミは服を切ったり、金属製ワイヤーを切断したりできる。

「メース」と呼ばれる小さな催涙スプレーは、相手に危害を加えない自衛手段となる。

GPSは、自然災害などによって携帯電話サービスが停止したときに、ナビゲーションシステムのバックアップとして、現在地の把握などに使える。

さらに、印刷した地図も持っていれば、携帯電話とGPSの両方を失った場合の保険となる。

できるなら、財布やバッグのストラップにカラビナを取りつけておく。脱着可能なストラップは、危機においてたいへん役に立つものだ（208ページ参照）。ある程度の長さがあるナイロンチューブも同じである。

バッグに差し込める
防弾板
カラビナ×2
外科ハサミ
地図
絆創膏、瞬間接着剤、
ケブラー製の紐、
ライターが入った
手のひらサイズの
金属ケース
「ゼブラ」のペン
「ナルゲン」の
ボトル
催涙スプレー
幅2.5センチの
ナイロンチューブ
×30センチ
小型懐中電灯
LED、ガラス割り、
笛、鍵のついた
キーリング
エネルギーバー
携帯用GPS
$10.00
QUARTERS
小銭の束
バンダナ

サバイバルのためのトレーニング

体を鍛えておかなければ、本書で紹介するスキルはさほど役に立たない。

　炎上する建物から脱出したり、襲ってきた相手を殴って気絶させても、それは最初の困難を乗り切っただけにすぎない。本当の困難は、走ったり這いつくばったりして、安全な場所にたどり着くまで続くのだ。

　少なくとも自分の体の重さを押したり、引っ張ったり、持ち上げたりできるだけの筋力は欲しい。もちろん、愛する人を背負ったまま自分の体重を持ち上げられる筋力があれば理想的だが……。


　しっかりとした体力トレーニング（ファンクショナルトレーニング）を通じて、全身の筋力強化と心臓や血管など循環器系の持久力強化を図ろう。この２つを鍛えておけば、危機から脱出するのにまず必要な「不屈の精神」が養われ、実際に安全なところまで逃げるのに必要な「持久力」が身につく。

　トレーニングは、重い物を引きずる、押す、パンチする、引っ張ることを基本としつつ、自分なりにメニューを変える。ほぼこれで、実際のサバイバルに近いトレーニングになるはずだ。

　左図に一連のトレーニングメニューを紹介する。各項目につき30秒間が目安である。

　まずは、重いバックを引きずるダッシュ。体幹と脚に負荷がかかるので、実際のダッシュよりも苦しいものになる。

　続いて、重いバッグを地面に置いてパンチ。腕と背筋が鍛えられ、体幹の回転力が養われる。

　次に重いバッグを引く。両脚で踏ん張って、両手でバッグの紐を引っ張って引き寄せるのだ。

　それが終わったら、重いバッグを左右の肩に担いで10回ずつ、または30秒間ずつスクワット。

　さらに、地面に横向きに置いた重いバッグに、腰の回転力を使って膝蹴りを入れる。

　トレーニングの最後は、４００メートルないし８００メートルを全力ダッシュ。

　30秒から1分間休んで、この一連のメニューを５セットくり返そう。

1 重いバッグを引いてダッシュ

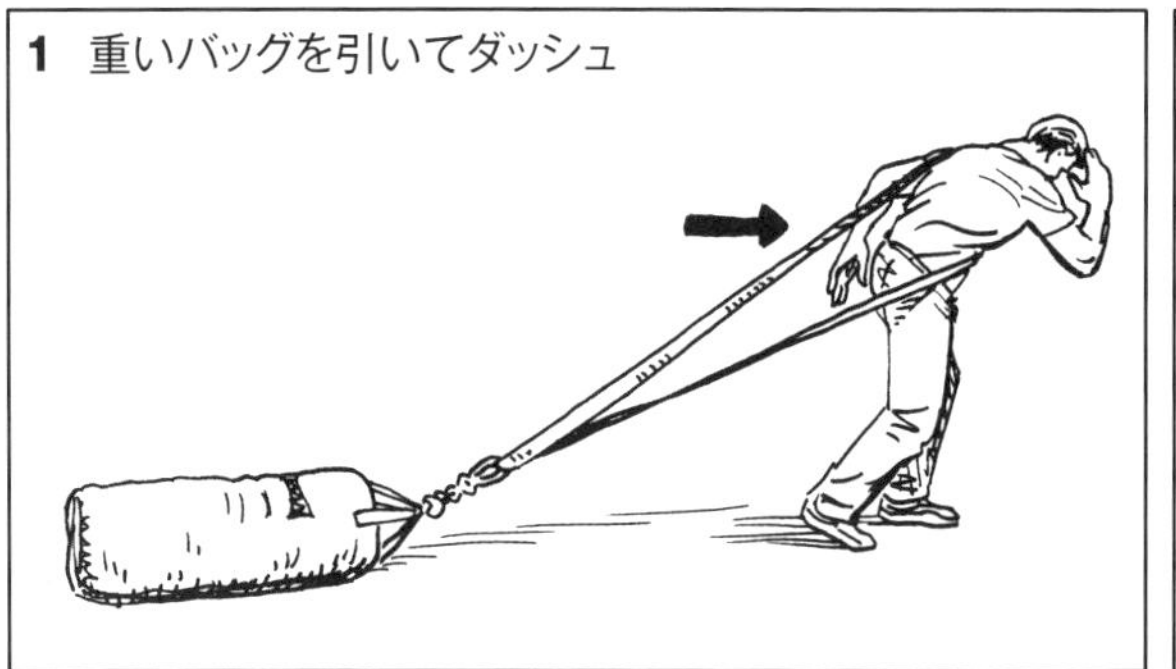

2 重いバッグを地面においてパンチ

3 重いバッグを引く

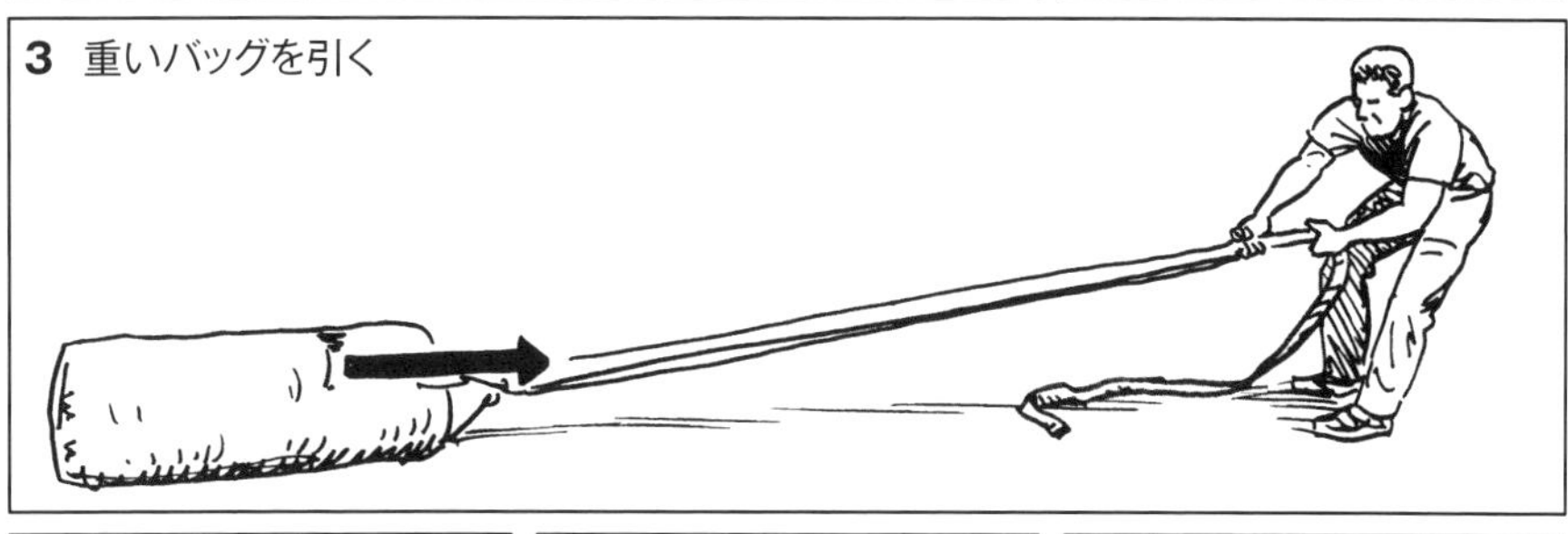

4 重いバッグを担いでスクワット（左右とも）

5 重いバッグを地面に置いて膝蹴り

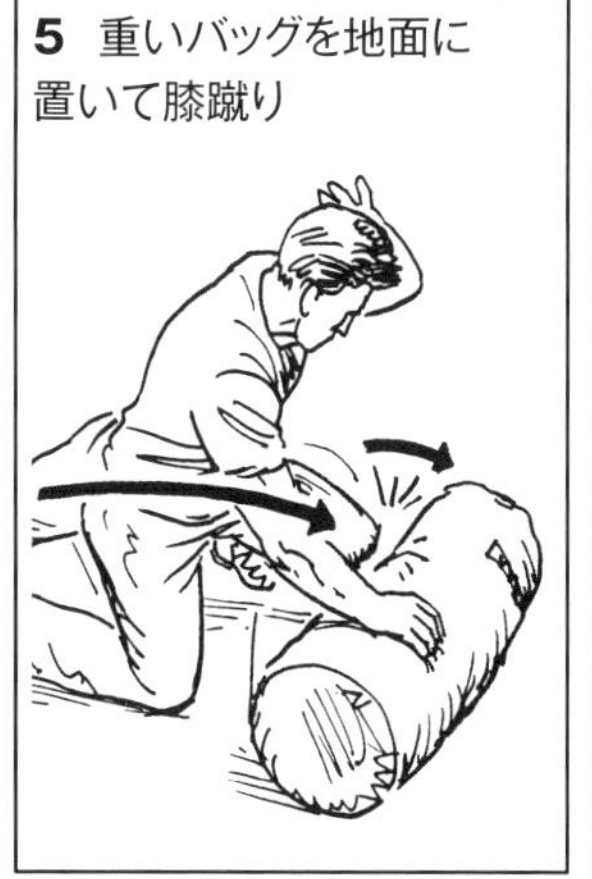

6 ダッシュ

004

車載用「災害バッグ」を用意する

災害用備品を物置きいっぱいに揃えておくことは、いざというときの備えとして必要なことだ。だが、車のトランクを活用しないのは、何とももったいない話だ。

いつどこで危機が起きるか、予測するのは不可能である。とっさに危機を逃れるには、移動中でも対応できるようにしておかなければならない。

そこで、車載用災害バッグをスペアタイヤの下か脇に忍ばせておく。そうすれば、タイヤがパンクしたときだけでなく、道路の陥没に車がはまったとき（204ページ参照）や、冬に車がトラブルに遭って、助けを求めにいくときに役に立つ。

車載用災害バッグには、生命維持や自衛に不可欠なアイテムを入れておこう。具体的には次のようなものがある。

カラビナ――山で食料をつるしたり、即席のシートベルトをつくるのに使う。海上でストラップで縛って、装備を固定することもできる。

隠しカミソリ刃――こっそり忍ばせておけば、非常に強力な武器となり得る。

ダクトテープ――骨折した箇所に添え木を当てるとき（258ページ参照）や、即席のコンパス（方位磁針）をつくるときに使う（28ページ参照）。

ダイナミックロープ――ぬかるんだ場所から脱出するのに使う。

救急キット――衝突事故などによる出血を一時的に止めるのに使う。

信号弾、信号ピストル、救難用エアホーン、笛――助けを求める信号を発することができれば、どんなに厳しい状況でも脱出できる可能性が生まれる。

懐中電灯、ライター――懐中電灯にはいろいろな使い道がある。ライターがあれば火に困らない。

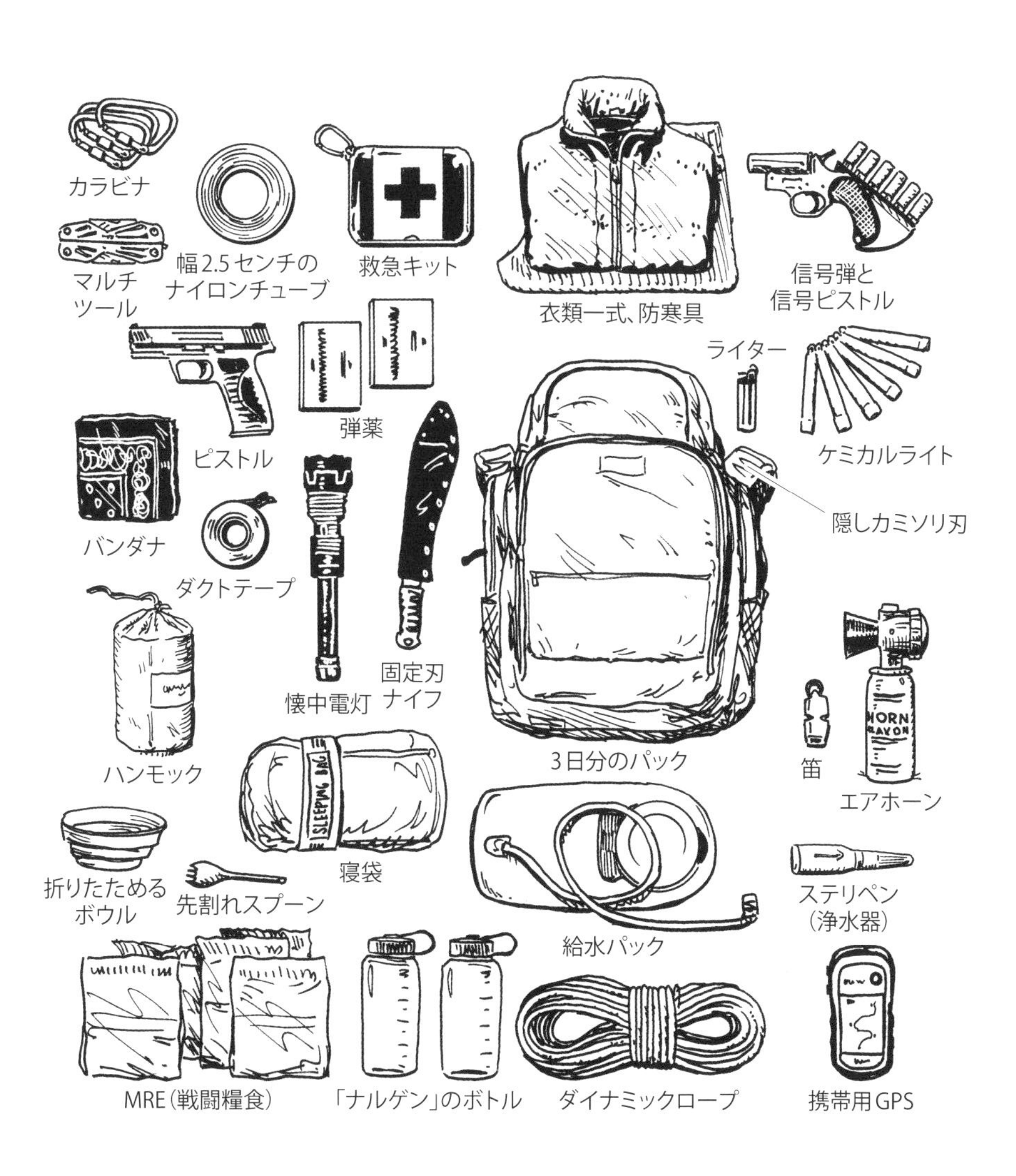
カラビナ
マルチ
ツール
幅2.5センチの
ナイロンチューブ
救急キット
衣類一式、防寒具
信号弾と
信号ピストル
ピストル
弾薬
ライター
ケミカルライト
バンダナ
ダクトテープ
隠しカミソリ刃
懐中電灯
固定刃
ナイフ
ハンモック
3日分のパック
笛
エアホーン
寝袋
折りたためる
ボウル
先割れスプーン
ステリペン
（浄水器）
給水パック
MRE（戦闘糧食）
「ナルゲン」のボトル
ダイナミックロープ
携帯用GPS

水と食料――大都市で緊急事態や自然災害が起きて、車で街から遠く離れたときのために、３日分の水と食料を用意しておく。

携帯型ＧＰＳ――携帯電話や車載ＧＰＳが故障した場合のバックアップとして使う。

マルチツール（アーミーナイフ）――ひとつの道具でワイヤーの切断、ネジの緩め、金属の切断が行なえる。

ピストル、弾薬、固定刃ナイフ――事態が悪化したときの武器として。

寝袋、ハンモック、ポンチョライナー（雨風よけのキルト）――サバイバル環境での生活を快適にし、心と体が持ちこたえられるようにする。

防寒着――車がどこで故障するかわからない。バッテリーが消耗するので、車のヒーターをかけっぱなしにもできない。防寒着は必須である。

PART 2
NAVIGATION

「今いる場所」を知る

005 環境から方角を読み取る

サバイバル状況でGPSに頼りすぎるのは危険だ。GPSをなくしたり、壊したりするかもしれないし、森の中で枝葉がうっそうと生い茂っていたり、天候がひどく荒れていると、位置測定に必要な3つ以上の衛星からの信号が受信できなくなる。

それにもまして深刻なのは、方向や場所を教えてくれるものがないことだ。自分とランドマークとの位置関係がわからなければ、たとえ現在地がわかったところで何の助けにもならない。

できるだけ迷子にならないように、コンパスや予備のバッテリー、地図をバックアップとして持ち歩こう。自然の中に入る前に、地図を見て全体像を把握することも忘れてはいけない。

目標は、目的地から半径20～30キロの範囲の地形を知っておくことだ。運悪く道に迷ったとしても、湖や山、海、村落といったランドマークの方角を覚えておけば、移動中でも的確な判断ができる。

観察眼も賢い判断に導いてくれる。はからずも、母なる大地は、注意深く見つめる者にはたくさんのヒントを与えてくれるのだ。

風がほとんど西から吹く場所なら、樹木の葉は東側のほうがよく茂る。枝は南側に多く伸びる。それは、地軸の傾きによって太陽光を最も受けられる方向であるからにほかならない。

苔（こけ）がたくさん生えるのは、一般的に樹木の北側である。苔は日陰を好むからだ。ただし、この法則は万能ではない。なぜなら、日陰は周りの木々や植物がつくっている場合もあるからだ。

たったひとつの手がかりで、東西南北の方角を即断してはいけない。見つけたすべての手がかりを総合して、全体のパターンをしっかり見極めることが大切だ。

即席のコンパスをつくる方法については28ページを参照してほしい。

1　風がほとんど西からしか吹かない場所なら、植物に方角を知る手がかりが刻まれる

2　木の育ち方には自然と偏りができる。最も枝葉が茂るのはたいてい南側だ

3　苔は日陰を好むので、苔が生えている側は北の方角だ

太陽を利用する

衛星を使った位置情報システムは、現代社会のさまざまな用途に普及しているが、その歴史はたかだか半世紀である。

それ以前の数千年は、天空の星が航法に使われてきた。

地図を把握し、環境についての実践的な知識の基本を覚えたら、一番近い恒星である太陽の動きを追うことで、安全な場所までたどり着く道を見つけられる。

太陽の動きから方角を知る一番簡単な方法は、影ができる方向を見ることだ。

太陽は東から昇るので、午前中の影は西側にできる。

正午を過ぎると太陽は西に傾きはじめるので、影ができる方向は東に変わる。

この方法を正午に使うのは難しい。

太陽が真上にあるので、ほとんど影ができないのだ。

だがアナログ時計を身につけていれば、それだけで基本的な方角（東西南北）を把握できる。

腕時計を見るときのように手首を上げ、そのままの姿勢で時針（短針）の先が太陽を指すように体の向きを変える。

すると、時針と文字盤の12時の中間がちょうど南の方角となる。

時間がわからない場合は、即席の日時計をつくり、影の動きを見て自分のコースを確認しよう。

つくり方はこうだ。地面に棒を突き立て、棒がつくる影の先端に石を置く。15分過ぎたら、新しい影の先端に次の石を置く。2つの石のあいだに直線を引き、この線と垂直な線を引く。垂直な線の、棒から遠い側の先端の指す方向が北になる。

1 太陽が東から昇って西に沈むのを利用して、基本的な方角（東西南北）を知る

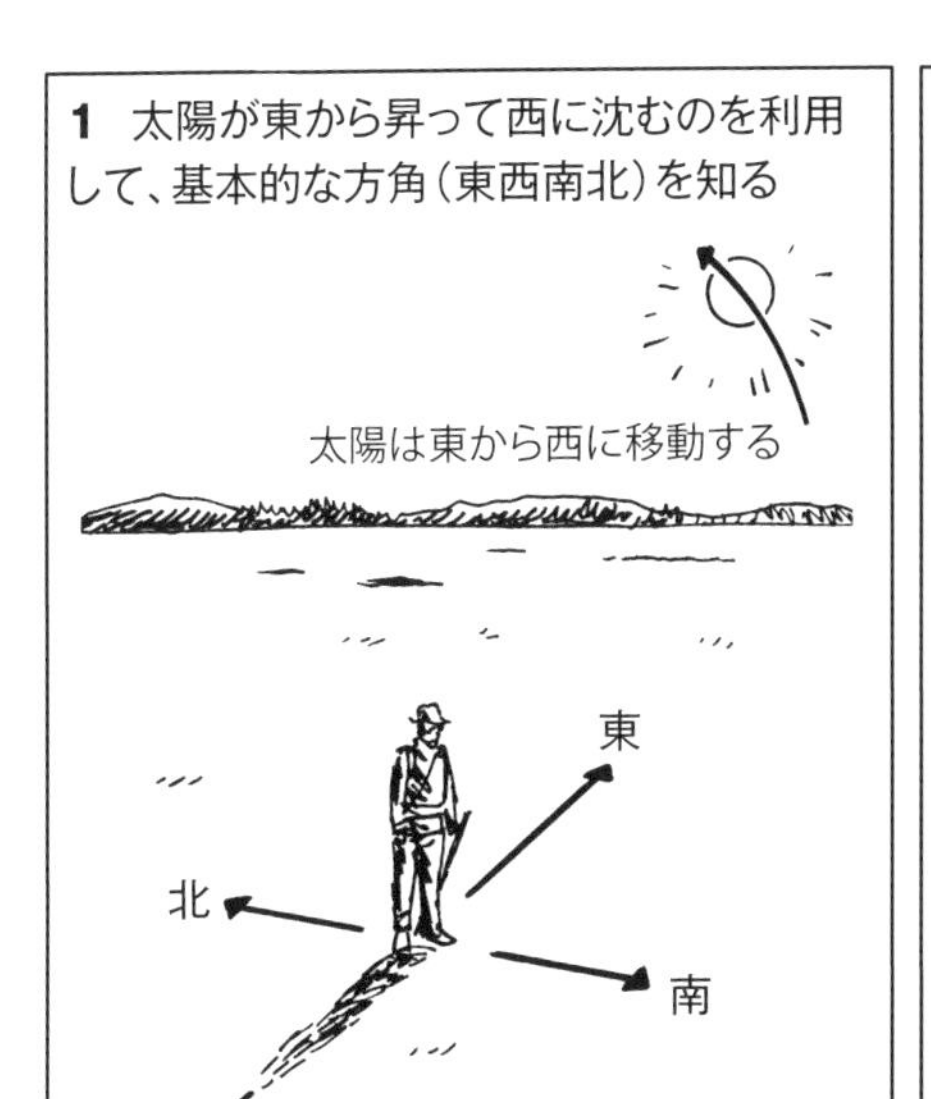

2 時計の時針（短針）を太陽に向ける。そのとき、短針と12時のちょうど中間が南の方角である（北半球の場合）

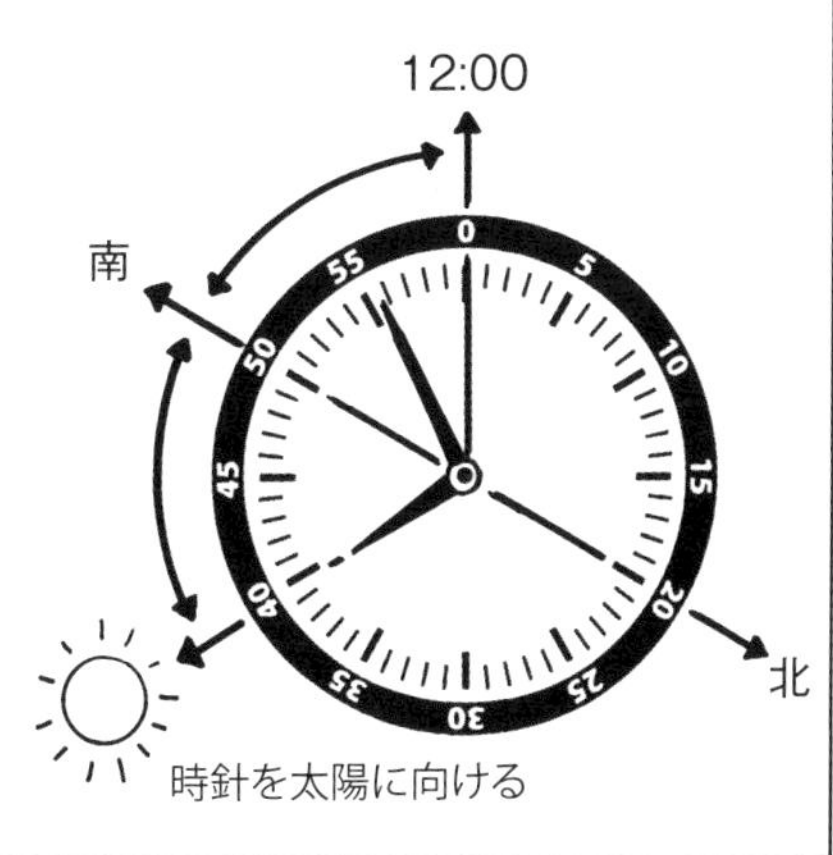

3 地面に棒を垂直に立て、棒の影の先端に目印を置く。それから15分待って、また棒の影の先に印を置く

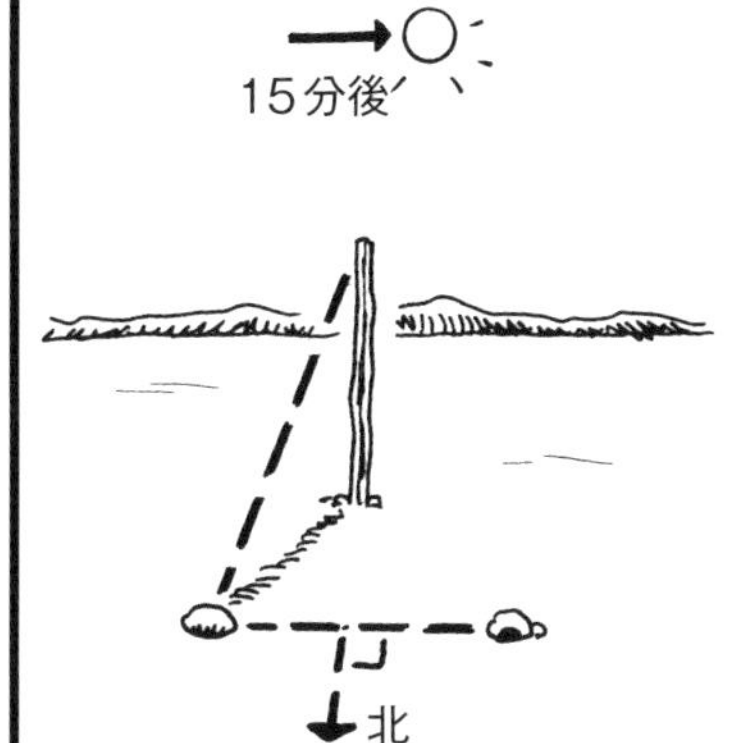

最初の目印から次の目印に直線を引くと、西から東へ伸びる線となる。そこから垂直に引いた線は南北を示し、棒の反対側が北になる

天体を利用する

天体を見ながら現在地を測定する技術を「天文航法」という。この航法のおかげで、いにしえの船乗りや冒険家、海賊たちは、海を越えて大陸を発見し、財宝を手に入れてきた。

この技術を使えば真っ暗闇でも方位が判断できるので、「日没後しか移動できない灼熱の砂漠を越える」といったことも可能である（60ページ参照）。今日（こんにち）の私たちにとっても、災害からの避難などに役立つありがたい技術なのだ。

夜に見える星の位置やどの星を目印に使うかは、その場所の緯度と経度、雲の多さ、季節、時間によって変わる。

北半球なら、北極星（ポラリス）が北の方角を知るのに有効な目印である。北極星は地球の北極点の延長線上近くにあるので、いつ見ても位置がほぼ変わらない。ほかの星は地球の自転の影響で夜空を動いているように見えるが、北極星は地球の自転軸の近くにあるのでひと晩じゅうほぼ動かない。

しかし一番明るい星ではないので、まずは近くにある北斗七星（おおぐま座）、こぐま座、カシオペヤ座の3つの星座を見つけ、それを手がかりに探そう。

まず、北斗七星の「ひしゃく」の先端にある2つの星を確認する。この2つの星の間隔を、ひしゃくの口が開いた方向に5倍延長すると、そこに北極星が見つけられる。

カシオペヤ座はW字形をしており、その中央の星が向いている先を探して明るい星があれば、それが北極星である。北極星は、こぐま座のしっぽの先端の星でもある。

南半球に北極星のような星はないが、南十字星を見つければ南の方向がわかる。南十字星の最も明るい星から、十字の反対側の端にある星に向けて想像上の線を引く。この2つの星の間隔を、そのまま4・5倍伸ばしたところが「仮想の南極星」の位置である。

赤道ではオリオン座のベルトにあたる「3つ星」を探す。この3つの星は東西に並んでいる。つまり、オリオン座の胴体は北を向き、両脚は南を向いていることになるのだ。

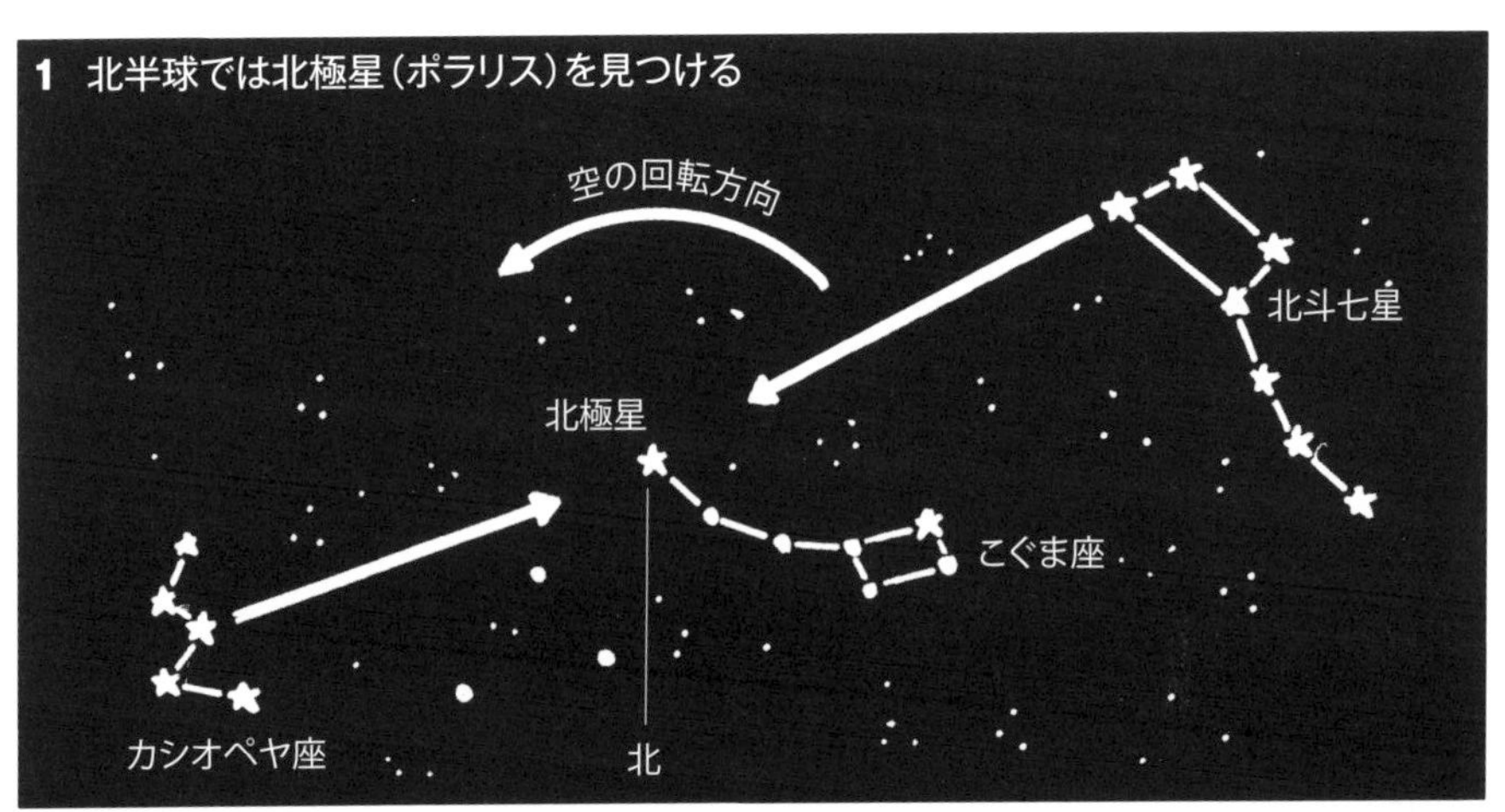

1 北半球では北極星（ポラリス）を見つける

2 南半球では南十字星を使う

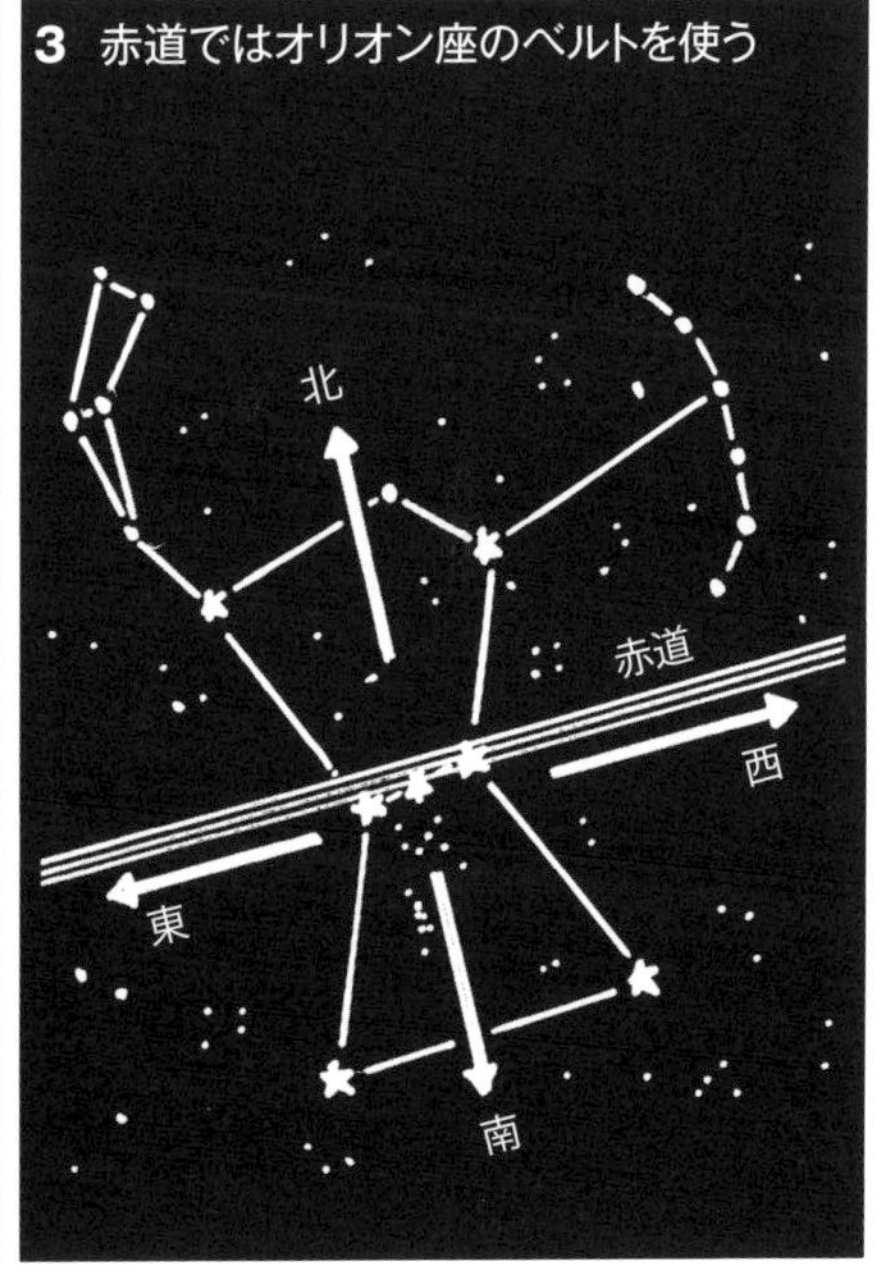

3 赤道ではオリオン座のベルトを使う

磁石を利用する

理科の実験でつくった「手づくりのコンパス」は、ナビゲーションの補助として役に立つ。

材料は手近にあるものばかり。絶縁ケーブルはラジオのスピーカーや懐中電灯、車のハーネス（電線）から取り出せるし、電池はいろいろな装置に入っている。

車のトランクにはポリエチレン製のダクトテープを1個入れておくといいだろう。針や細長い鉄片も必要だが、これはちょっとした幸運があれば見つかるものだ。当然ながら、先を見越して用意しておくとなおさらいい。

つくり方は左図のとおり。簡単な作業を行なうだけで、鉄の針や針金の切れ端が磁石になるのだ。

針や針金に電気をかけると、内部のイオンが一方の先端に集まる。こうして磁化した針を、重力が影響しないようにつるすか水に浮かべると、針は地球の磁場（専門的ないい方をすれば「磁気圏」）の向きに合わせて自然と南北を向く。

市販のコンパスも磁化した針を使うが、こちらは適切に磁化されているので、針の一方の先端が南を向き、もう一方の先端が北を向く。残念ながら、自家製はそうならない。

理想をいえば針の一方の先端だけを磁化するのが望ましいが、こんなに小さくて薄いものを磁化するのは困難だ。

だから自家製のコンパスは、南北方向の軸のみを示す、大まかなツールとして使おう。どちらの先端が南北どちらを向いているかは、自然界にある別の手がかりで確認する必要がある（22、24、26ページ参照）。

〈注意〉

コンパスが示す北は、実際には磁気圏の北極（北磁点）であって、実際の北極である地球の地理上の北極点から約1000マイル（約1600キロ）も南にずれている。即席のコンパスは大まかな方向しかわからないので、できれば地図と一緒に使うこと。

1 9V型電池と絶縁ケーブルを使って縫い針を磁化する。絶縁ケーブルの両端から絶縁体を外して銅線を剥き出しにする

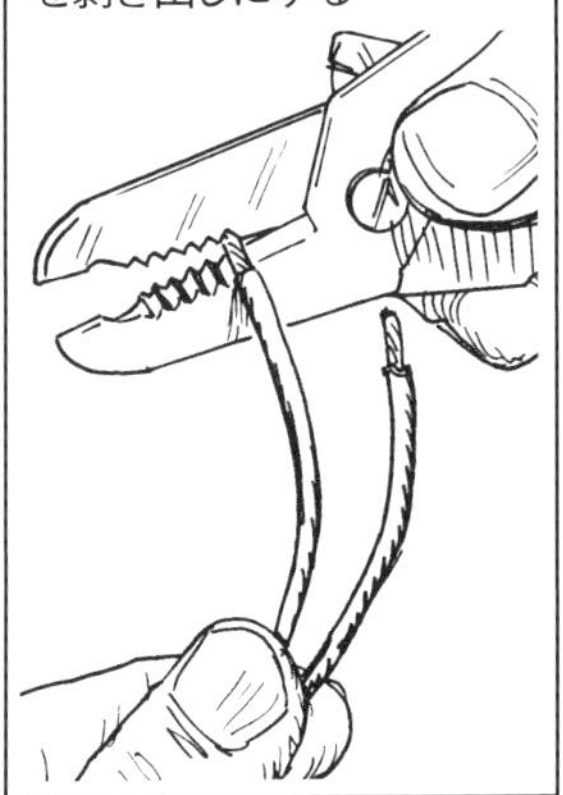

2 縫い針にケーブルの中央部を巻きつける

3 ケーブル両端の剝き出しになった銅線を電池の電極に数秒間つなぐ（必ず絶縁体が残っているところを押さえる）

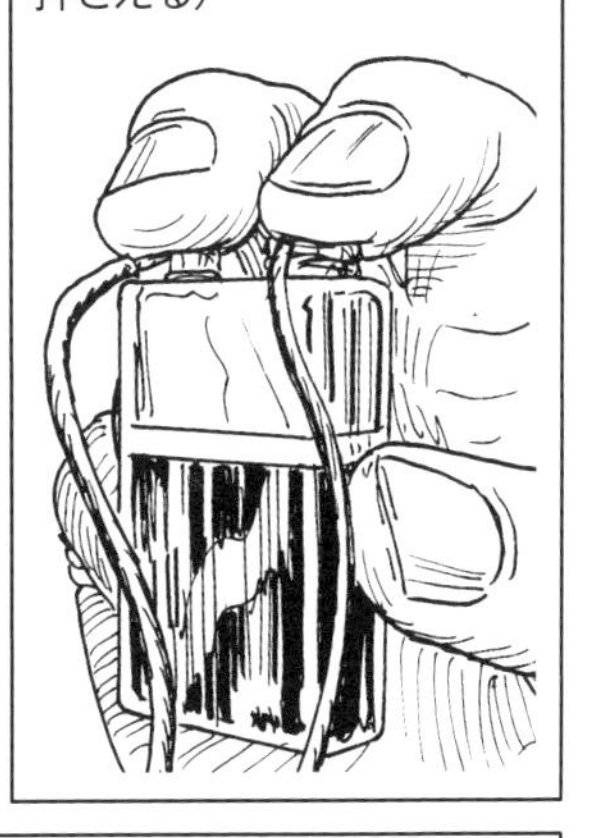

4 葉の上に針を置いて水たまりに浮かべると南北を向く

5 ダクトテープでつくった即席のトレイに水を張り、コルクを浮かべてその上に針をのせる

PART 3
SURVIVAL IN THE WILD

自然の中に放り出されたら

009

ジャングルで必要な「携帯常備セット」

薄暗くて危険な生き物が巣くうジャングル（熱帯雨林）は、地球上で最もイライラする環境のひとつだ。方向感覚に優れた人間でも、歩き回ることはもちろん、生き残ることさえままならない。そんな特殊な環境なのである。

地上を歩くと、たいていは暗闇の中を進むことになる。一歩足を踏み出すたび、あらゆる植物が邪魔をする。トゲがあって、ベトベトしていて、ときには毒を持ち、皮膚や衣服に絡みつく。

地表はうっそうと茂る木々やツタの葉の陰になる。たくさんの葉がジャングルを緑一色にし、のどかな雰囲気を醸し出すが、その葉のために日光の大半が遮られ、地上はジメジメと蒸し暑い。それなのに、全身を覆って虫や植物から守らなければならない。実に不快だ。

ジャングルの中で迷ったら、あたり一面の植物と容赦ない気候に絶望してパニックを起こすかもしれない。とにかく動き続けること。サバイバルで重要なのは勢いだ。

ジャングルに道を切り開く

ジャングルを動き回るときの鉄則は「急がば回れ」だ。

近道をしようとやっきになったところで、障害にぶつかってヘトヘトになるのがおちである。少々時間がかかっても、小川や獣道を進めば、道を切り開く必要がない。

どの道を行くにしても不可欠なツールがナイフだ。ナイフは分厚い茂みやツタ、大枝を切り裂き、過酷な環境を突き破ってくれる。

この状況に最適なのは、「ククリ」というネパールの長いナイフである。刃が「くの字」型に曲がっているので、刃渡りの割にナイフ全体としては短く、携行しやすい。道を切り開くときは、包丁を握るようにナイフを順手で握り、斜めに振り下ろす。

すぐにナイフをつかめるよう、革やカイデックス（合成樹脂）でできた腰の鞘に入れて携帯する。ナイフには食べ物の採集からシェルターの設営まで、多くの使い道がある。いざというときには自衛用の武器にもなる。だから、すぐ

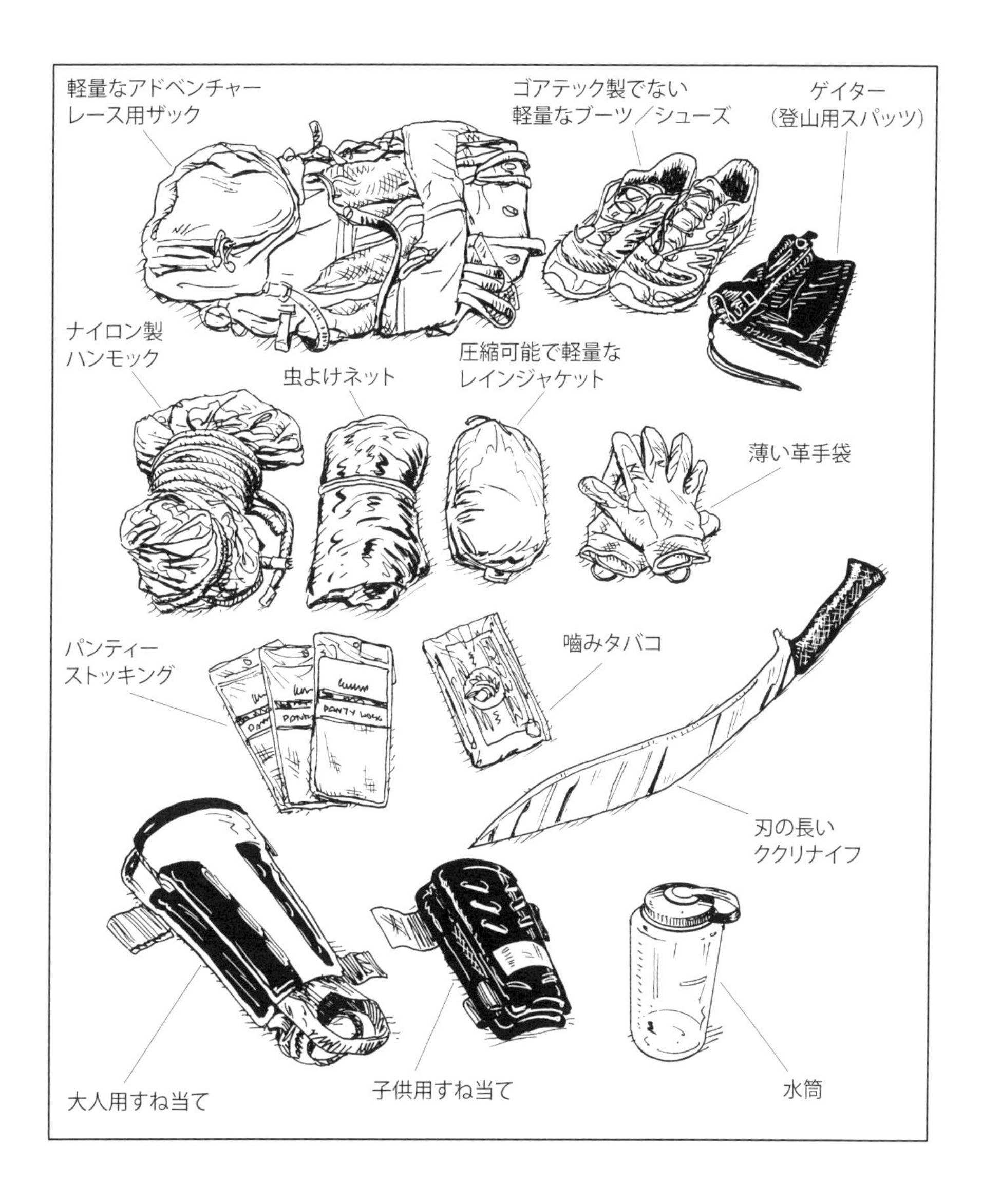

軽量なアドベンチャーレース用ザック
ゴアテックス製でない軽量なブーツ／シューズ
ゲイター（登山用スパッツ）
ナイロン製ハンモック
虫よけネット
圧縮可能で軽量なレインジャケット
薄い革手袋
パンティーストッキング
噛みタバコ
刃の長いククリナイフ
大人用すね当て
子供用すね当て
水筒

に手の届くところにしまっておこう。砥石も忘れてはならない。

ジャングルは砂漠と違って植物がひしめき合い、自然が豊かだ。だが、自分の場所や方角を知るのは、砂漠と同じように難しい。どこへ行っても地形の変化に乏しく、簡単に道に迷ってしまう。

しかも、ジャングルは木々の葉に厚く覆われているので、ＧＰＳが機能しない確率が高い。砂漠と違って足跡が残らないので、同じ場所を堂々巡りする恐れもある。

ジャングルを移動するときは地図やコンパスを携帯し、油性マーカーや色つきテープ（232ページ参照）を使って、通ったところに印を残しておこう。これには、堂々巡りを防ぐだけでなく、運よく救助隊がやってきたときに自分の進んだコースを示すというメリットもある。

障害から身を守る

うっかり肌など出していると、ジャングルの危険な植物に襲われて、本当にひどい目に遭う。

ジャングルでは、大人用のすね当てを向こうずねに、子供用のすね当てを前腕に装着しよう。そうすれば、鋭く尖った障害物から手足を守ることができ、道を切り開こうと振り下ろしたナイフが勢い余って自分を傷つけることもない。尖った葉やトゲが最初に接触するのは、前腕やすね、そして足や手なので、薄い革手袋も必須となる。

肌をあらわにしていると、ジャングルでは厄介な動物たちの格好のターゲットになる。デング熱やジカ熱を媒介する蚊、軍隊アリ、毒を持ったムカデ……。ジャングルには噛まれると命を落としかねない生き物がはびこっている。軍隊アリに手を噛まれると、丸一日手が使えなくなることもある。

通気性の高い長袖のシャツとズボン、脚を密封するゲイターをつけて、ヒルやクモがズボンを這い上がってこないようにしよう。衣類や装備を重ね着して密閉度を高めるのもよい。

念には念を入れて、男性であってもズボンの下にパンティーストッキングを着用する。ヒルはパンストの織り目が細かくて通り抜けできず、表面がツルツルしているので登れない。それでも、油断していると服を這い上がってくる抜け目ないヤツだ。

　下半身はパンストを完全にはき、もうひとつのパンストは股の部分で切って、足の部分を腕にはめてガードする。

　この吸血虫にとどめを刺す方法がある。袋や缶に入った嚙みタバコに数分間水を含ませ、そのタバコの汁を手足やパンスト、服に擦りつけるのだ。

　どれだけ注意して体をガードしても、ヒルは服の中に忍び込んでくる。しかしニコチンを塗っておけば、ヒルは麻痺して死んでしまう。その効き目は防虫剤よりも早い！

　虫よけネットは絶対に外せない必需品だ。ジャングルの中を歩くときは、小さく切った虫よけネットで顔を覆い、残りは、夜寝るときに就寝場所（42ページ参照）に上からかける。虫が入ってこないよう、ネットには絶対に穴があってはならない。

　通気性のいい靴をはき、こまめに靴下をはき替えることで、足を温かく保ち、足がジメジメするのを防ぐことができる。これは単に快適さだけでなく、生死に関わる問題なのだ。

　どんな靴を選ぶかで、ジャングルで生き残れるか、朽ち果てるかが決まることもある。水の中を歩いたり、ジメジメした状態が続くと、高い確率で塹壕足炎（凍傷と水虫の複合した症状）やジャングルロット（ジャングル特有の皮膚病）が起こるのだ。

　そうならないために、通気性の悪い素材（ゴアテックスなど）でできた靴は避ける。こうした素材は水分を逃がさないので、1日も経たないうちに皮膚がボロボロになる。そのまま放っておくと、塹壕足炎を起こしていた足が壊疽し、きわめて高い確率で切断を余儀なくされる。

　夜間や立ち止まって休息するときは、靴下を脱いで足を乾かす。移動中は、濡れた靴下をバッグの外につるして、歩きながら乾燥させよう。

飲み水を確保する

ジャングルでは、飲用可能な清潔な水を大量に確保できるだろう。

ただし、それは「どこを探せばいいか」を知っている者だけの特権だ。知らなければ、危険な寄生虫やバクテリアの混じった、汚染された水を飲む羽目になる。

川や小川を見つけたとき、浄水タブレットや、水を煮沸するのに必要な装備を持っていたら幸運だ。持っていない場合は、川べりから1～2メートル離れた地面を掘る。そうすると、地中の石や土砂が自然のフィルターの役目を果たして、きれいな水がしみ出してくる。

川から遠く離れていても、湿気の多い環境なら水を飲む方法はいくつもある。頻繁に降る雨も、水源のひとつになる。

水を集めるのに必要な道具は、雨を蓄える水筒だけだ。水筒がないときは、竹の節のすぐ上と下を切る。竹は中が空洞だが、節のところは硬くなっていて、水筒の代わりとして使える。

竹そのものも、きれいな水の供給源になる。竹の根から吸い上げられた水は、細胞壁を通って濾過されるからだ。

竹から水を採集するときは、生きている青い竹の節のすぐ下に穴を開ける。そこに小さい竹の茎をストローのように差して、茎を通る水を飲む。

ジャングルにたくさん生えているツタも、貴重な水源となる。

まず、ツタに2つの切り込みを入れる。最初に高いところに切り込みを入れ、次に低いところに入れる。すると、高いほうの切り込みから空気が入り、ツタの中の水分が下へ押されて、低いほうの切り込みから出てくるのだ。

もっと手間はかかるが、たくさんの水が手に入る方法がある。

バナナやプランテンの木の根元を切って、大きなボウルのようにくり抜く。すると、根からボウルの中に水がしみ出してくる。幹を切り倒すには、鋭い刃物と筋力と根気が必要だが、それは十分に報われる。

1　竹の節のすぐ下に穴を開け、そこに細い竹の茎をストロー代わりに入れて飲む。節と節のあいだごとに飲用水が溜まっている

2　ツタの高いところに切り込みを入れ、低いところを切ると、切り口から水が流れ出す

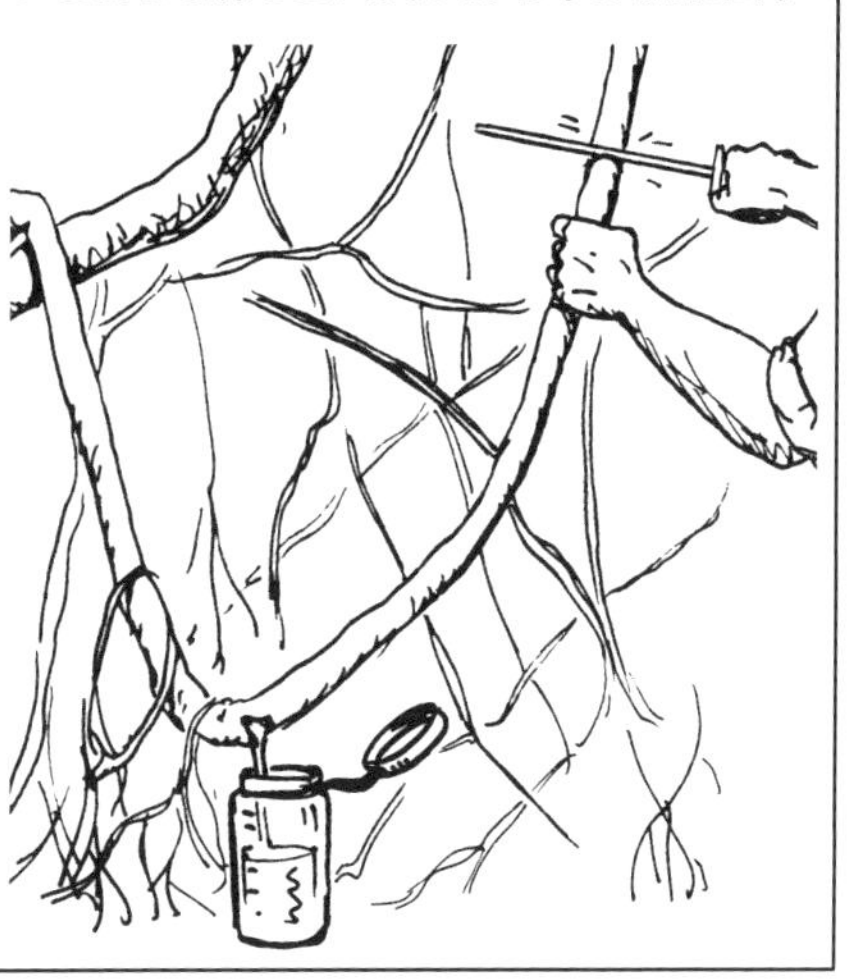

3　バナナやプランテンの木を根元から切り倒して切り株の中をボウル状にくり抜き、しみ出てきた水を飲む

火を起こす

あり合わせの材料でつくった寝具で夜を過ごすのは、とても快適とはいいがたい。寝苦しくて、何度も寝返りを打つことになるだろう。しかし、そこに焚き火があれば状況は一変して、何よりも必要な数時間の睡眠が得られる。

ジャングルの夜はジメジメして寒く、しかもたくさんの虫や肉食動物が動きはじめる。虫の多くは明かりに引き寄せられるが、焚き火の煙を嫌う。大型の獣は火に寄ってこない。

当然ながら、火は食べ物の調理や水の煮沸にも必要で、どんなサバイバル環境にも不可欠のものだ。

ジャングルには火をつけやすい竹が豊富に生えていて、これを燃料に利用できる。地面に落ちている枯れて乾いた竹を探そう。枯れた竹は青くなく、薄い茶色をしている。

火の起こし方は左図のとおり。まず、拾った竹の皮をナイフで削ぎ、それを集めて「火口（ほくち）」にする。

皮を擦ることで、火を起こすのに必要な木粉を溜めるのだ。削ったあとの茎は縦に割って、「焚きつけ」と燃料にする。

火を起こす準備が整ったら、縦に割った竹の片割れを、火口の皮と擦れるように20回程度前後させる。それで焚きつけから煙が出てくるはずだ。

焚きつけに上から息を吹きかけるか、手であおぐと煙が火に変わる。

〈メモ〉

竹は繁殖力が強く、ジャングルのどこでも大量に手に入る。

焚きつけ以外にも、調理用の鍋や食べ物の受け皿として使える。

さらには、魚を捕まえる銛（もり）になったり（40ページ参照）、寝床になったりと（42ページ参照）、サバイバルでの用途は幅広い。

1 枯れて乾いている竹の茎を探し、皮を削いで火口にする

2 竹を約60センチに切って縦に真っ二つにする。その片方の中央に溝をつけ、そこに小さな穴を開ける

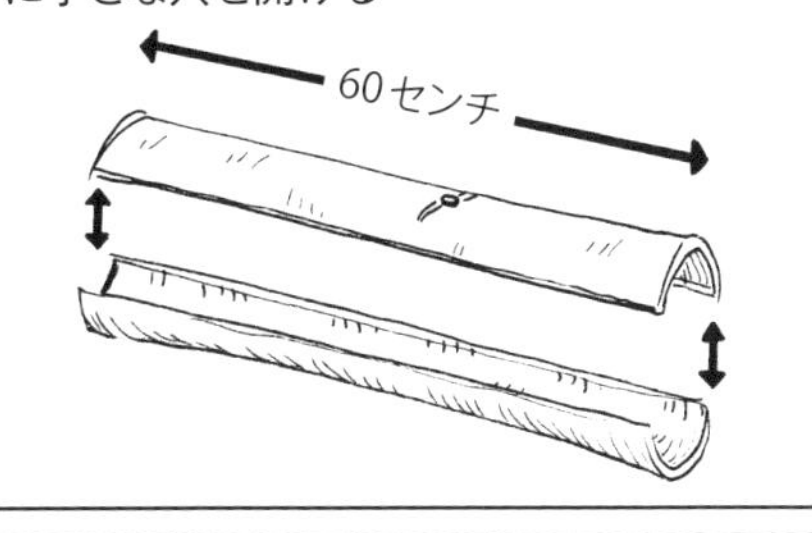

3 竹の穴が火口の“山”の真上に来るようにかぶせる

4 溝をつけていない竹の縁を先に置いた竹の溝に合わせ、火口から煙が上がるまでゆっくりと前後させる

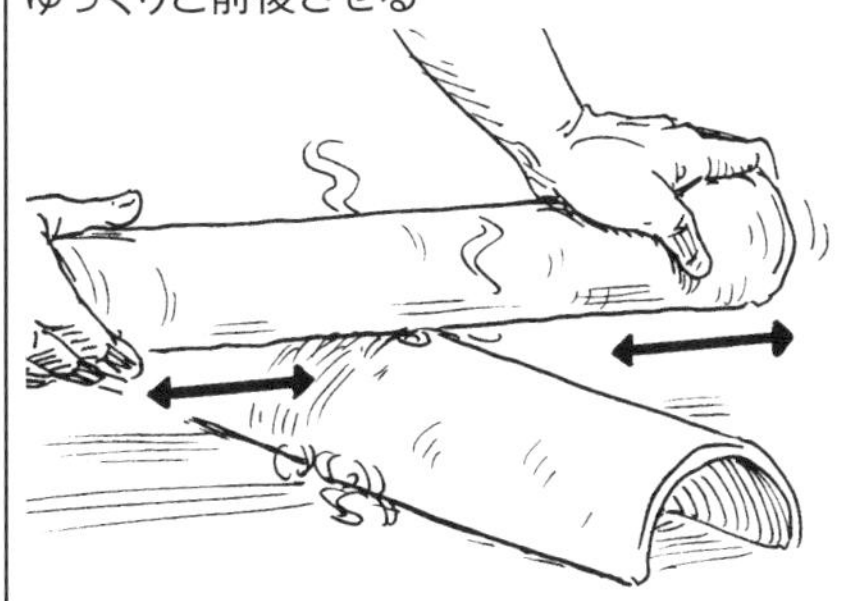

5 煙が上がってきたら、竹をどけて火口に軽く息を吹きかける。すると燃える勢いが増して炎が上がる。焚きつけをさらにくべて、火を大きくする

食料を確保する

生き物の豊富なジャングルは食料となるものに事欠かないが、その数だけ体を壊す要因がある。

ジャングルには、マラリアやデング熱、ジカ熱といった蚊が運んでくる熱帯病に加えて、旋毛虫症、サルモネラ中毒、レプトスピラ症など、食べ物から感染する病気が蔓延（まんえん）している。

食べ物を加熱できないときは、魚や虫（ミミズ、幼虫、シロアリ）を探そう。これらも加熱したほうが安全だが、生でも食べることができる。

仮に魚や虫の体内にいる寄生虫を食べてしまったとしても、哺乳類や爬虫類の寄生虫よりは死ぬ危険性が総じて低い。それに魚や虫は、生命の維持に不可欠なたんぱく質や必須脂肪酸といった栄養分を豊富に含んでいる。

ただし、ゴキブリや鮮やかな色の虫は避けよう。ゴキブリは病気を持っており、鮮やかな色の虫は高い確率で毒を持っている。

ジャングルにはカエルやヘビなどもたくさんいるが、これらは体がサルモネラ菌などの細菌で覆われているので、安全のために加熱調理する必要がある。カタツムリもよくいるが、毒のある植物を好んで食べるので要注意だ。

そのときの体調や体重にもよるが、人間は食料なしで最大2カ月は生きられるという。しかし、半飢餓状態では脱出するのに必要な体力がなくなる。

そうした状況に陥らないためには、毎日2000キロカロリー程度摂取するのが望ましい。2000キロカロリーは虫なら700グラム、魚なら1000～1500グラムくらいに相当する。

竹でつくった即席の銛で魚を捕らえる方法を紹介しよう（左図参照）。

まず浅い水の流れに入って、じっと動かずに待つ。捕らえようとする様子を見せなければ、魚は近づいてくる。魚が近づいてくるのが見えたら、その瞬間に小さなクズを水面に投げ入れる（クズは葉っぱでも何でもいい）。すると、魚は虫がいると勘違いしてそばまでやってくる。そこを銛でひと突きだ！

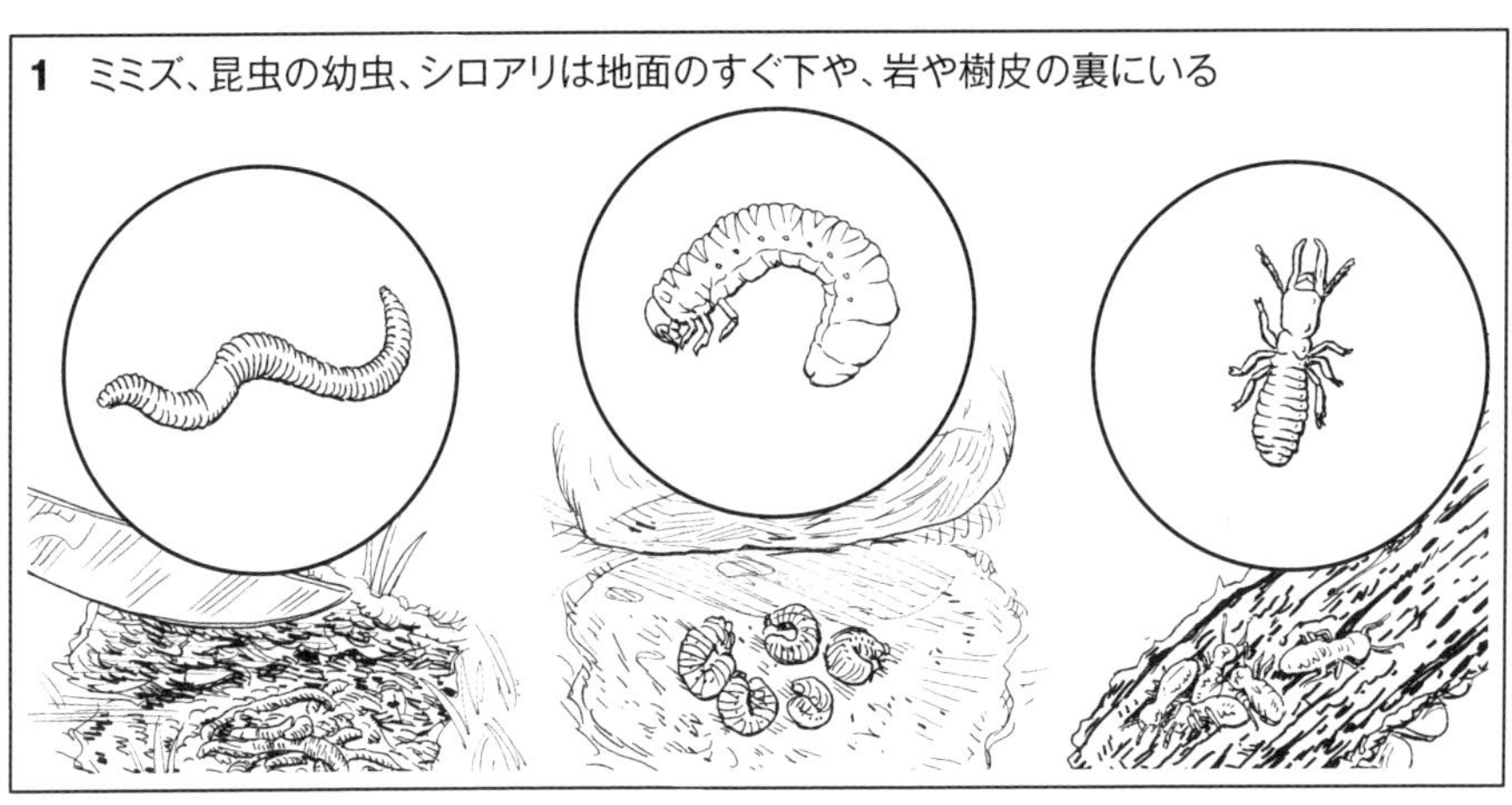
1　ミミズ、昆虫の幼虫、シロアリは地面のすぐ下や、岩や樹皮の裏にいる

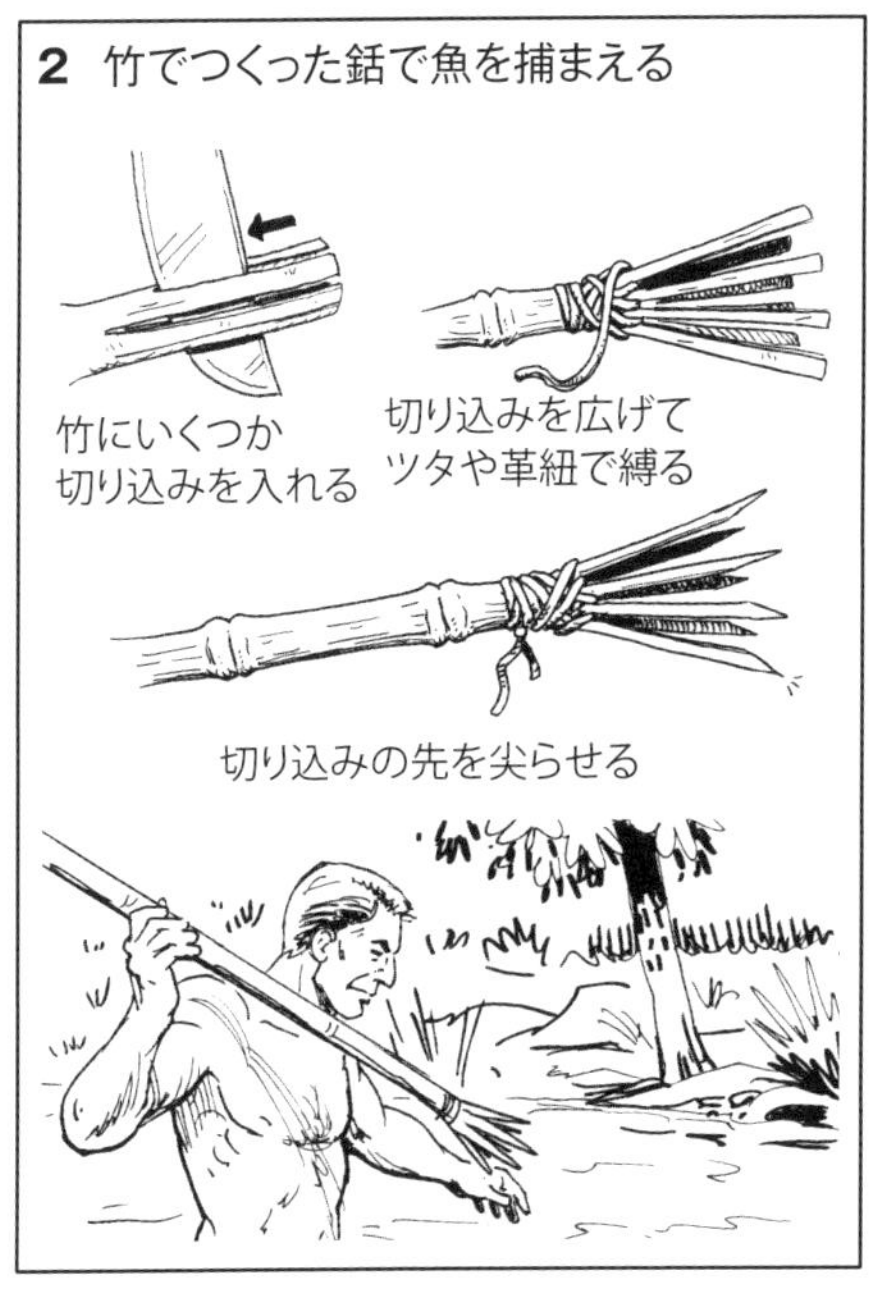
2　竹でつくった銛で魚を捕まえる
竹にいくつか
切り込みを入れる
切り込みを広げて
ツタや革紐で縛る
切り込みの先を尖らせる

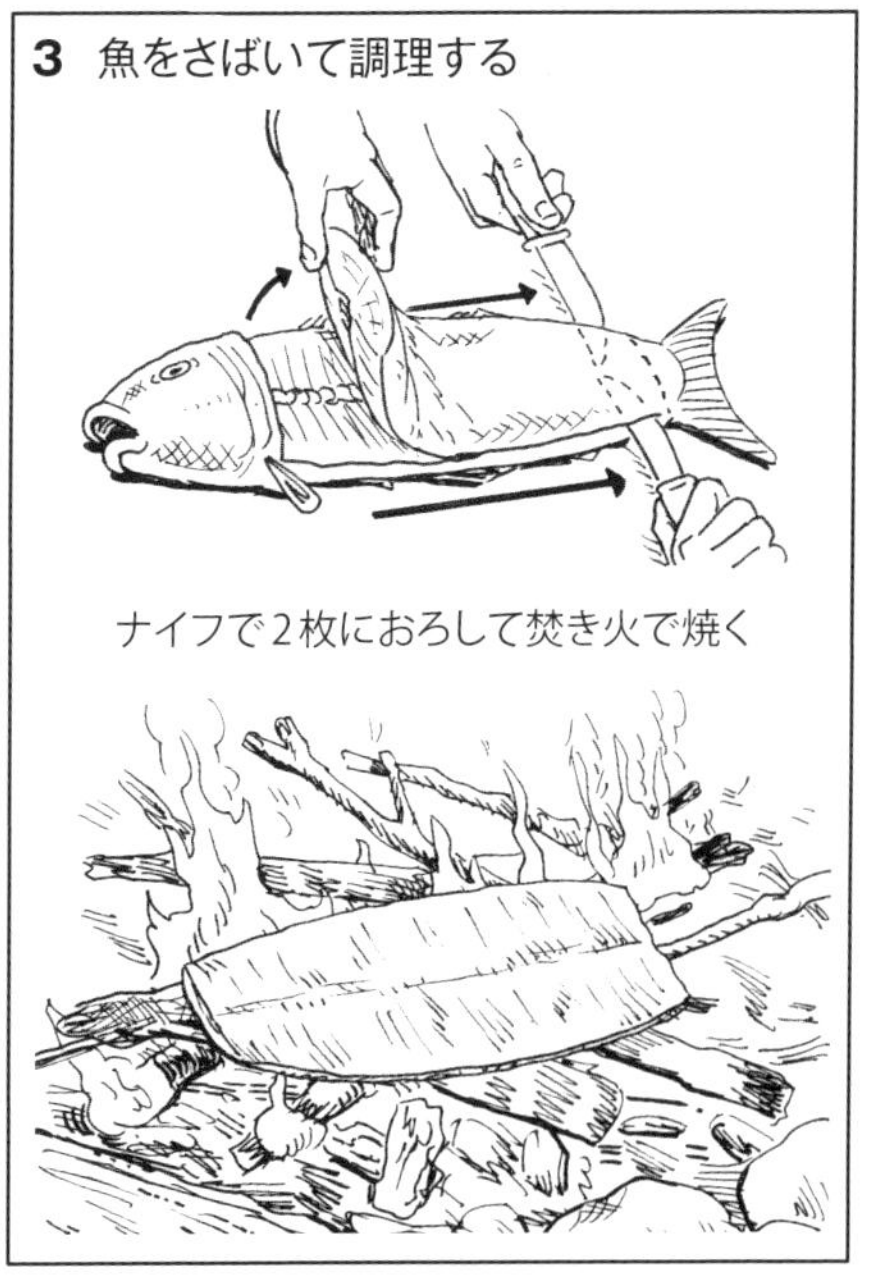
3　魚をさばいて調理する
ナイフで2枚におろして焚き火で焼く

013

竹で編んだハンモックをつくる

日が落ちると、ムカデやクモから、ヘビ、コウモリ、大型のネコ科肉食獣まで、多くの森の生き物が餌を求めて動きはじめる。地べたで夜を過ごすなどあり得ない話だ。森の地面に温かい体を横たえると、肉食獣の格好の餌食（えじき）になる。

そこでおすすめしたいのがハンモックだ。地べたから体を浮かせて寝られる繭（まゆ）のようなナイロン製ハンモックは、ジャングルで身を守る理想のシェルターとなる（33ページ参照）。

ジャングルの環境に合わせてつくられた小型のアウトドアハンモックは、小さく折りたためてすぐに展開でき、木と木のあいだに簡単に結びつけられる。そこから1メートルほど上にロープを渡して虫よけネットを垂らせば、蚊の大群から身を守ることができる。

ジャングルにはトゲのある植物が多く、ハンモックが破れる危険性もある。もし破れてしまった場合には、1本の竹からきわめて耐久性の高い代用品を短時間でつくることができる（左図参照）。

即席ハンモックの材料には強度が欠かせない。枯れていない竹で、自分の背丈より1メートルほど長いものが必要だ。そうすればハンモックの両端に丈夫な節を残すことができ、この節と木をツタで結べば、体重を分散して吸収できる。

竹のしなやかさを生かして寝心地をよくするために、竹の縦方向に裂け目を入れていき、そこに竹でつくった短いヒゴを編み込んでいく。

作業は日が高いうちから始めること。うっそうとしたジャングルでは、太陽が水平線の下へ隠れるかなり前から真っ暗になるからだ。

ハンモックは空中に浮いているので、寝ているときに空気が循環しやすい。夜になって気温が下がると寒いくらいである。そこで、ハンモックと体のあいだにうっすらと柴を敷く。すると、これが断熱材の代わりになってくれる。

もちろんこの竹のハンモックであっても、快適な夜の眠りを保証できるわけではない。ただ、翌朝も生きて日の出を拝める確率は、かなり高くなるだろう。

1　太い竹を見つけて自分の背丈よりも1メートルほど長く切る。その両端を30センチほど残して切り取り、中央部を「カヌー」のように開く

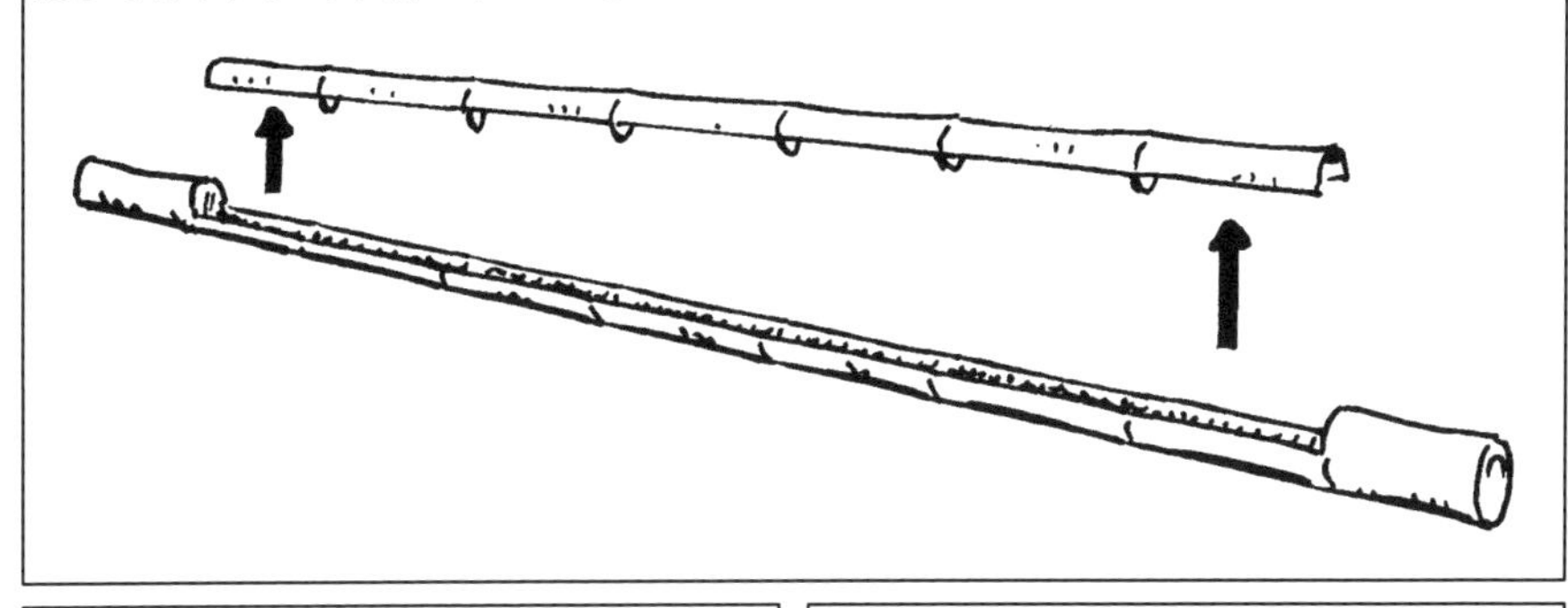

2　両端にツタを巻きつけて補強する。ツタは全部使い切らず、ハンモックをつるすときのために長めにとっておく

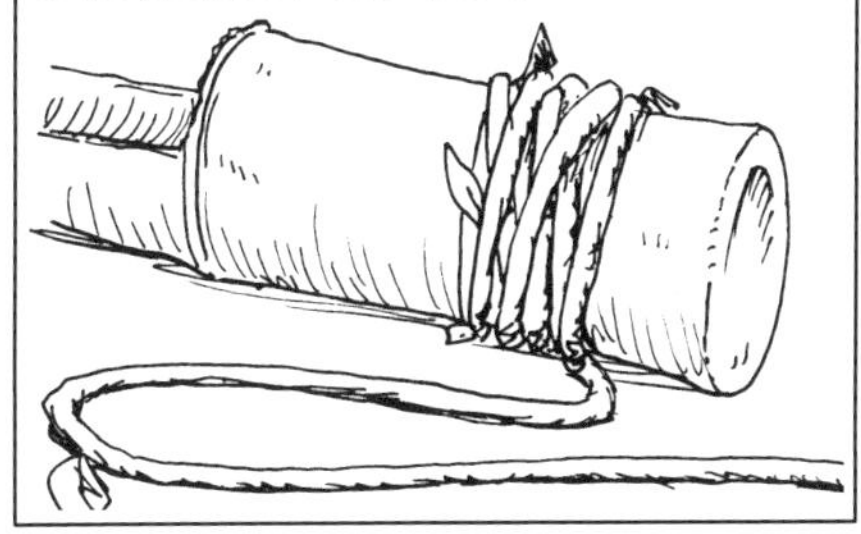

3　カヌー型にした竹の縦方向に、2.5〜5センチ間隔で切り込みを入れていく

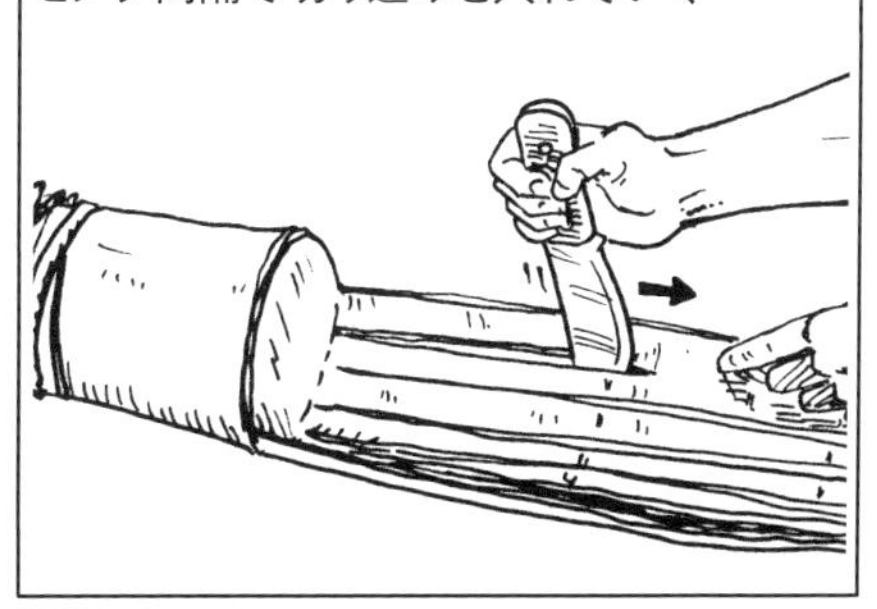

4　**1**で切り取った短い竹を帯状に削ってヒゴをつくり、長い竹に編み込んで広げる

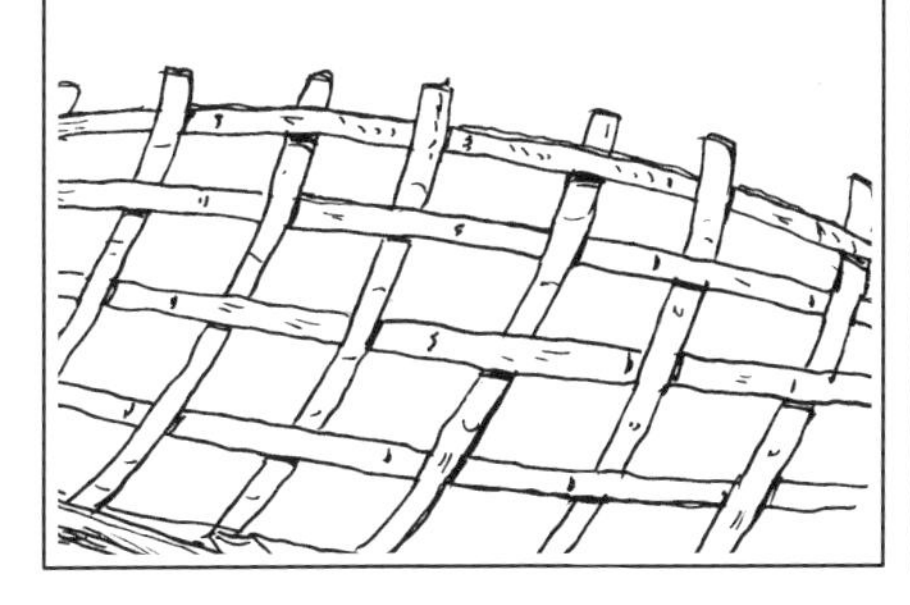

5　木と木のあいだにハンモックをつるす

イノシシの攻撃をかわす

イノシシに出くわす確率は想像以上に高い。野生の哺乳類の中では一番といっても過言ではないだろう。

だが、イノシシが人間を攻撃してくるのはまれである。牙を持った動物は、突進してくるより逃げ出すことのほうが多い。とはいえ、驚いたとき、特に子供を連れているときなどは敵意をあらわにする。

イノシシを家畜化した豚はおとなしいが、その祖先は野生の獰猛さを失っていない。しかもめちゃくちゃ足が速いのだ。

イノシシは複数の大陸にまたがって、かなりの数が生息している。最近では、世界中の市街地でも目撃数が増えている。

イノシシの特徴は鋭い牙、硬い鼻、そして骨張った大きな頭である。これらは地面を掘って餌を漁る道具であるとともに、自衛のための武器にもなる。

強いアゴは骨を簡単に砕くことができ、皮と骨で守られた分厚い胴体は、普通のピストルで撃たれてもびくともしない。撃つなら狩猟用のライフルが必要だ。

遠くにイノシシを見つけたら、道を空けてやる。近くにいたら、木や車、あるいは大きな岩の上など高いところに逃げる。

イノシシが突進してきたら、走って逃げ切るのは無理だ。イノシシの走るスピードは時速50キロ以上に達する。人間とは比べものにならない速さである。

だが、イノシシは体重が重くて小回りが利かない。ギリギリまで迫ってきたところで脇によければ、やり過ごすことができる。

戦うのは最後の手段だ。そうなった場合には、顔、肩甲骨のあいだ、腹、前脚のすぐ下を狙って撃つ、または刺す。

同じ地面に立って相手をしてはならない。何としても、高さの優位を維持しよう。

1 夜明けと日暮れが一番危険だ。イノシシと出くわしたら安全な距離をとる。冬は攻撃される可能性が最も高い

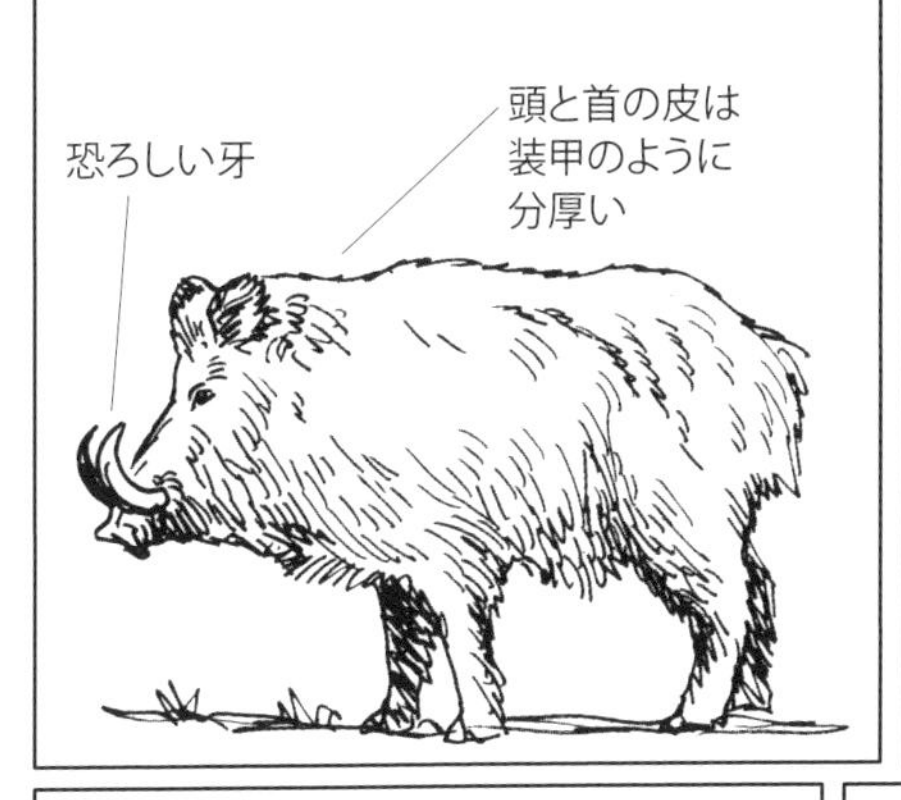
恐ろしい牙
頭と首の皮は
装甲のように
分厚い

2 木、岩、車の上など、地上から180センチ以上の高さに登る。大型のイノシシは、前足のひづめを障害物の上にのせて登ってくる

3 突進してきたらギリギリまで引き寄せて闘牛士のように横にかわし、危険な牙をよける

4 反撃する。
絶対に立った姿勢を維持し、弱点を狙って撃つか刺す。イノシシの頭と首は硬く、銃弾やナイフではダメージを与えられないこともある

寒冷地で必要な「携帯常備セット」

「軽装備、夜になったら、凍え死ぬ」

70キログラム近い装備を背負って極寒を行軍する兵士たちの格言だ。これは、冬季に野営するキャンパーや寒冷地を冒険する人にも当てはまる。

氷点下の環境でも、日中なら移動しながら深部体温を維持することができる。しかし、夜になって動けなくなったときに気温が零下20度以下に下がると、体温を保つのはかなり難しい。

後悔するくらいなら、安全を期して装備を充実させるに越したことはない。

ただし、体を温かく保つアイテムはたいていかさばるので、底が台形になったソリに積んで運ぶとよい。背負って運ぶより、氷雪の上を引いていくほうがエネルギーの消費が少ない。

これは重要なことである。エネルギー消費の効率を極力高めることで、低体温症になるのを防ぐことができるからだ。

装備と物資

寒冷地は人間の生命を脅かす過酷な環境だ。これに匹敵する環境は、灼熱の砂漠しかない。

誤って寒冷地に入る恐れはまずないとしても、その極端な気温に対する準備や食料・燃料の用意は、大げさにしてもしすぎることはない。

肝心なのは調べることだ。気温の幅、雪崩の危険、気象のパターンを前もって知っておけば、旅程の立案と準備が適切に行なえる。

ナビゲーションの補助機器として、コンパス、GPS、地図は必ず携帯する。そうすれば、ひとつがダメになっても別のものでカバーできる。

サングラスも重要だ。白い雪は日光を反射して目をくらませ、自分の位置を把握するのも、どの方向に進めばいいのかもわからなくなる。また目の疲れや、痛みを伴う雪眼炎（俗に雪目という）を起こす危険もある。

スノーアンカー（雪に刺して固定する道具）やスノーシュー（かんじき）は、雪が深くて柔らかく、スキーで通れない場合に備えた装備だ。もし腰まで雪に沈んだら、1メートル進むだけでも、貴重な体力を数百カロリー消費すること

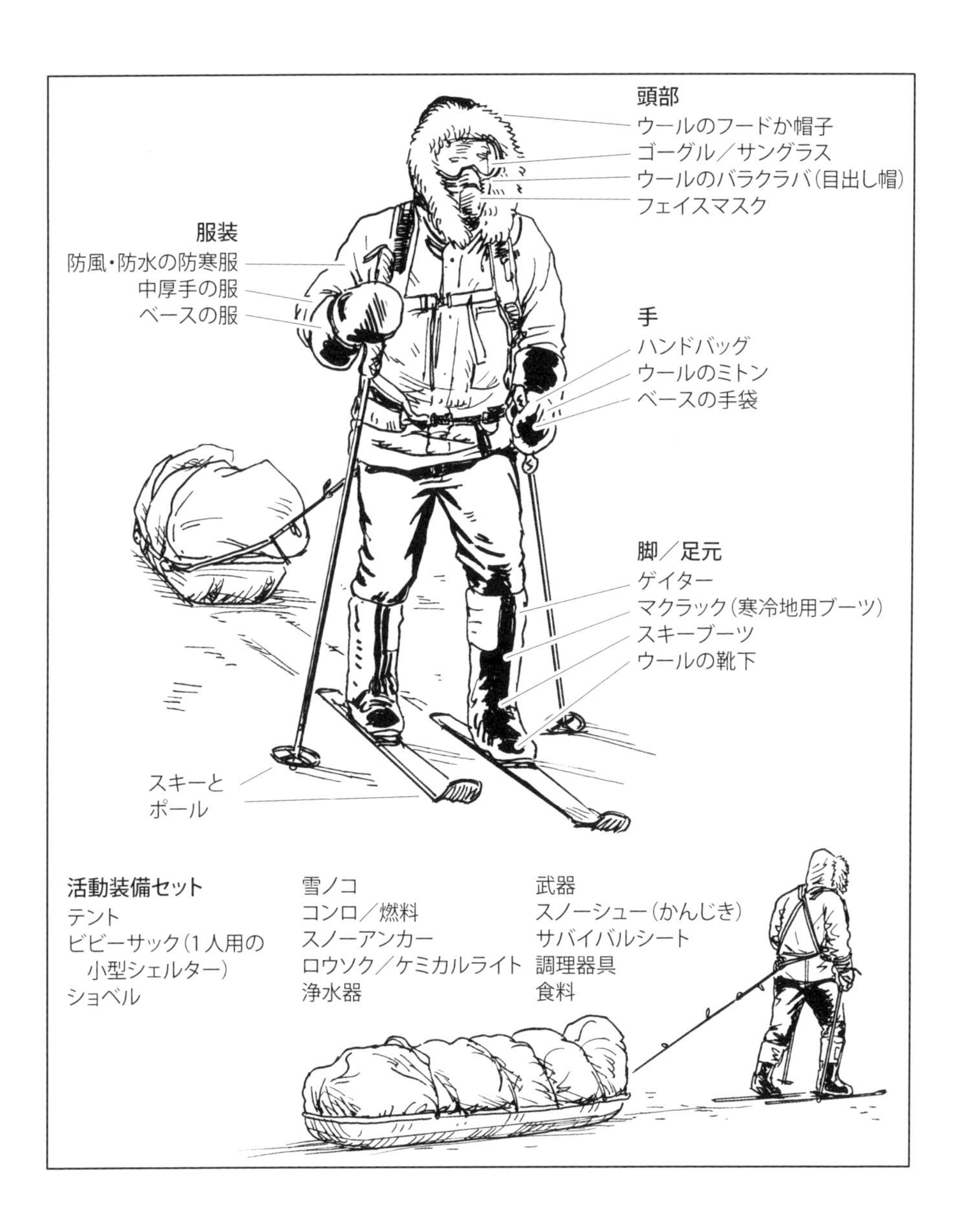
頭部
ウールのフードか帽子
ゴーグル／サングラス
ウールのバラクラバ（目出し帽）
フェイスマスク
服装
防風・防水の防寒服
中厚手の服
ベースの服
手
ハンドバッグ
ウールのミトン
ベースの手袋
脚／足元
ゲイター
マクラック（寒冷地用ブーツ）
スキーブーツ
ウールの靴下
スキーと
ポール
活動装備セット
テント
ビビーサック（1人用の
小型シェルター）
ショベル
雪ノコ
コンロ／燃料
スノーアンカー
ロウソク／ケミカルライト
浄水器
武器
スノーシュー（かんじき）
サバイバルシート
調理器具
食料

になる。その点、スノーシューをはけば、網状になった靴底全体に体重が分散されるので、体があまり沈まずにすむ。

状況がさらに厳しくなったら、スノーアンカーが急斜面での滑落を止める道具になる。実際に出かける前に使い方を覚えておこう。

ジャングルで携行するククリナイフ（32ページ参照）の寒冷地版といえるのが、スノーソー（雪ノコ）とショベルである。これらは非常に重宝する道具で、獲物を捕ったり、シェルターをつくったり、不意に現われる障害物を取り除いたりと、さまざまな用途に使える。

低温下で眠るためには、寒冷地用テントと高断熱寝袋に加えて、寝袋の上にかぶせる薄くて密閉性の高い「ビビーサック」というシェルターも必要だ。とにかく体温を逃さないようにすること。それが、寒くて眠れない夜を過ごさないための唯一の方法だ。

冷たい地面は貴重な体温をスポンジのように吸い取るが、厚いスリーピングパッドを敷けば体温は奪われにくくなる。折りたたんだサバイバルシートでも、同じ断熱効果が得られる。サバイバルシートはまた、急いで体を温める必要が生じたとき、さっと羽織れば外気を遮断してくれる。

ロウソクを何本かともせば、テントや雪のシェルター（56ページ参照）の中の気温が数度上がる。ただし、火事になる危険があるので、寝る前には必ず消すこと。

食料はたくさん携行しなければならない。低温環境では、体を燃焼させるためのカロリーが通常の2倍近くに増えるからだ。

食料源は、中身が詰まっていて脂肪率が高く、量が豊富であることが求められる。パックになった乾燥食品やエネルギーバーに加えて、ピーナッツバターやベーコンの脂身、ナッツ類、チョコレートなど高脂肪食品も詰め合わせよう。

何よりも体温を保つことが優先される状況において、カロリーを取りすぎるなどということは決してない。しかも重いソリを引き、長い距離を歩いて膨大なエネルギーを消費するのだから、カロリーが不足するとたいへんな空腹に襲われ、体重も減少する。健康を保つためには、毎日5000キロカロリー以上摂取することが望ましい。もしものために、緊急食料も予備として詰めておこう。

浄水器も必須アイテムだ。緊急時には浄水器を通さずに雪や氷を摂取してもよいが（50ページ参照）、一般的には浄水器の使用をおすすめする。池や小川からくんだ水は、特に浄化が必要である。

キャンプ用品専門店には、寒冷地でのサバイバルを快適にするアイテムが豊富に揃っている。しかし、アイテムを追加すると運ぶ重量も増えるので、よく考えて選択しよう。

衣類

極寒から身を守るための最大の武器は、服を重ね着することだ。そうして放出された体温を集める一方、風や寒さを遮断する。

フワフワした通気性の高いフリースやダウンは、しっかりと密閉しないと機能しない。だから、高性能なアウターが重要になる。暖かさを閉じ込めつつ通気性もゼロでない、ゴアテックスのような寒冷地向けの素材を選ぼう。

通気性があると、汗が蒸発するのでムレにくい。寒冷地では暖かさだけでなく、ムレない状態を保つことも重要だ。肌に汗が浮いたままになっていると、冷気に触れたときに汗が凍ってしまう。

特に濡れた靴下をはいていると、乾いた足に比べて25倍速く熱が奪われる。人間の体は、濡れた足から熱が奪われないように血管を収縮させて足への血流を止めてしまうため、足の組織がすぐに壊死してしまう。

温暖だが湿気の多い湿原のような環境でも、綿の靴下はNGだ（62ページ参照）。塹壕足炎を防ぐなら、透湿・透水性に優れたウールの靴下しかない。

016

寒冷地で飲用水を集める

寒冷地を歩きながら食料や暖かさを手に入れるのは困難だが、飲み水は容易に手に入る。だから、喉の渇きに苦しめられることはない。

寒冷地の水はすべて雪や氷になっていて、水分補給に必要な水源はそこらじゅうにある。しかも清潔な場合が多い。

ただし、雪や氷を食べると低体温症（58ページ参照）が悪化する恐れがある。低体温症は、寒冷地の環境で一番用心しなければならない症状だ。

冷たいものが喉を通ると、深部体温が下がってしまう。喉は体の中で最も熱を失いやすい場所だ。喉の頸動脈は頭に直接温かい血液を大量に送り続け、頸静脈が脳からの血液を心臓に戻している。つまり、冷たいものが喉を通ると、体の中で最も重要な部位が冷えることになるのだ。

清潔な水を手に入れる——最も安全な水の浄化方法は、水を沸騰させることだ。寒冷地でもそれは同じだが、水たまりなど目に見える汚染源のない場所の新雪や新しい氷を集めれば、比較的安心して飲むことができる。こうした水の中にいるバクテリアの大半は、氷点下では生きられない。

雪より氷を選ぶ——雪は空気をかなり含んでいるが、氷は水の密度が高い。

体温や火で氷を溶かす——氷だらけの環境で燃料は貴重なので、できるなら体温で氷を溶かして飲み水にしよう。

適切に重ね着をしていれば、どんな寒い環境でも移動中に大量の熱が発生する。氷を水筒に詰めて、重ね着した服と服のあいだに挟む。ただし、脇の下を通って走る上腕動脈や内ももの大腿動脈は、大量に血液が通る重要な血管なので避ける。

歩かないときは、体温を温存するために火を使って氷を溶かす。

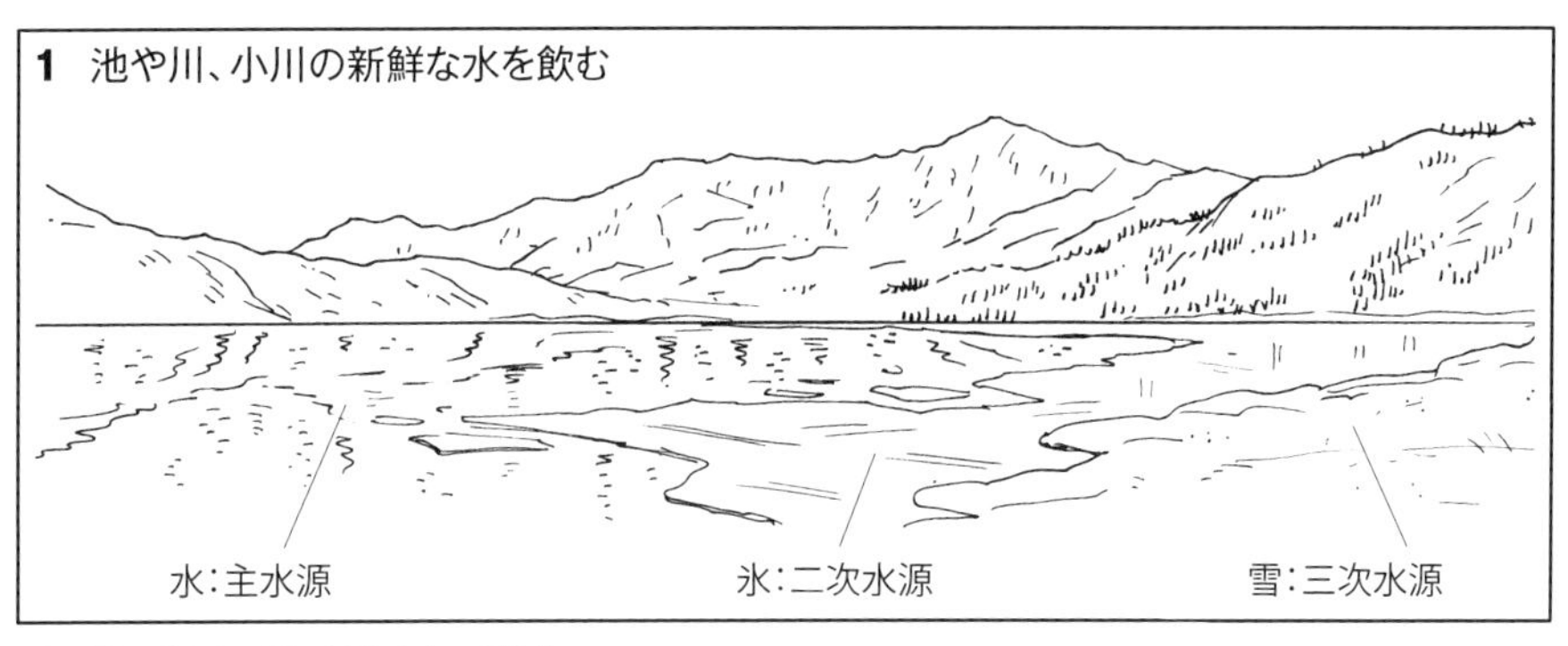

2 雪ではなく氷を溶かして飲む

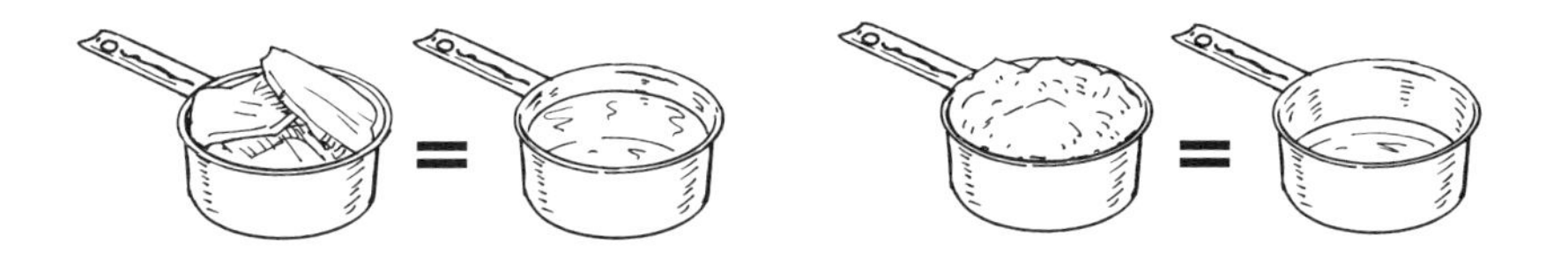

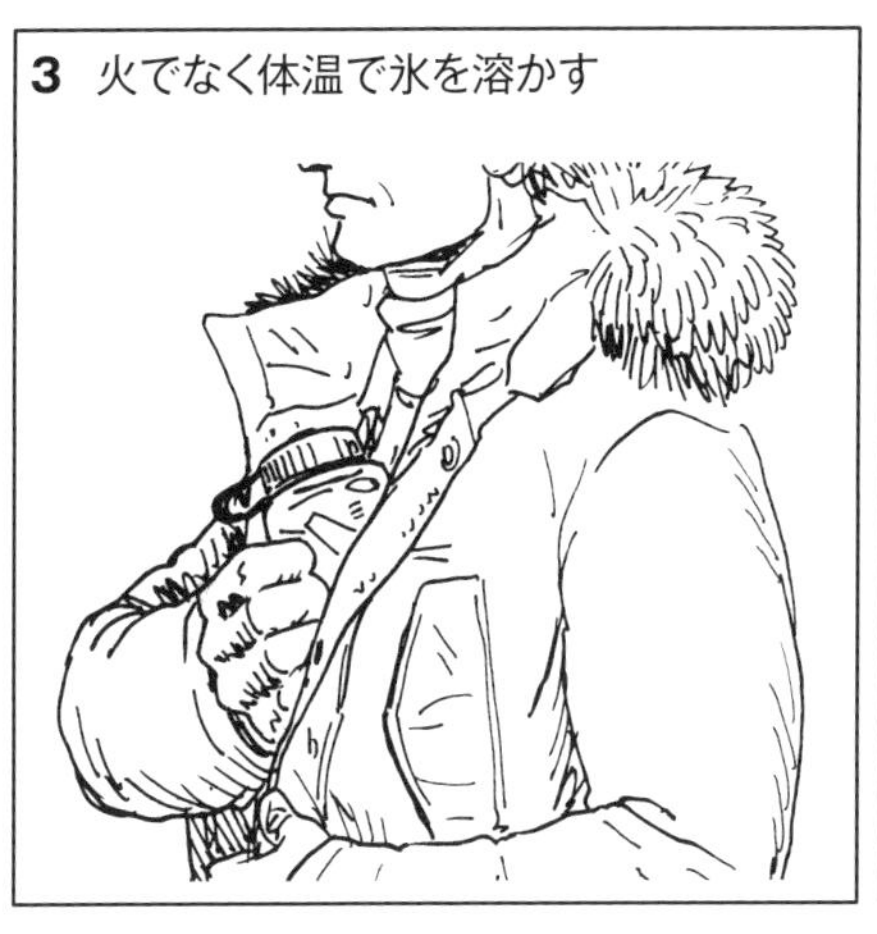

3 火でなく体温で氷を溶かす

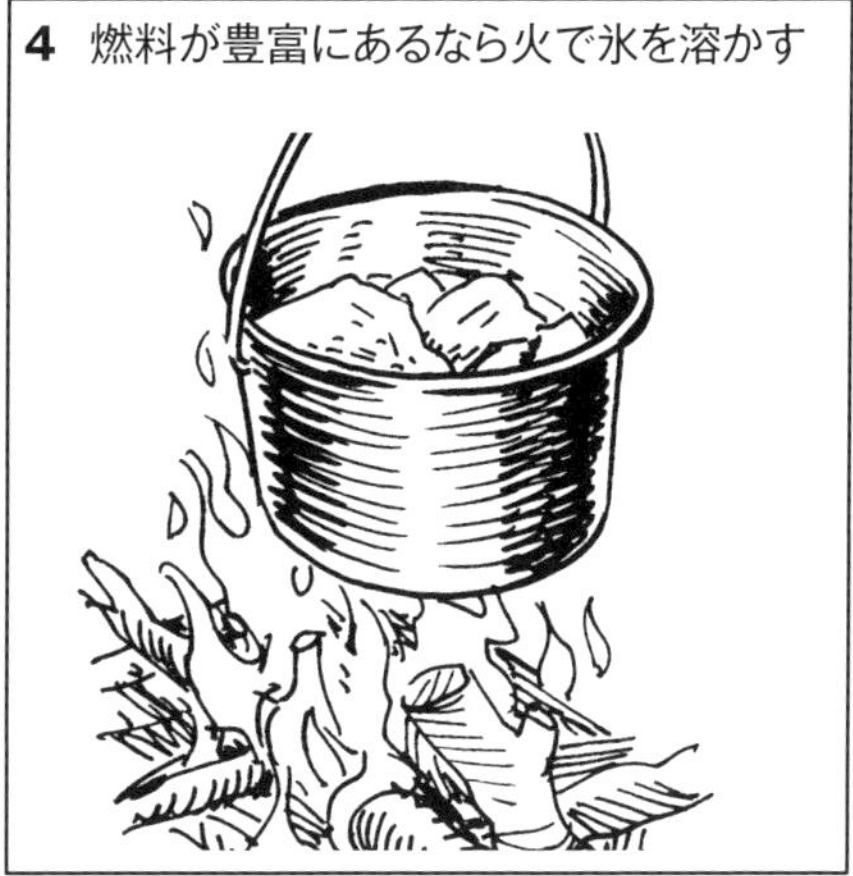

4 燃料が豊富にあるなら火で氷を溶かす

寒冷地で火を起こす

雪と氷に覆われた地域で、火を起こす材料を見つけるのは難しいかもしれない。しかし熱源がどうしても必要なときには、そうした材料を探す努力をしても無駄にはならないだろう。

実は、寒冷地には冬眠状態の植物や枯れた植物が豊富に存在する。木の近くに野営すれば、雪の下に落ちている木の枝や乾燥した土が見つかるかもしれない。1カ所を掘って何も見つからなくても、30センチ離れたところに、熱源になる「お宝」が埋まっているかもしれない。

凍った木の皮でも、外側の層を剝がすと中は乾いているので、焚きつけに使える。これは時間のかかる作業だが、状況によっては命を救うこともある。

火口と燃料が手元にあり、予備の電池を携帯しているなら、その自然放電を利用して火をつけることができる。危険を伴う方法だが、注意すれば大丈夫だ。

スチールウールを電池のプラス極とマイナス極につなぐ（スチールウールはアウトドアの皿洗いでも活躍する道具だ）。すると、電池に溜まっている電子がスチールウールの細い金属線を猛スピードで流れて、大量の熱が発生する。

スチールウールは繭のような構造をしていて、絡み合う金属線のあいだに無数の空気ポケットができている。これは燃焼を起こすのにうってつけの環境だ。

実際の手順としては、まず発熱するスチールウールを手早く火口の下に置けるよう準備しておく。それから、2本の単三ないし単四電池を並列につなげ、スチールウールを先頭のプラス極と最後尾のマイナス極に接触させる（あるいは9Vの角形電池の両極をスチールウールに突っ込む）。接触箇所は指で触らないように。通電したスチールウールはすぐに赤くなり、煙が出はじめる。そうしたら火口の下に急いで置く。火口がしっかりと燃えはじめたら成功だ。

もし狼煙を上げたいなら、そこにタール分の多い松ぼっくりを加える。一面真っ白な世界に、ひときわ目立つ黒い煙が立ち昇るだろう。

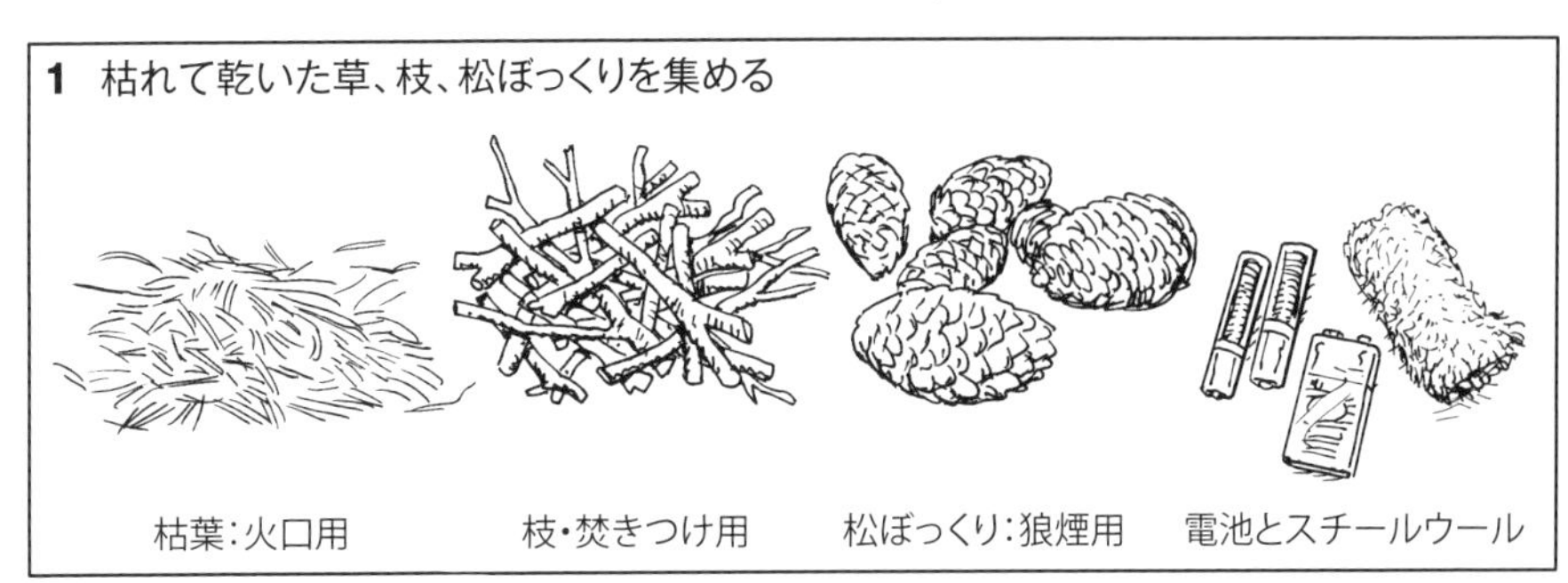
1 枯れて乾いた草、枝、松ぼっくりを集める
枯葉:火口用
枝・焚きつけ用
松ぼっくり:狼煙用
電池とスチールウール

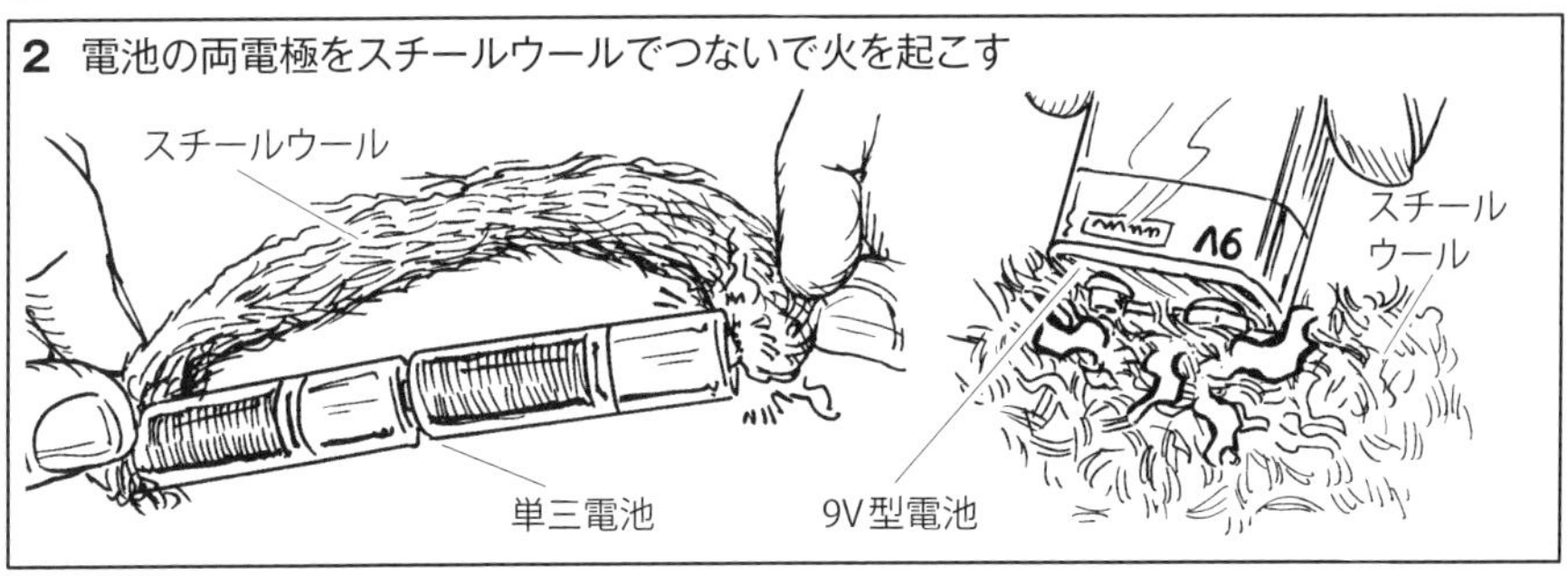
2 電池の両電極をスチールウールでつないで火を起こす
スチールウール
単三電池
9V型電池
スチール
ウール

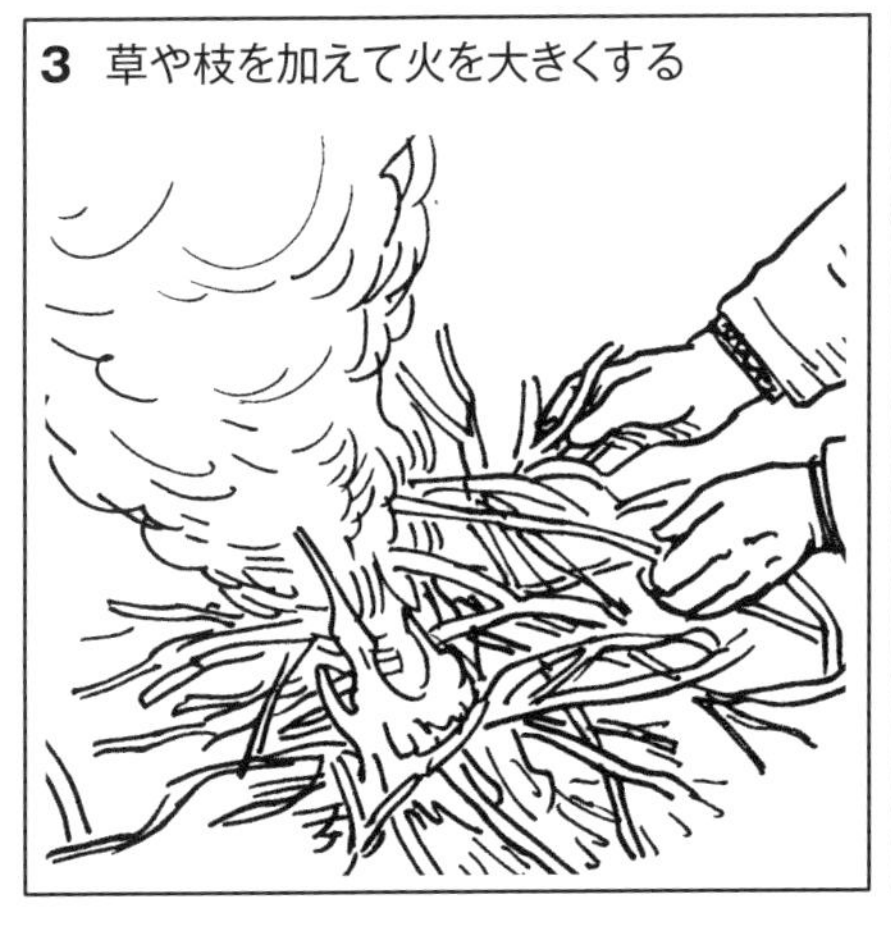
3 草や枝を加えて火を大きくする

4 松ぼっくりを入れると黒い煙が上がる

018

寒冷地でサバイバル食を見つける

寒冷地のサバイバルでは、深部体温を一定に保つことが最優先事項となる。

そのために人間の体は脂肪細胞を消費し、指や爪先、そして意識をギリギリまで犠牲にする。体内でエネルギーになるものはすべて、通常のほぼ2倍のスピードで消費されていく。

体温を外気より40度近く高い状態に維持するのは容易なことではない。相当な量のエネルギーが必要になる。生きるだけならもっと少ないカロリーですむが、低体温環境で体の機能を100%維持するためには、一日5000キロカロリーを摂取するのが理想だ。荒涼とした雪原から脱出しようと、深さ30センチの吹きだまりを進もうとすれば、もっと体力が必要になる。

生き物の稀少な寒冷地でいかに食料を確保し、体温を維持するか。以下にその方法を紹介する。

水際を探す——一見生き物のいなさそうな寒冷地だが、湖畔や川べりは、アサリやカラス貝のような栄養満点の生き物のすみかになっていることが多い。こうした貝は生のまま食用可能で、釣りの餌としても使える。

釣り用の穴を開ける——体のエンジンである筋肉を働かせるには脂肪が必要だ。だが、十分な脂肪分を寒冷地で見つけるのは困難である。だからといって、脂の乗った魚を求めて凍てつく水の中を歩き回るのはおすすめしない。しかし、湖や川の水面が硬く凍っているなら、「氷上釣り」という手がある。アイスソー（氷ノコギリ）を使って氷を切り、釣り用の穴を開ける。氷の上を歩くには、少なくとも氷の厚さが10センチは必要だ。足を踏み入れる前に、水際からナイフを使って氷の厚さを確かめよう。

釣り糸を垂らして様子を見る——釣れる確率をできるだけ高めるために、複数の釣り穴を開ける。魚がかかったときの浮きとして、釣り穴の直径よりも長い2本の棒をX状に結わえて釣り糸に結びつける。釣り穴から釣り糸を垂らして様子を見る。魚が食いつくと、針が引っ張られて浮きが穴に引っかかるという仕組みだ。

1 寒冷地の水べりにはアサリ、カラス貝、ナマコがいることが多い

2 魚を釣る穴をいくつか開ける

3 釣り糸と釣り針、即席の浮きをセットする

寒冷地に適したシェルターをつくる

自然の中でシェルターをつくる必要に迫られたとき、天然の遮蔽物があれば手間が省けてラッキーだ。

例えば、ほら穴や大きな岩陰は、夜を過ごしたり嵐を避ける場所として使用できる。また、枝葉の生い茂った木や、根に深いくぼみがある木も同じように使える。

だが、そうした寒さをしのげそうな場所は、野生動物にとっても魅力的な場所なので、注意が必要だ。野営の用意をする前に、動物の足跡や糞、草を踏んだ跡がないか確認しよう。一等地を縄張りにしているホッキョクグマなどは、同じ場所に戻ってくる確率が高い。

見つけた場所に問題がないなら、そこに草木をできるだけ多く引っ張り込んで床面と壁面を覆い、開口部を塞いで中の熱が逃げないようにする。しっかりと断熱されていれば、体の熱だけで中の温度は10度から20度上がる。

にわかには信じがたいだろうが、寒冷地でのシェルターづくりでは雪や氷の特性が利用できる。

適切に断熱を行なったほら穴のように、雪でつくったシェルターも冷たい外気を遮断して体温を逃がさない。雪は空気が詰まっているので、水源としては今一歩だが、断熱性の高いブロック材として活用できる。

雪のシェルターをつくるなら、枝が低く張り出した木の根元に穴を掘るのが一番手っ取り早い。これは、自然の構造的な強さを生かしたものだ。

雪の吹きだまりに穴を掘りたくなるかもしれないが、崩れる危険性がある。

近くに身を隠せそうなところがないなら、雪ノコとショベルを使って1~2時間で雪原に塹壕を掘ることができる（左図参照）。また、風に対して垂直に塹壕を掘ってポンチョライナーシェルターを建てれば、冷たい風がテントを通り抜けるのを防げる。

1 シェルターをつくるときは、ほら穴や大きな木の根元など自然を活用する

2 雪のブロックを切り出して、塹壕型シェルターやポンチョライナーシェルターをつくる

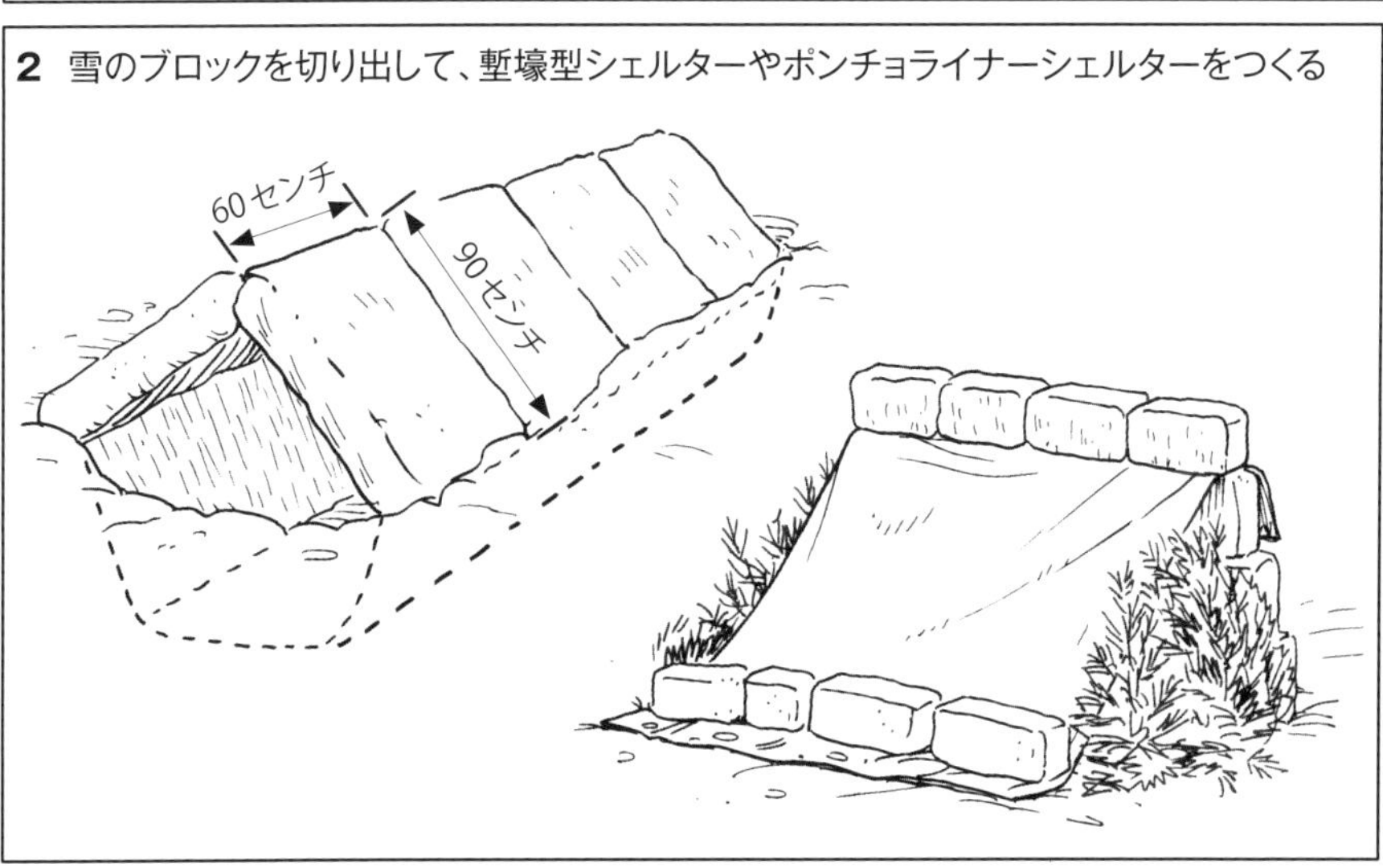

低体温症を防ぐ

体の震え、脈拍数の急激な上昇、意識のわずかな混乱が出てきたら、低体温症の初期症状だ。そうなったら、あっという間に緊急事態に発展する恐れがある。

震えが止まり、鼓動が遅くなったら、危険な状態に陥ったということだ。

深部体温が急激に落ちはじめ、体内の化学反応の低下が現われはじめたら、死に至る危険性がある。

低体温症は、ある一定の気温で発症するものではない。

低体温症を起こす要因は、風の状態、着用している服の枚数や断熱性、水分補給や健康の状態、体脂肪率など多岐にわたる。

湿気にさらされることも要因のひとつである。水は熱伝導に優れており、肌やその近くに湿気があると、体から熱が奪われるからだ。

低体温症の症状が現われたら、すぐに服を重ね着するか、濡れた服を乾いた服に着替えること。

冷たい地面に体の熱が奪われないように、草木や詰め物の素材があれば、それを敷くこと。

緊急用カイロなどの熱源があるなら、脇の下や首の周り、鼠径（そけい）部に置く。そうすれば、熱源が動脈にじかに接する。

深部が温まる前に、絶対に手足にカイロを使ってはいけない。手足を先に温めると血流が深部へ急激に戻って、心臓発作を起こしかねないからだ。そもそも人間の体は、手足への血流を犠牲にして根幹機能に体温を温存するようにできている。

アルコールやカフェイン、ニコチンは控えること。これらは血管を広げて、体温の放出を増やしてしまう。

低体温症が深刻な状態になると、専門家による対処（口対口呼吸法や心肺蘇生法など）が必要になるので、手遅れになる前に状況を改善するのが望ましい。

1 体の熱が生み出されるよりも早く奪われると、軽度の症状が現われはじめる

- 体温が35度を下回る
- 体が体温を上げようと震え出す
- 休息時の鼓動が速くなる
- 呼吸が速くなる
- 意識が若干もうろうとしてくる

2 体温がさらに下がると、中度の症状や重度の症状が現われはじめる

- 体温が28度を下回る
- 震えが止まる
- 鼓動が遅くなる
- 呼吸が遅くなる
- 意識を失う

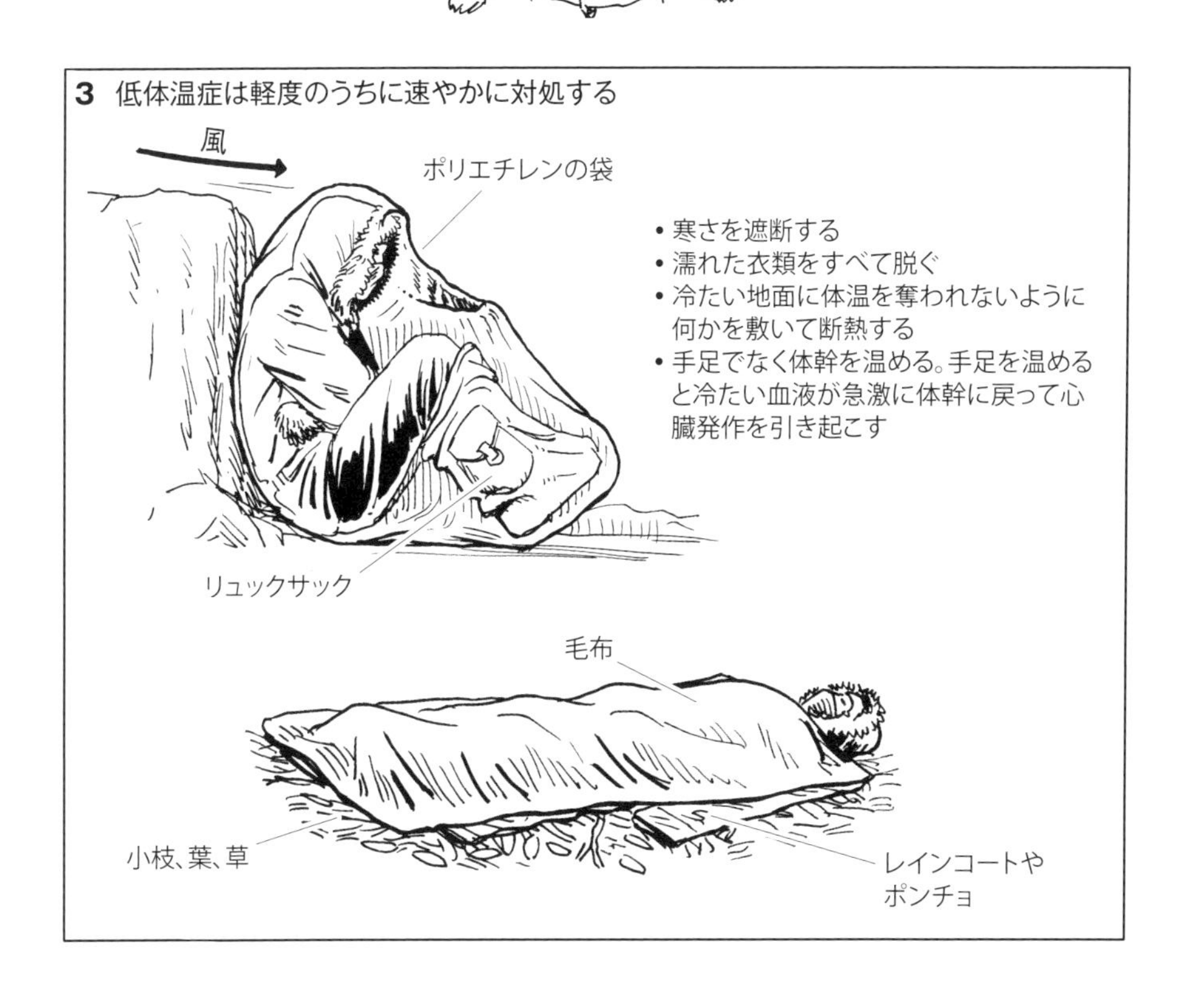
3 低体温症は軽度のうちに速やかに対処する
風
ポリエチレンの袋
• 寒さを遮断する
• 濡れた衣類をすべて脱ぐ
• 冷たい地面に体温を奪われないように何かを敷いて断熱する
• 手足でなく体幹を温める。手足を温めると冷たい血液が急激に体幹に戻って心臓発作を引き起こす
リュックサック
毛布
小枝、葉、草
レインコートやポンチョ

砂漠で必要な「携帯常備セット」

砂漠のような乾燥地帯を徒歩で進むには、生きるうえで一番大切な水が相当な量必要になる。具体的には1日につき4ガロン（15リットル強）、さらに緊急時の分も持って歩かなければならない。

だが水の重さは1リットルで1キログラムなので、1・5ガロン（約6リットル）以上を背負って運ぶと、補給できるよりも多くの水分が、汗として失われることになる。さらに、寒暖差の激しい砂漠で生き延びるには防寒具も必要だ。すべて合わせると荷物は相当な量になる。

それを背負うのでなく引っ張れば、消費するエネルギーが20％ですむので、荷物を引っ張れる台が重要になる。

理想的なのは「遠征用レーシングカート」という簡単なワゴンだ。これは店で買うこともできるし、ポリ塩化ビニルのパイプと自転車のタイヤを使って自分でつくることもできる。

車輪は左図のように二重にする。尖った岩が点在する熱い地表はタイヤがパンクしやすいので、あらかじめスペアタイヤを取りつけておけば、立ち止まってタイヤ交換に無駄な体力を消費しないですむ。

ナビゲーション

昼夜の温度差が大きい砂漠では、激しい気温変化で体力を消耗しないために、夜間に移動して日中は寝るようにする。

日が沈むと、日中の灼熱が空に放出されて気温が15度以上下がる。体内時計を逆転させて、汗をかいて失う水分が最も少ない夜の時間帯に活動すれば、飲み水を節約できる。

凍てつく夜の砂漠で寝ようとすると、体温を保つために貴重なカロリーを消費しなければならない。だが、夜間に動いていればその心配もない。

何のランドマークもなく変化に乏しい平原では、日中ですら、どこを歩いているのか、どこへ向かっているのかを把握するのが難しい。視界が格段に悪くなる夜間は、いっそうナビゲーションが困難になる。

だが、夜にはナビゲーションに使える便利な

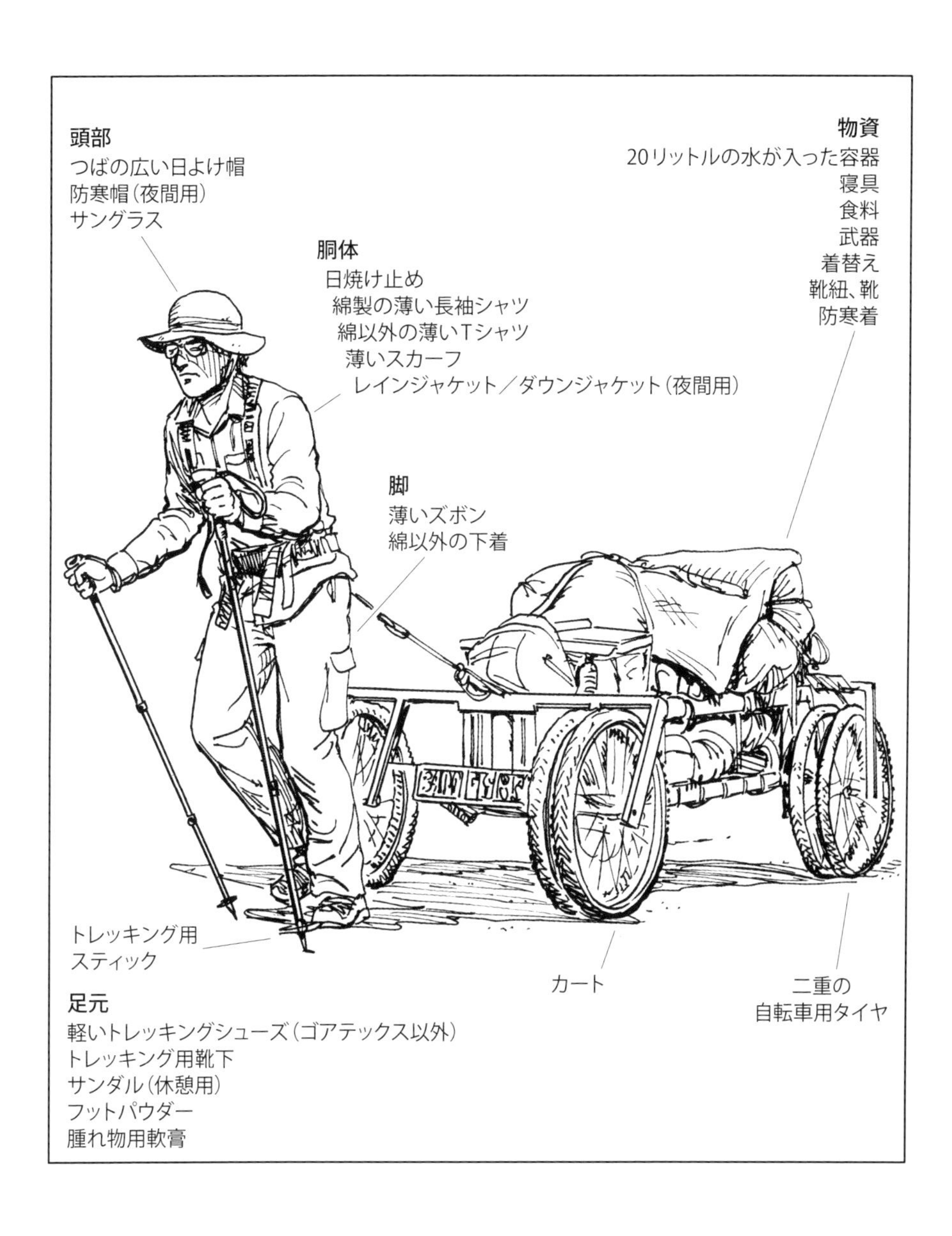
頭部
つばの広い日よけ帽
防寒帽（夜間用）
サングラス
胴体
日焼け止め
綿製の薄い長袖シャツ
綿以外の薄いTシャツ
薄いスカーフ
レインジャケット／ダウンジャケット（夜間用）
物資
20リットルの水が入った容器
寝具
食料
武器
着替え
靴紐、靴
防寒着
脚
薄いズボン
綿以外の下着
トレッキング用
スティック
カート
二重の
自転車用タイヤ
足元
軽いトレッキングシューズ（ゴアテックス以外）
トレッキング用靴下
サンダル（休憩用）
フットパウダー
腫れ物用軟膏

ものがある。砂漠の夜空いっぱいに瞬く明るい星々だ（天体を利用したナビゲーションについては26ページ参照）。

砂漠の夜は思ったほど暗くないが、日が沈むと奥行きを把握しにくくなるので、トレッキングのスティックで地形を確認しながら歩こう。


ナビゲーションに関しては、手持ちの機器がひとつか2つ故障することを常に想定しておこう。砂漠へ行く前にいくつかの形式のバックアップを用意し、あらかじめ地図を詳細に見ておく。事前に地形を知っておけば、いざというときの備えがより確かとなる。

地形にランドマークがないときは、各方向へ歩いた歩数を数えて距離を測る。歩数は一歩おきに数える（2ステップ）。これが歩幅となる。大人の歩幅は約2メートルなので、2ステップを100回くり返すと約200メートルになる。


雨が降ってきたら必ず雨水を集めよう。同時に、空に雲がかかってきたり、雨が降りはじめたら、できるだけ高いところに移動したほうがよい。砂漠ではあっという間に鉄砲水が起こるからだ。

装備と衣服

まず大事なのは適切な靴だ。高温に耐えられるよう特別につくられたトレッキングシューズなら、足の裏に水ぶくれができるのを防いでくれる。

靴底が熱くなると、足の裏に炎症が起こって体液が溜まりはじめ、最後は痛みを伴う水ぶくれができる。そうなると、痛くて歩行に支障をきたすことになる。

たくさんの替えの靴下とともに、腫れ物用の軟膏やフットパウダーも入れておこう。砂漠の環境でも綿の靴下は危険だ（49ページ参照）。あっという間に塹壕足炎の原因となる。

靴下はウールの軽いものにする。ウールの靴下だと足を乾燥した状態に保ってくれるので、足の組織が壊疽しない。

酷暑環境で綿製の衣類が役に立つのは、下半身でなく上半身だ。高性能な合成繊維は、自然素材よりも涼しく、汗を吸い取って蒸発させてくれる。とはいえ、焼けるように熱い太陽の下で、綿の通気性に代わるものはない。

合成繊維も直接日光にさらさなければ有効だ。肌と擦れにくくした合成繊維の下着は特にいい。

軽いロングスカーフは、首や顔を風や日焼けから守ってくれる。また、砂嵐が起こったときにも顔を覆うのに使える優れものだ。

くり返しになるが、シークレット・エージェントが心に留めていることがある。

砂漠の急激な温度変化に備えるということは、持っていく装備が軽くはすまないということだ。夜間に歩くことになるので、それにふさわしい防寒用衣類も詰め込む必要がある。「軽装備、夜になったら、凍え死ぬ」の格言は、寒冷地だけでなく砂漠にも当てはまるのだ。

砂漠で飲み水を確保する

乾燥地帯で脱水症状にならない一番の方法は「水を持たずに砂漠で迷わない」ことに尽きる。

とはいえ、手持ちの水が少なくなってきたら、体に残っている水分が逃げないように注意しつつ、新しい水源を探さなければならない。

体内の水分を逃がさないようにする——日中に動くときは全身を服で覆う。汗で湿った服を風が抜けると、冷却効果が得られる。もっといいのは、昼には休み、夜に移動するという砂漠の鉄則に従うことだ。そうすれば汗をかきにくく、貴重な水分を失いにくい（60ページ参照）。もし手持ちの水が尽きたら、食べてはならない。食べ物を消化するために、体に残っている水分を使い切ってしまうからだ。

高い場所に登る——地形的に可能なら、毎日野営する前に高いところへ登り、救助に来てくれそうなコースを考え、近くの水源がありそうな場所の手がかりを探そう。上から眺めれば、植物を見つけたり、動物の足跡を追うことができる。平地に下りたら、生き物がいることを示す証拠を探す。生き物がいるということは、水源があるということにほかならない。

地面を掘る——枯れた川底の下に、水が湿った砂として溜まっている可能性がある。30センチ以上掘ってみて湿った砂が見つからなかったら、ほかの場所をいくつか掘ってみる。長いこと枯れたままの川底でも、最近降った雨が地中に残っているかもしれない。

露を集める——夜の移動を一部あきらめ、服を脱いで夜露と朝露を集める。干ばつに見舞われている地域でも、この方法は有効だ。研究によれば、1平方メートルあたり最大500ミリリットル弱の水が集められるという。

1 体の水分を逃がさないようにする

全身を覆う
日中は陰に留まり、夜に移動する
食べない

2 高いところに登って周りを見渡し、水がある場所の手がかりを探す

動物やその足跡を
見つける
干上がった小川や川の底
を探す：掘ると水がある
植物を探す：水を多く必要
とする葉が大きい草木
ハエ、蚊、ハチの
群れを探す

3 干上がった川底や草木の下を掘る

4 夜露・朝露を集める

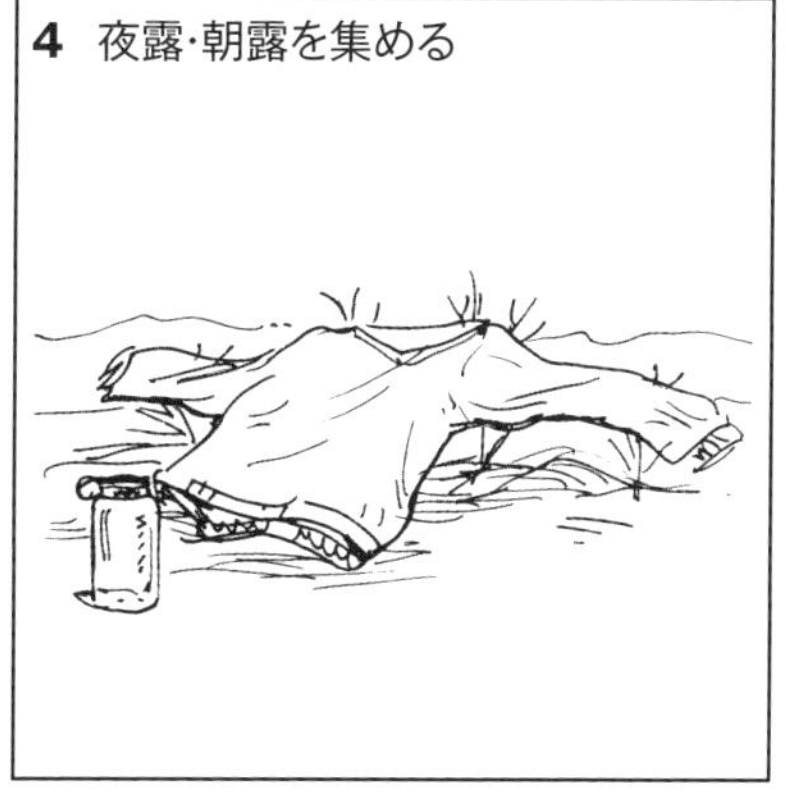

日光で火を起こす

まばゆい日光は、砂漠で一番豊富な天然資源だろう。

だが太陽が沈んだあと、雲が出ていなければ、砂漠は昼間の熱をほぼすべて失ってしまい、気温が急激に下がることがある。もし夜に移動しないなら（60ページ参照）、体を温めるために熱源が必要になる。

昼のうちにまぶしい日光を使って火を起こしておこう。

必要なものは、少々の水を入れた透明なペットボトルと数枚の新聞紙である。ただの紙よりも新聞紙がいいのは、インクが燃焼促進剤の役割を果たすからだ。

新聞紙でなくても、乾いた枯れ葉や草、枯れた枝の削りくずも火口として代用できる。たいていの砂漠には、非常に燃えやすい柴が結構あるものだ。

ペットボトルの飲み口側のお椀のようになった部分をレンズ代わりにして、日光を屈折させたり、方向を変えたりしながら、光を新聞紙のどこか一点に集中させる。そうすると、日光が持つ熱エネルギーも一点に集まる。

こうして日光を集めた一点が熱せられて赤くなり、煙が出はじめる。新聞紙をレンズに向けてやさしく波打たせると、煙はすぐに炎に変わる。

その日の時間帯や季節によって、日光の強さは違う。赤道付近で正午に行なえば、この方法はきっとうまくいくだろうが、真冬の北半球の砂漠ではあまり期待できないかもしれない。

〈メモ〉

ガラス瓶を使ってもよい。瓶自体に日光を屈折させられるだけの厚みがあれば、倍率を高めるための水を入れる必要もないだろう。

1 水の入ったきれいなペットボトルと５枚の新聞紙を用意する

2 日光を一点に集めて熱する

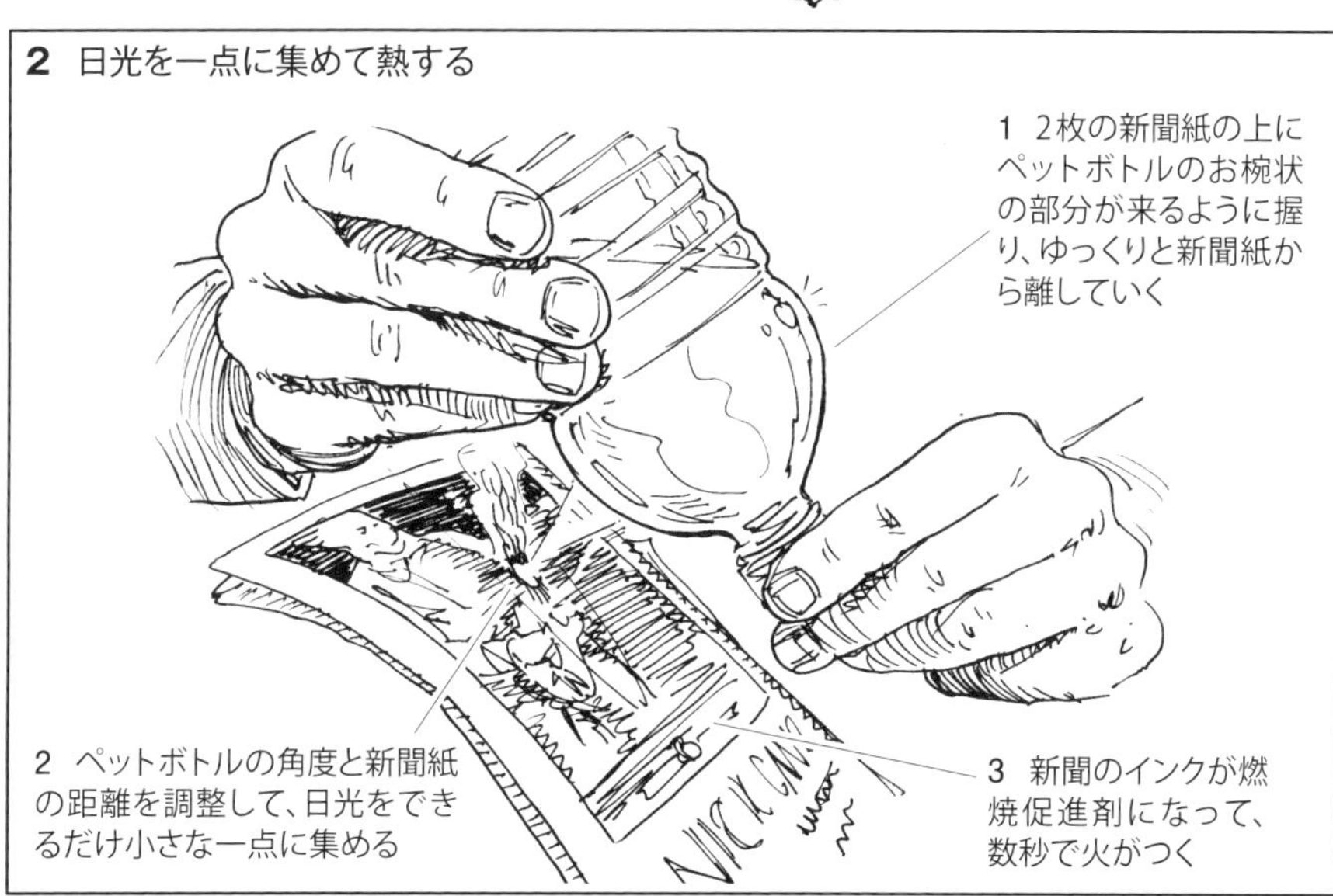

1 2枚の新聞紙の上にペットボトルのお椀状の部分が来るように握り、ゆっくりと新聞紙から離していく
2 ペットボトルの角度と新聞紙の距離を調整して、日光をできるだけ小さな一点に集める
3 新聞のインクが燃焼促進剤になって、数秒で火がつく

3 新聞紙から煙が出てきて火がくすぶりはじめたら、1枚の新聞紙を追加してあおぐか、息を吹きかけてしっかりとした火にする。必要なら新聞紙を増やす

024

砂漠で狩猟採集する

砂漠地帯をずっと歩いていると、ようやく見つけた植物にかぶりつきたくなる衝動が湧いてくる。だが、そこはじっと我慢だ。

ハシラサボテンや花を咲かせるチョウセンアサガオなどは、激しい吐き気をもよおしたり、幻覚を引き起こしたりする。

そうした危険を避けるために、安全に食べられる植物が見つかるのを待とう。北アメリカの砂漠で一般的な食用植物としては、チア、ウチワサボテン、タマサボテンがよく見つかる。

チアには、アメリカ先住民やアステカ人が薬草として使ってきた長い歴史がある。明るいムラサキ色をしたチアの花を、容器の中で叩いて種を出す。この種は栄養たっぷりで、生でも食べられ、水に浸すとゼリー状に膨らむ。

ウチワサボテンの平たい茎節（けいせつ）（南アメリカの料理でノパルと呼ばれる）のトゲはそぎ落とすか、炙って燃やす。トゲを取る際は手を守ること。

筒状のタマサボテン（柱サボテン）は汁を飲んではならない。茎肉は食べられるが、汁は下痢を起こして脱水症状の原因になる。

ヘビを食料として狩るときは、先の割れた長い棒を探し、鋭いナイフを用意しておく。

ヘビを見つけたら、割れた棒の先で頭を押さえ、そのままもう片方の手をヘビの後ろから頭に伸ばして、口が開かないようにアゴと頭を一緒に握る。ヘビの体が棒や腕に巻きついてきても気にせず、頭を押さえることに集中する。

棒を握っていた手を離して、ナイフを取り出し、ヘビのアゴを押さえながら頭を落とす。切り落とす位置は頭から7〜8センチ後ろにして、毒腺に触るのを防ぐ。

切り落とした頭はすぐに蹴り飛ばす。ヘビは死んでから最大1時間経っても、神経末端の電気刺激によって条件反射的に強く噛みつくことがある。

毒ヘビは一般的にひし形の頭をしているので判別はできるが、出くわしたヘビはすべて毒ヘビかもしれないと考えるのが一番安全だ。また、ヘビは体の半分の長さをジャンプできるので、近づくときには気をつけよう。

1 多くの砂漠で最も一般的な食用植物はチア、ウチワサボテン、タマサボテンだ

2 ヘビを捕まえて食べる

3 その場でさばいて調理する

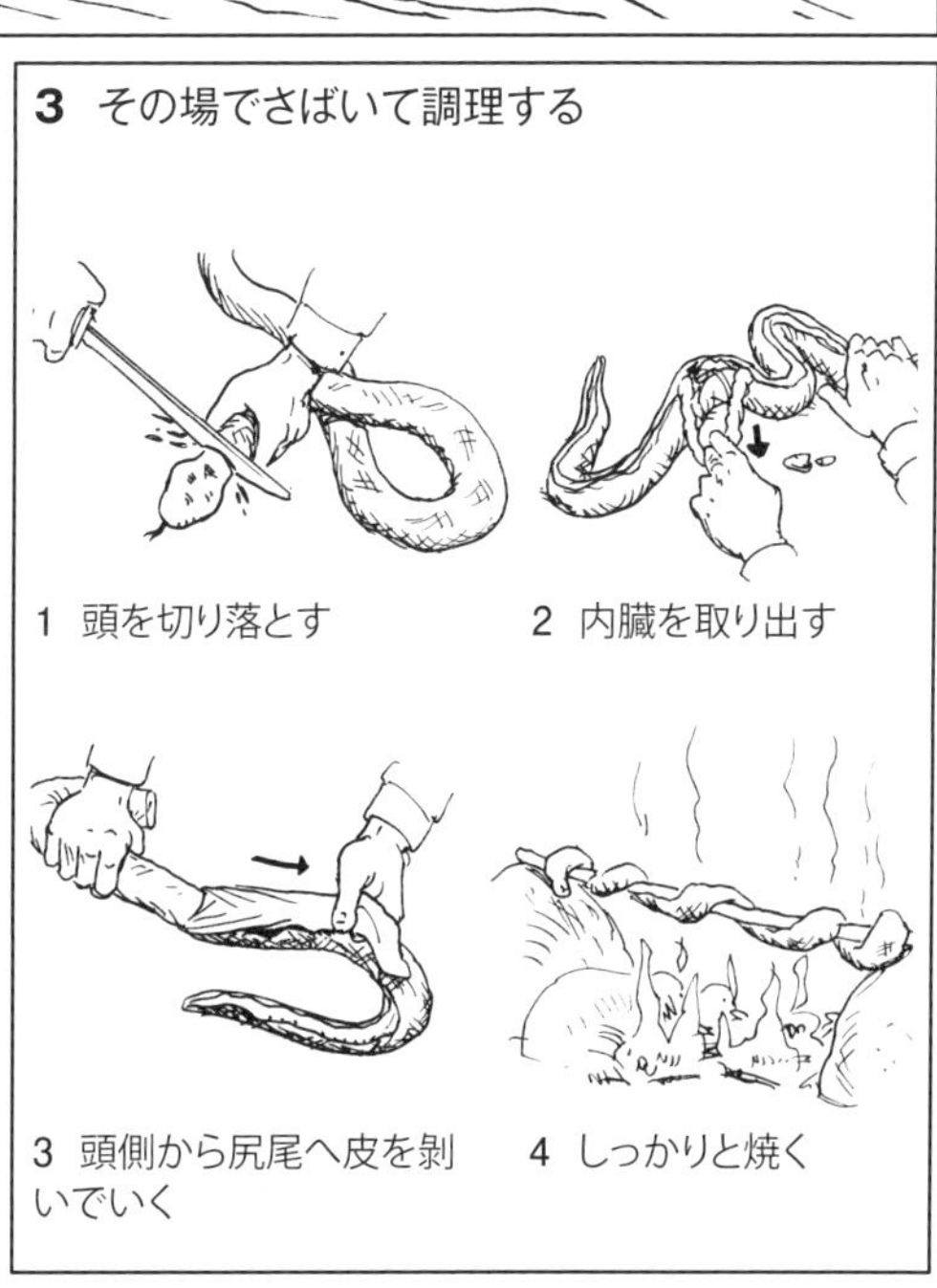

1 頭を切り落とす
2 内臓を取り出す
3 頭側から尻尾へ皮を剥いでいく
4 しっかりと焼く

砂漠にシェルターをつくる

サバイバル中は常に体力の温存に努めなければならない。シェルターでゆっくり休憩がとれれば、そこで貴重な数千カロリーを回復できる。

すでに存在するシェルターを見つけられたら、こんなラッキーなことはない。どんな環境でも真っ先に選ぶのは自然にできたシェルターだ。

砂漠で雨露をしのげるかどうかは、通常考えなくていい。上が完全に覆われていなくても、日陰になれば十分だ。岩場の陰でも、涼しい風が吹き込むなら格好のシェルターになる。

だが、そうした地形が近くになければ、2枚のポンチョライナーやタープ（直射日光や雨を防ぐシート）だけで、ショベル（なければ素手）を使って簡素ながら有効なシェルターをつくることができる。

ただし、普通に穴を掘ってその上にシートを広げただけでは、内部に熱がこもって高温になる。これは、密閉空間で起こる温室効果によるものだ。

身近な例でいえば、暑い日に窓を閉め切った自動車を屋外に放置しておくと、車内がうだるように暑くなる。太陽から降り注ぐ赤外線がガラスで遮られずに車内に差し込み、そのまま外に出られなくなって反射をくり返し、車内に熱が蓄積するからだ。

そこで、左図のようにシェルターを二層構造にして、前後両端にすき間を空けておく。そうすれば、太陽光線の熱は2枚のシートのあいだに閉じ込められる。

風が吹き込んでくれば、どんな熱い風でも、こもっていた熱を奪い去るので、シェルターの中に熱が入ってくることはない。カラカラに乾いた風の吹かない日でも、2枚のシートに赤外線が閉じ込められるので、周りよりも格段に涼しい寝床ができる。

つくり方だが、まず太陽に焼かれた砂地を60センチほど掘る。その際、シェルターを掘る方向を風の流れと平行にする。入口に傾斜をつけて開けたままにしておくと、体の周りにも風が流れ込んでくる。これでかなり涼しく眠りにつくことができるだろう。

1 日陰をつくり、風から守ってくる洞窟や岩場を探す
2 二層構造のシェルターをつくる
1 背丈と同じ長さで、幅60 ～ 90センチ、深さ45 ～ 60センチの塹壕を掘る
風
2 ポンチョライナーで塹壕を覆い、端に大きな岩や砂をかぶせて動かないようにする
3 2枚目のポンチョライナーを1枚目の上に30センチすき間を空けてかぶせる

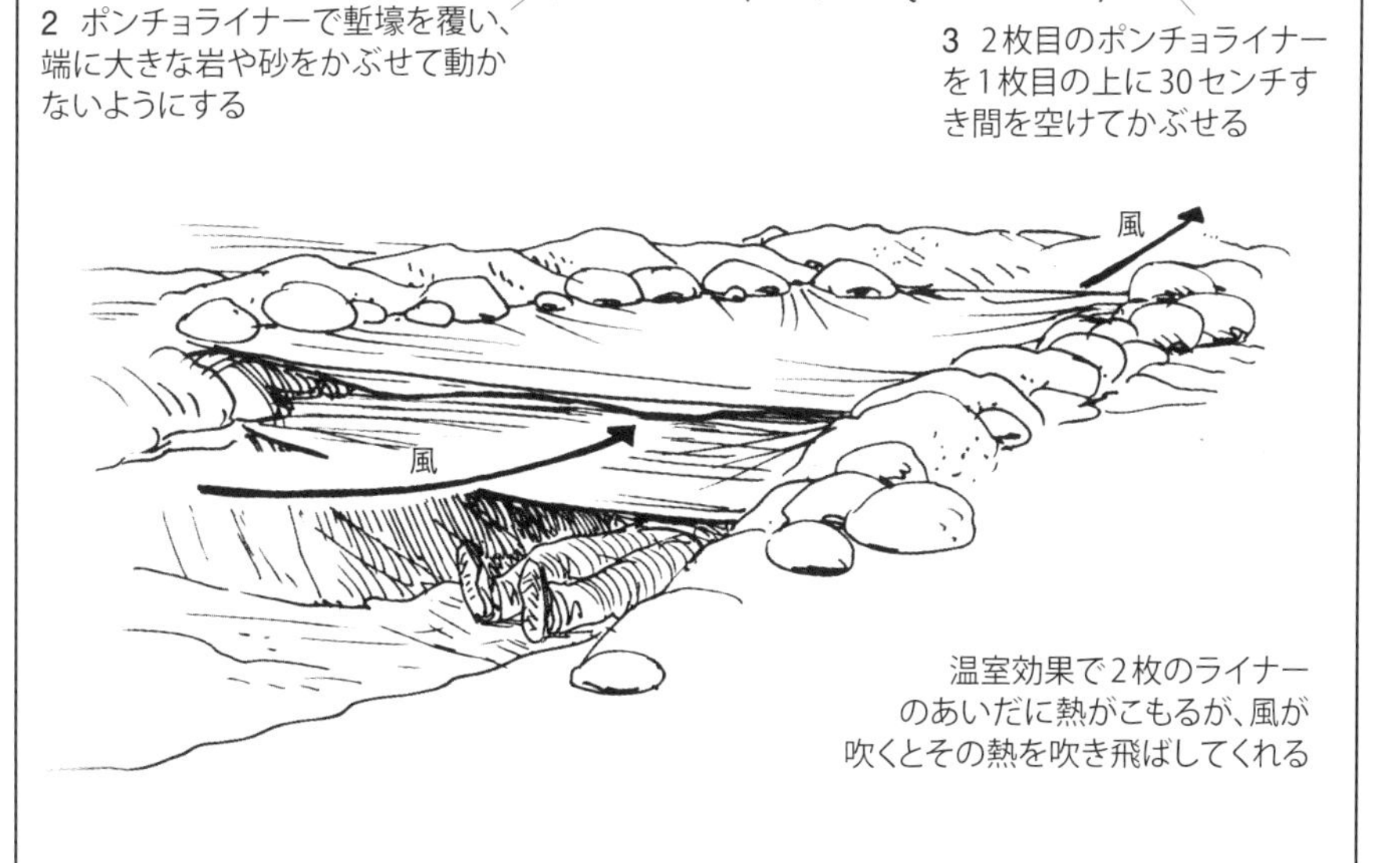
風
風
温室効果で2枚のライナーのあいだに熱がこもるが、風が吹くとその熱を吹き飛ばしてくれる

湿地帯で必要な「携帯常備セット」

沢、沼地、湿原など、多くの湿地帯が伐採によって失われている。それでもまだ、南極を除くすべての大陸に相当規模の湿地帯が残っており、中には数百平方キロにおよぶ広大なものもある。

こうした環境は生命にあふれ、特に魚や植物が豊富なことが多い。生物多様性が最も豊かな環境のひとつでもある。

しかし湿地帯は水が流れず、よどんでいて、腐敗した有機物を多く含み、寄生虫やバクテリア、病気を持った虫の温床でもある。

湿地帯は至るところ水だらけで、移動はボートに頼ることになる。湿地の水は体温より低いので、気候が温暖でも長く浸かっていると熱を奪われて、低体温症になる恐れがある。

湿地帯用の装備は、体と持ち物をできるだけ濡らさないようにするためのものが多い。

持ち物は防水バッグに小分けにして入れ、重量をボート全体に分散しよう（左図参照）。水深が浅いところを歩く場合でも、一部の装備を背負うよりは、カヤックにすべて入れて引っ張ることをおすすめる。

人里離れた辺鄙（へんぴ）な場所で立ち往生したとしても、装備を捨ててはならない。脱出するのに何日かかるかは、誰にもわからない。サバイバル装備に頼らなければならない日数を甘く見積もってはいけないのだ。

ボートが転覆することもある。

転覆して、あわててもう一度乗り込もうとしても、うまくいかないかもしれない。予行演習は必ずやっておくこと。

万が一、転覆した場合に備えて、装備はすべてボートに縛りつけておこう。救命胴衣にはポケットがついているので、ナイフ、笛、ストロボライトを入れておく。そうすればボートが転覆したり、ボートと離ればなれになってしまったときに、ナイフを使って体に絡みつく草を切って脱出したり、笛やストロボライトを使って助けを求めることができる。

緊急用パドル(櫂)
帽子
サングラス
手袋
飲用水用
バッグ
浮き袋/イス/スリーピングパッドを組み合わせたもの
PFD(救命胴衣)、笛、ストロボライト、ナイフ
睡眠休憩用バッグ
1人用テント
寝袋
ハンモック
枕
虫よけネット
衣類バッグ
予備のシャツ
予備のパンツ
防寒用肌着
靴下と下着
(場所、天候、活動に合わせて調整する)
ベースキャンプバッグ
小型コンロ
浄水器
食料とスナック
調理器具
食器洗い用スポンジ
救急バッグ
コンパス
非常用ブランケット
衛生用品
電気関係パック
懐中電灯
地図
その他電気機器
電池 など

沼地の水を浄化する

湿地帯での水の浄化は絶対に譲れない。湿地帯には水がいくらでもあるが、その中には危険な寄生虫や細菌がうようよしているのだ。

マラリアやコレラなどはよく知られた病気だが、これは世界中の湿地帯で一般的な「水系感染症」のごく一部にすぎない。こうした病気にかかると体に深刻な症状が起こり、場合によっては神経をやられる恐れもある。

携帯常備セットに浄水器や水を煮沸殺菌する小型コンロを入れておくのは基本だが、現地で手に入る素材で即席の浄水器をつくることも可能だ。必要なものはペットボトル（町に近い沼なら浮いていることが多い）、靴下1足、木炭、水際で拾える砂と石、以上である。

この即席浄水器で絶対に外せないのが木炭層だ。木炭はさまざまな有毒物質を吸着することがよく知られている。

吸収力が最大になるように処理された活性化木炭は、市販の浄水器で不可欠の素材である。また、腹部膨満感（ガスによる胃腸の張り）から中毒にまで効く「毒消し」としても使われる。

木炭をつくるには、水辺で焚き火を起こし、薪（まき）が木炭になるまで燃やす。店で売っているバーベキュー用の練炭は化学処理されているので、浄化層に使うのには適していない。

ペットボトルに材料を入れていく際、石の層が大きいゴミを先にとらえられるように、大きな石はボトルの底側に、細かい粒はボトルの首にくるように並べる。

この浄化器に水を注ぎ入れたとき、水がゆっくりとしたたり落ちてくるようなら、正常に機能している。逆に勢いよく出てくるときは、浄水層にすき間が空きすぎているということだ。

もちろん、水の浄化方法として一番安全なのは沸騰させることだ。くれぐれも、水にあふれた湿地帯で、脱水症状を起こして死なないように。

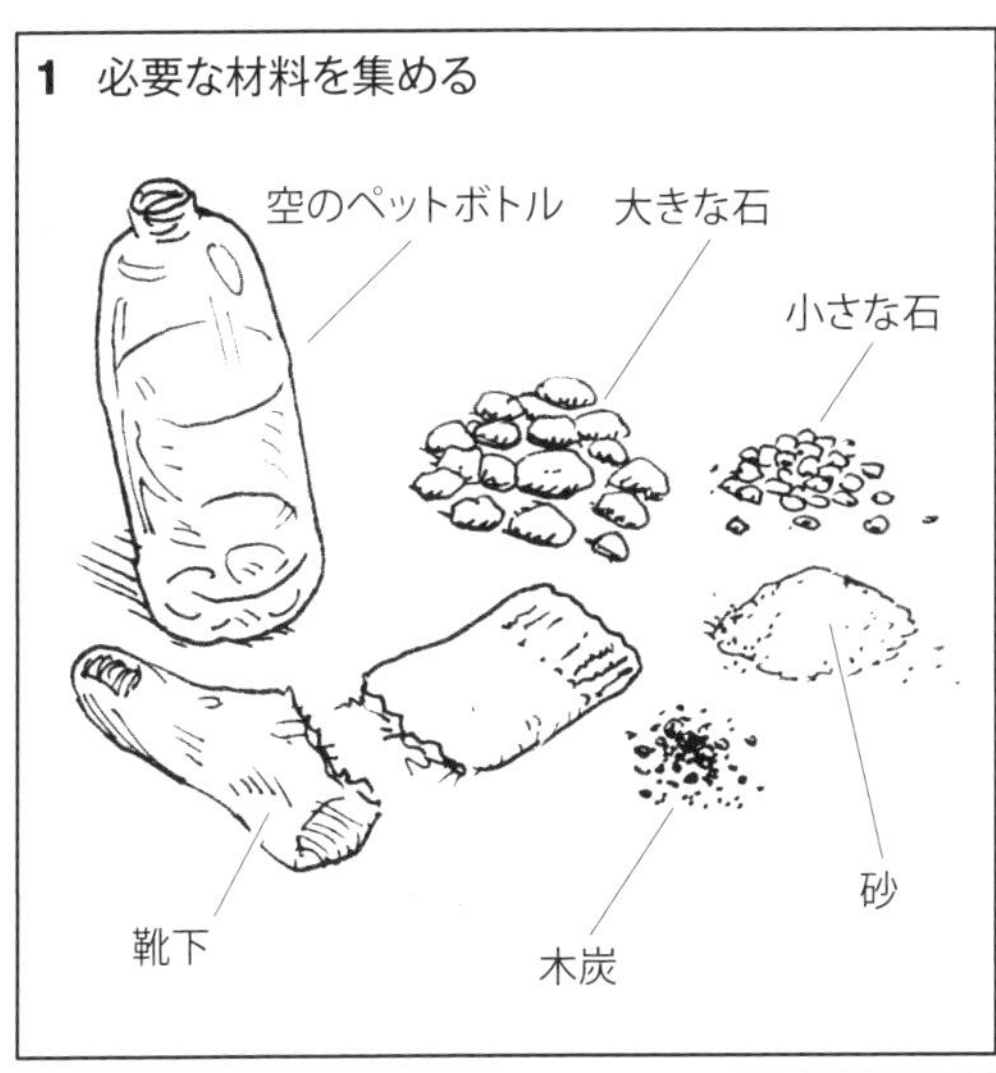
1 必要な材料を集める
空のペットボトル
大きな石
小さな石
砂
靴下
木炭

2 ペットボトルの底を切り取る

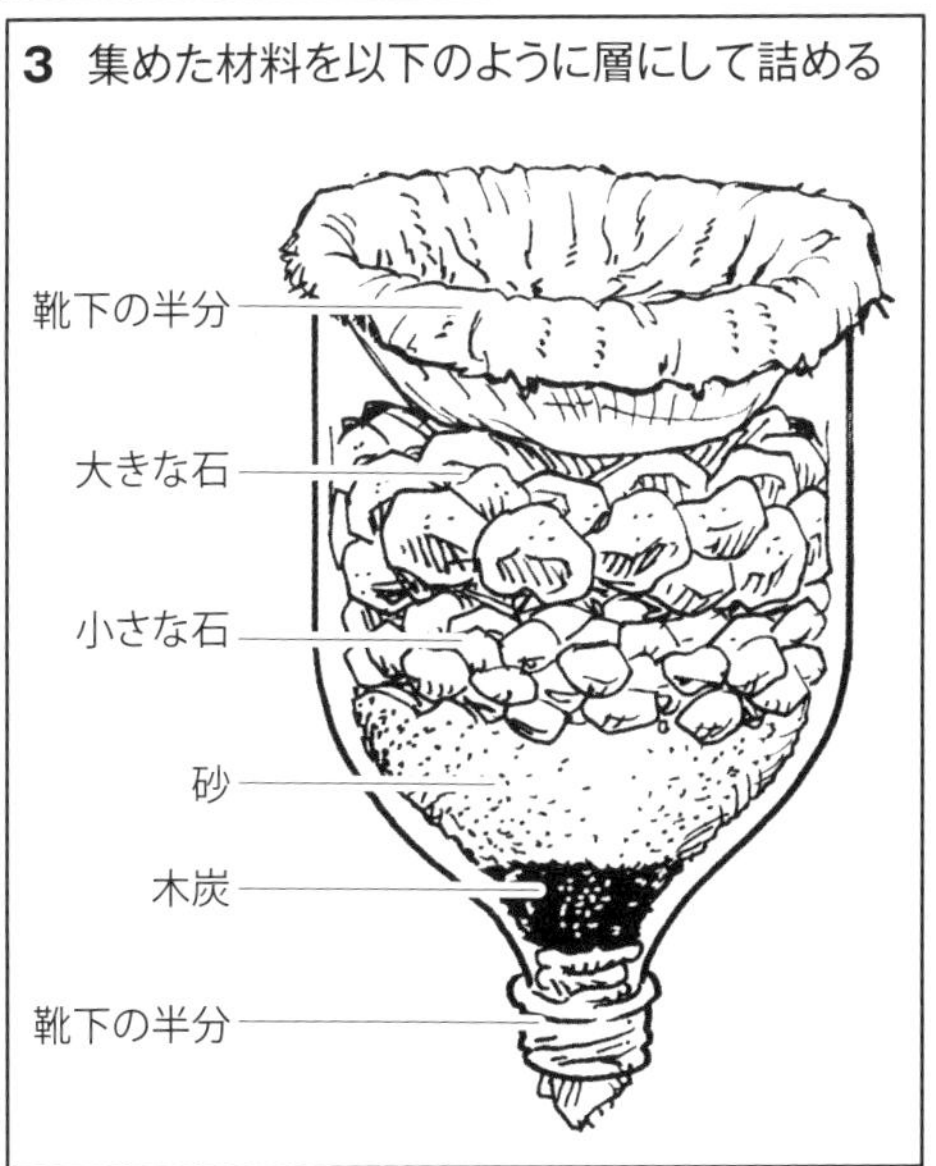
3 集めた材料を以下のように層にして詰める
靴下の半分
大きな石
小さな石
砂
木炭
靴下の半分

4 沼地の水を注ぎ入れると、飲用可能な水がしたたり落ちてくる

携帯電話で火を起こす

携帯電話で助けを求め、脱出する道を探し、家族に連絡を取ろうとしたがダメだった。一縷(いちる)の望みを託していたバッテリーもいずれは切れ、携帯電話は使えなくなる。だが、それでも携帯電話で命をつなぐことは可能だ。

携帯電話やタブレット、ナビゲーションといった携帯型電子機器は、高価な素材でできた強力なバッテリーを搭載している。電池切れで動かなくなっても、これが着火装置として使えるのだ。

これらの電池はリチウムイオンを利用しているので、エネルギー密度がかなり高く、ショートさせると電池の中身が高温になって火を吹き上げる。

最初の難関はバッテリーの取り外しだ。メーカーは通常、安全上の観点からむやみに電池を取り外せないようにしている。

うまいことバッテリーを外せたら、持ち手が絶縁体になっている金物(例えばナイフ)でプラス極とマイナス極をつなぎ、残っている電力でショートさせる。そうすると火花が飛んで、うまくいけば焚きつけから煙が出てくる。

ただし、火花と一緒にバチンと強烈な衝撃が走るかもしれないので注意しよう。

このやり方がうまくいかなかったときは、電池を地面に置き、ナイフの先で表面を刺して切り裂く。電池の保護回路が壊れてショートし、大量のエネルギーが一気に放出される。

電池に水をかけても同じように発火する。これは、中身が混ざって電圧が異常に高くなるのを防いでいた保護回路が、水によって急激に劣化して起こる。ただし爆発する恐れもある。

突いたり、水をかけたりしたら、急いで電池から離れよう。電池は小さな焚き火なみの炎を上げるか、爆発して有毒物質を放出する。

〈注意〉

リチウムイオン電池から上がる炎は危険かつ有害で、消火するのも容易ではない。このテクニックはあくまで、生きるか死ぬかの状況に置かれた場合の最後の手段である。練習と称してむやみに試してはならない。

1 携帯電話を分解して電池を外す

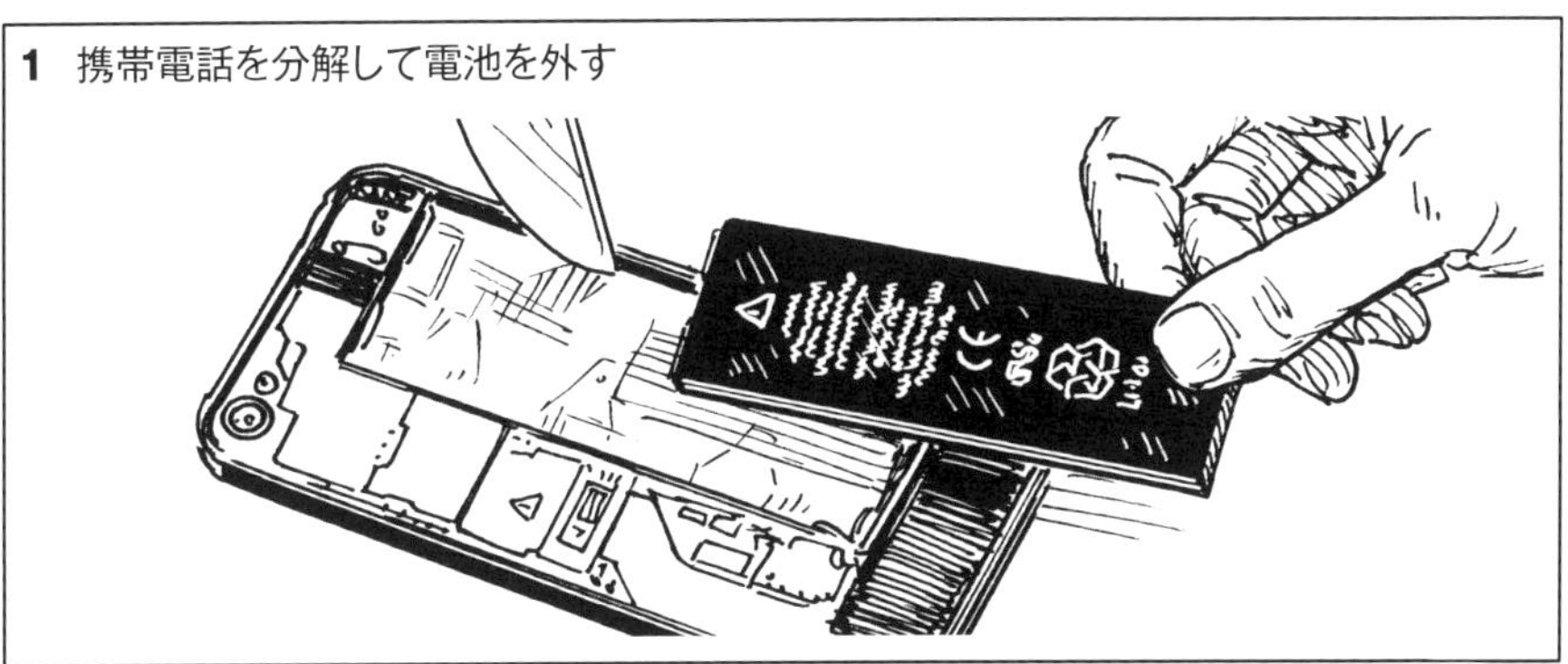

2 火花を起こす。やり方は以下の3つ

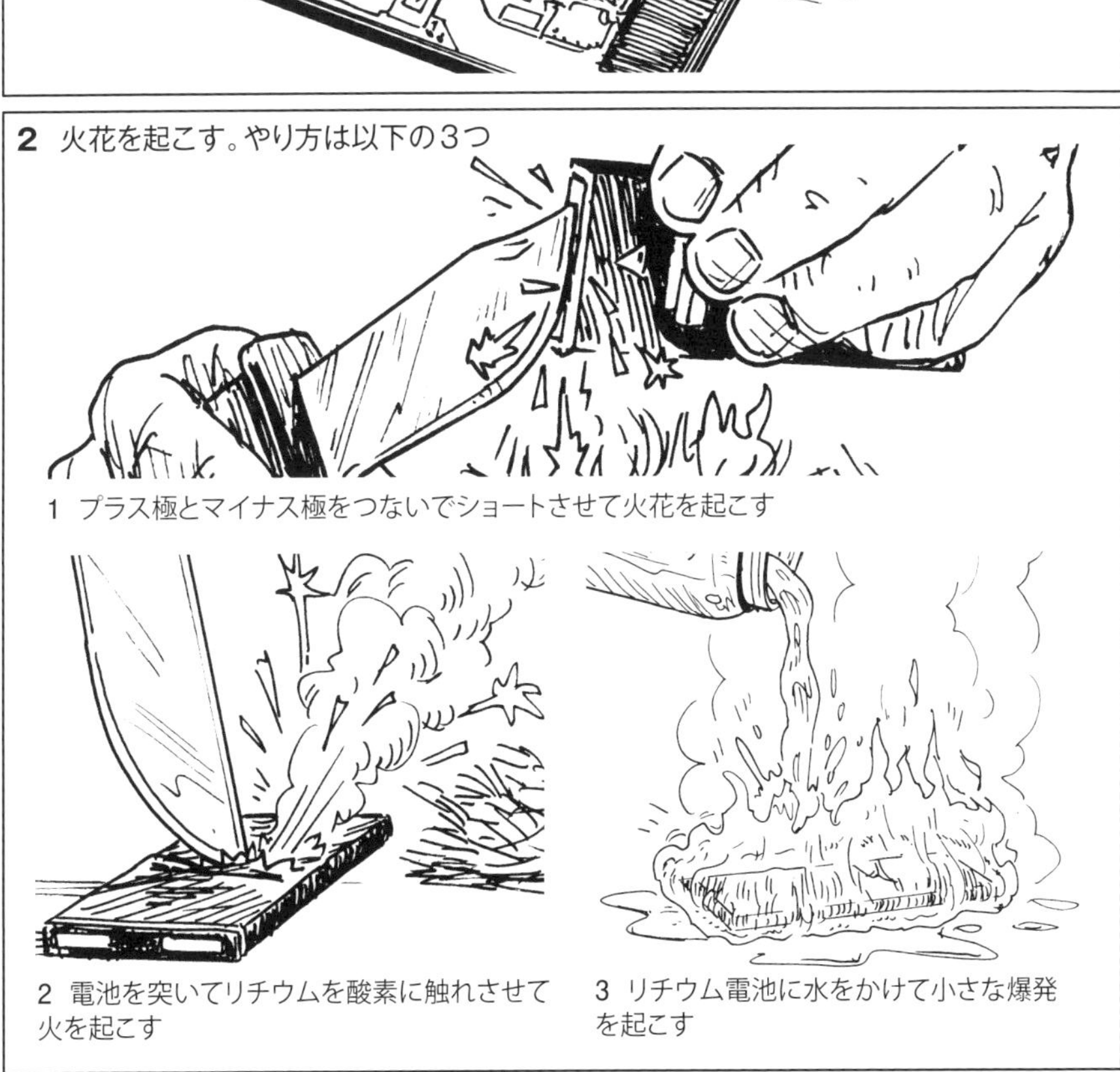

1 プラス極とマイナス極をつないでショートさせて火花を起こす

2 電池を突いてリチウムを酸素に触れさせて火を起こす

3 リチウム電池に水をかけて小さな爆発を起こす

湿地帯での食物の採集

湿地帯は薄気味悪いイメージが強いが、実際は多様性に富んだ「生物の楽園」である。

植物だけでなく、水辺に生息する爬虫類や両生類、魚類から、しきりに鳴き声を上げる鳥や昆虫まで、さまざまな生き物がすんでいるのだ。

たいていの湿地にはカエルがたくさんいる。カエルは、流れている水より、よどんだ水を好む。捕まえるのは簡単で、胴体を取って串焼きにした足は珍味として有名だ。

ただし、熱帯にすむカエルは毒を持っているので、注意しなければならない。毒ガエルは小さく鮮やかな色をしており、分泌する毒はけいれんや麻痺、心臓発作などを引き起こす。

例えばモウドクフキヤガエルは、10人の成人を墓場に送る猛毒を皮膚腺から分泌するといわれている。実際、原住民は長いあいだ、このカエルの分泌物を使って毒矢をつくっていた。現在でも、製薬会社がこの分泌物を集めて、強力な鎮痛剤の主原料に使っている。

ずんぐりとして体の幅が広いヒキガエルは、毒ガエルよりも危険が少なそうに見えるが、そんなことはない。ヒキガエルも頭の後ろにある耳下腺から猛毒を分泌する。触れてしまったら、必ず手を洗うこと。

カエルを見つけるには、水辺に近い泥状の川岸や、寒い季節なら丸太や岩の下を探そう。昆虫やミミズを餌にしているので、その跡を追うのもよい。

カエルが一番活発に活動するのは夜だが、明かりを持たずに暗がりで狩りをするのはおすすめできない。明るいライトがあれば怪我する危険がないだけでなく、移動中のカエルの動きを止めるという効果もある。

カエルを捕まえるときは、先の尖った棒で地面に突き刺す。ボートに乗ったまま、あるいは即席シェルター（80ページ参照）の高いところから浅瀬を突いてもよい。

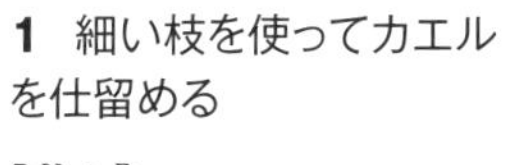
1　細い枝を使ってカエルを仕留める

2　背側の腰の少し上の皮を摘まんで切る

3　ズボンを脱がす要領で皮を剝ぐ

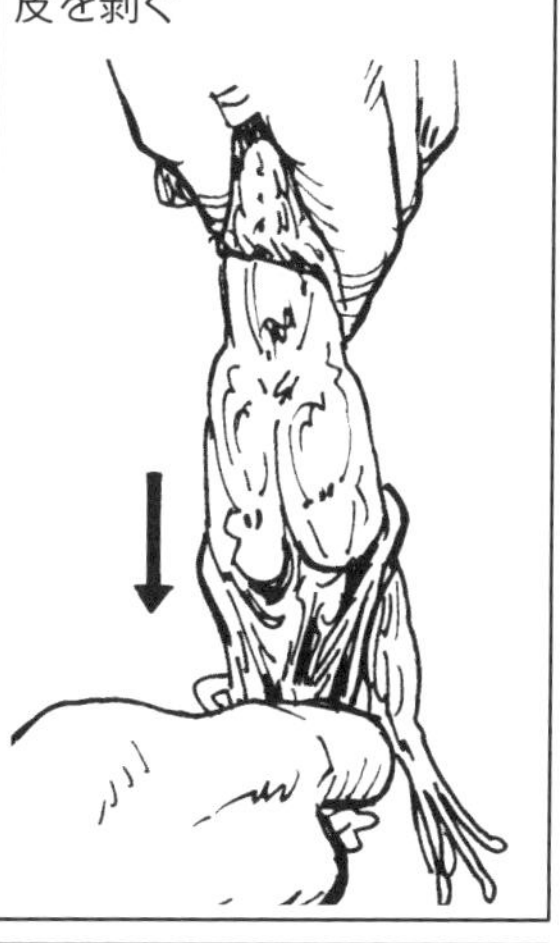

4　腰にナイフを入れて胴体と後ろ足に分ける。爪先を切ってもよい

5　後ろ足をきれいな水で洗って、焚き火で焼く

高床式ベッドをつくる

日が落ちる前に岸辺に到達できる見込みがないなら、湿地帯のたまり水の上に一時的な高床式シェルターをつくって、ベッド代わりにするのが賢明な手段だ。

ボートの上で寝ると寒さや湿気にさらされ、さらにはヌママムシやアリゲーターなど厄介な動物が現われる危険性もある。

あらかじめ荷物にハンモック（42ページ参照）を詰めておけるなら、それに越したことはない。ハンモックの上に屋根を設ければ、空からの攻撃から身を守ることもできる。

水の上に一時的な「棚」をつくるのもおすすめである。棚は火を起こすための台にもなるし、釣りをするための足場、ボートの修理を行なうための係留所としても使える。

高床式のシェルターをつくるには、まず支柱になりそうな木を3本探す。この3本が形成する三角形は、寝たり、作業を行なうのに十分な広さがなければならない。

次に、木と木のあいだに渡すのに十分な長さの、真っ直ぐな枝を3本集める。必要なら木に登って、よさそうな枝を切り落とす。

枝から余分な物を落として、木に結びつける。結ぶための紐は、パラコードやラペリング（懸垂降下用）の紐、または周りで集めたツタや木の皮を使う。それぞれの枝と木と木のあいだを結び、シェルター全体の強度を高める。

こうしてできた三角形の枠の上にタープ（日よけ・雨よけの布）を敷き、端のところで縛る。あるいは三角形の枠にツタや葉の茂った大きな枝を編んだり、縛ったりして頑丈な床をつくる。

次の場所へ移動するときは、このベッドを残したままにするとよい。もしも救助が来た場合に、「遭難者がここにいた」という痕跡になるからだ。知られたくなかったら、壊してから移動しよう。

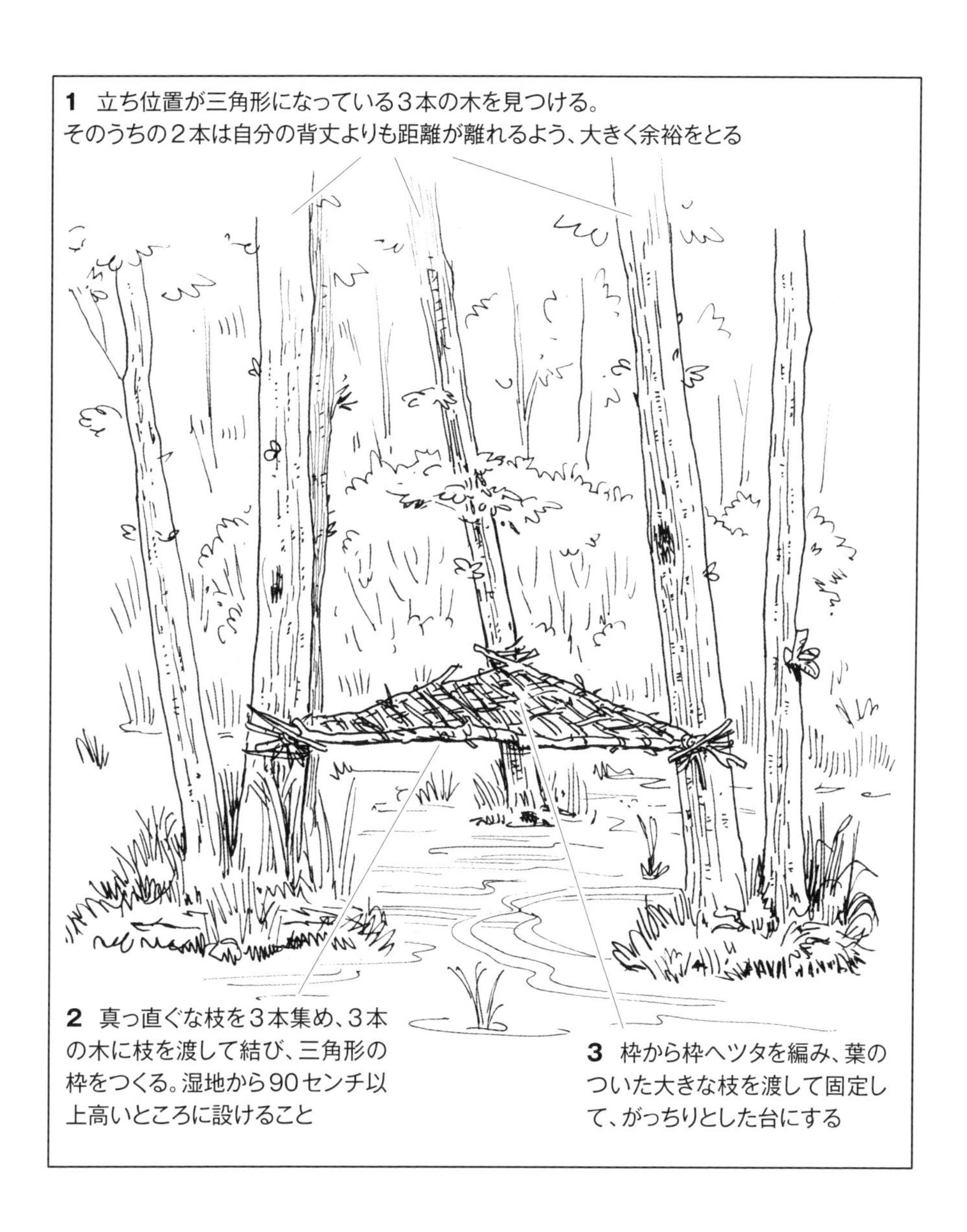
1　立ち位置が三角形になっている３本の木を見つける。
そのうちの２本は自分の背丈よりも距離が離れるよう、大きく余裕をとる
2　真っ直ぐな枝を３本集め、３本の木に枝を渡して結び、三角形の枠をつくる。湿地から90センチ以上高いところに設けること
3　枠から枠へツタを編み、葉のついた大きな枝を渡して固定して、がっちりとした台にする

山岳地帯で必要な「携帯常備セット」

ここ数十年のあいだに山の装備はずいぶんとコンパクトになり、食料や野営に必要なものが背中のバッグひとつに収まるようになった。

だが、そのせいでかえって体力を消耗し、関節を痛め、不意の環境変化に対する備えが犠牲になることも少なくない。

昔の探検家は装備がどれも大がかりで、ロバと荷馬車の集団を用意しないと遠征に出られなかった。

しかし、すっかり便利になった現代の輸送手段を利用すれば（何かに頼るというのはあまり気が進まないが）、かつて探検家が体験した冒険に近づくことができる。

規制や山道の状況が許すなら、移動手段にマウンテンバイクを使おう。そうすれば、運ぶ荷物が軽くなり、携行するものの選択肢が増える。

調理器具、浄水器、水、ナビゲーション機器など、野営やサバイバルに不可欠なものはひとつの防水バッグにまとめて入れる。

もうひとつのバッグには、旅に必要な量の食料（携帯食、乾燥糧食、エネルギーバー）を詰め、衣類はまた別のバッグにする。

山岳地帯は一般的に寒暖差が大きいので、それに合わせて薄い服、厚手の服、その中間の服、防寒着を用意して入れること。靴下の替えを余分に持っていく（35ページ参照）。寝具は軽いものを選び、コンパクトにまとめて背負う。

空気を入れて膨らます1人乗りゴムボートは、ラグビーボールくらいに小さくなり、パドルも4つの軽いパーツに分解できるものがある。これがあれば、歩いて渡れない川や湖があったときに長い回り道をしなくてすむので便利だ。

ゴムボートで川や湖を渡るときは、マウンテンバイクを膝の上かボートの舳先（へさき）にのせる。

これらの装備は、アドベンチャーレース（自然の中を数日かけて踏破する競技）の選手にはおなじみのものであり、山岳地帯でのサバイバルに最大限の機動力と対応力をもたらしてくれる。

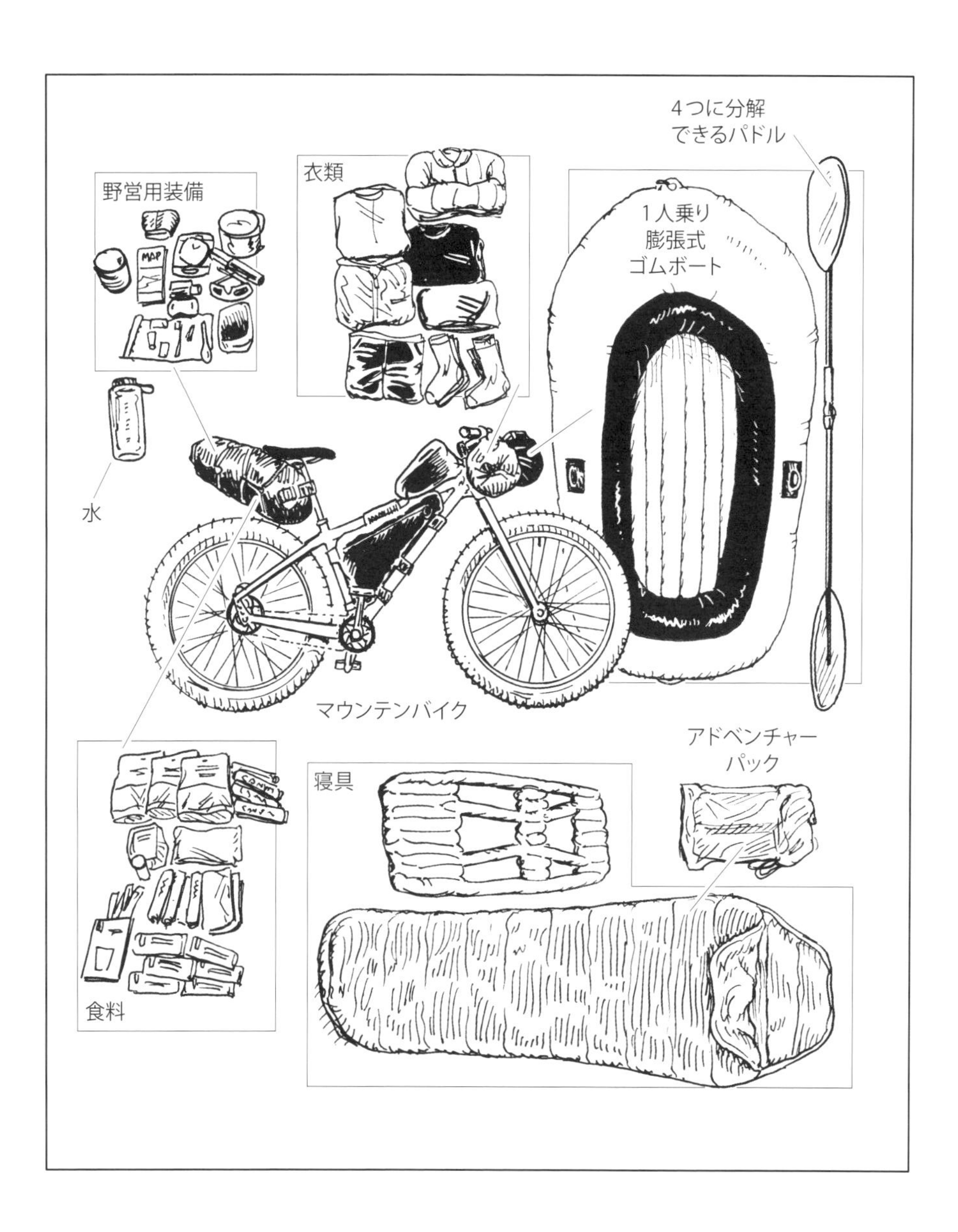
4つに分解
できるパドル
衣類
野営用装備
1人乗り
膨張式
ゴムボート
水
マウンテンバイク
アドベンチャー
パック
寝具
食料

山の水を浄化する

「澄み切った山の清水は、そのまま飲んでも大丈夫」などと考えていないだろうか？

そこそこの標高まで行けば、確かに水は澄んでいる。だが、その数十メートル上流で動物が水浴びや排泄をしていないともかぎらない。生水を飲むと、さまざまな細菌、ウイルス、寄生虫に感染する恐れがある。

しかし沸騰や濾過（ろか）を行なえば、不純物を取り除き、殺菌することができる。生水は1分間沸騰させて殺菌する。念のため、標高が約300メートル上がるごとに、沸騰時間を1分延ばすとよいだろう。

お湯を沸かす鍋などがないなら、川の水をペットボトルにくんで沸騰させることも可能だ。プラスチックの融点は水の沸点よりも高いので、ペットボトルが溶ける前に沸騰する。

水をくむときは、ボトルの飲み口までしっかりと水を入れ、ボトルの中に空気が残らないよう注意しなければならない。

水を入れたボトルをロープや強力な糸で縛り、棒でつくった三脚につるして火にかける。ボトルの口まで水が入っているので、加熱してもあぶくが出てこないが、沸点に達するとボトルの中に小さな泡が現われる。

もし火を起こすのが無理なら、自然の濾過システムを活用しよう。

水縁の近くに穴を掘り、穴の中にしみ出してきた水に靴下などの衣類を浸す。しみ出してきた水は、すでに土と石によってある程度濾過されている。

水縁といっても、たまり水の近くを掘るのは避ける。水流によって攪拌（かくはん）されない暖かく湿った環境では、細菌が繁殖するからだ。

手も清潔にしておこう。一説によると、水を経由して感染する細菌よりも、手から口に入る細菌のほうが危険だという。

〈注意〉

ペットボトルは加熱すると発がん性物質がしみ出してくるので、本当はおすすめできない。ペットボトルを使うのは、あくまでも最後の手段と心得よう。

1　井戸方式

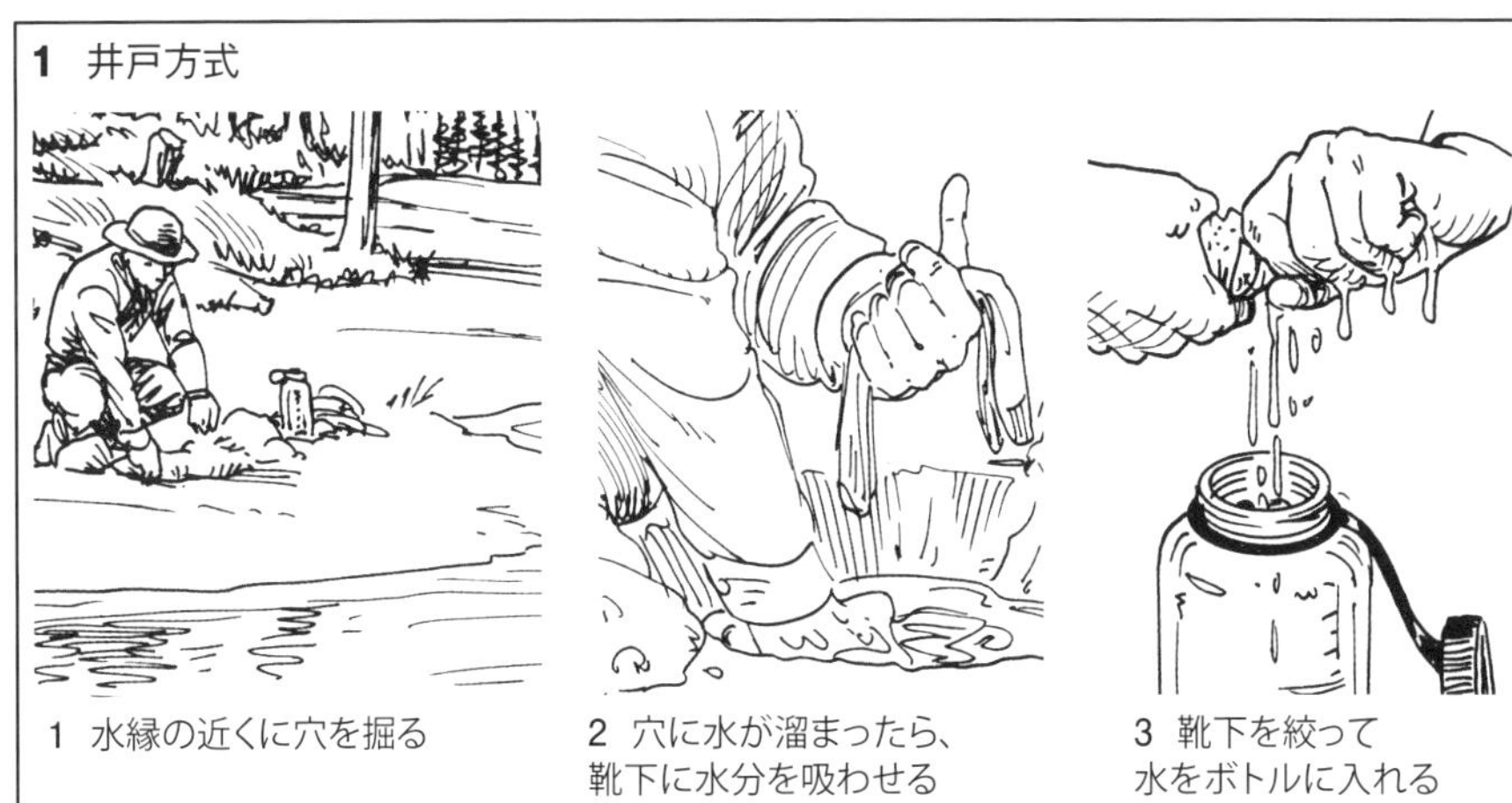

1　水縁の近くに穴を掘る

2　穴に水が溜まったら、
靴下に水分を吸わせる

3　靴下を絞って
水をボトルに入れる

2　鍋を使わずに水を煮沸する

1　川の水をペットボトルの飲み口まで入れる（ボトル内に空気を残さないこと）。キャップをきつく閉める

2　木の棒でつくった三脚を使って、ボトルを火にかける。炎から十分に離すように

湿った木で火を起こす

湿度の高い環境でも薪となる木がたくさんあれば、火を起こすことは十分可能だ。

次に火を起こす手順とコツを紹介する。どんな環境でも、これに従えば強い火を起こすことができる。

- 松の葉や、火がつきやすい松ヤニを十分に含んだ枝を探す。
- 濡れた丸太を見つけたら、何層か樹皮を剝がして乾いた丸太にする。
- 表面がツルツルな丸太は、大きいままだとよく燃えない。そこで丸太をいくつかに割って、ささくれだった内側の切り口を表にする。
- 火を起こすには燃料、火花、空気が必要だ。空気は豊富にあるが、うまく取り込まなければならない。丸太を三角錐のように組むか、斜めに立て掛けていく。こうすることで、空気が流れ込む空間ができる。ただ枝を積み上げただけでは空気が入ってこないので、最終的に酸欠になってしまう。
- ワセリンや手指消毒剤を持っていれば、それを着火剤に使える。もちろん市販の着火剤を使ってもよい。そのほか、洗濯機から糸くずを集めてライターの燃料や灯油、ガソリンに浸し、ビニール袋に入れて持っていくという手もある。
- 火をつけるときは風上から行なう。そうすれば体が風を遮って、火が強くなる前に風に吹き消されるのを防げる。
- 火をつける位置は下にする。火は上へ上へと燃えていくので、一番下に火をつければ炎は必ず上がっていく。
- 強い火を起こせるかどうかは、焚きつけ（松葉、柴、枯れ葉）がたくさんあるかどうかによる。
- 焚きつけの重要性は、どれだけ強調してもしすぎることはない。大量の木をくべるのが早すぎると、火は消えてしまう。大きな薪を燃やせるほど火力が強くなるまで、焚きつけをくべ続ける。
- 火は穴でなく、山になった土の上で起こす。穴で火を起こすと、燃焼を続けるのに必要な空気が入ってこなくなる恐れがある。火が消えるほどの強風でないかぎり、穴はＮＧだ。

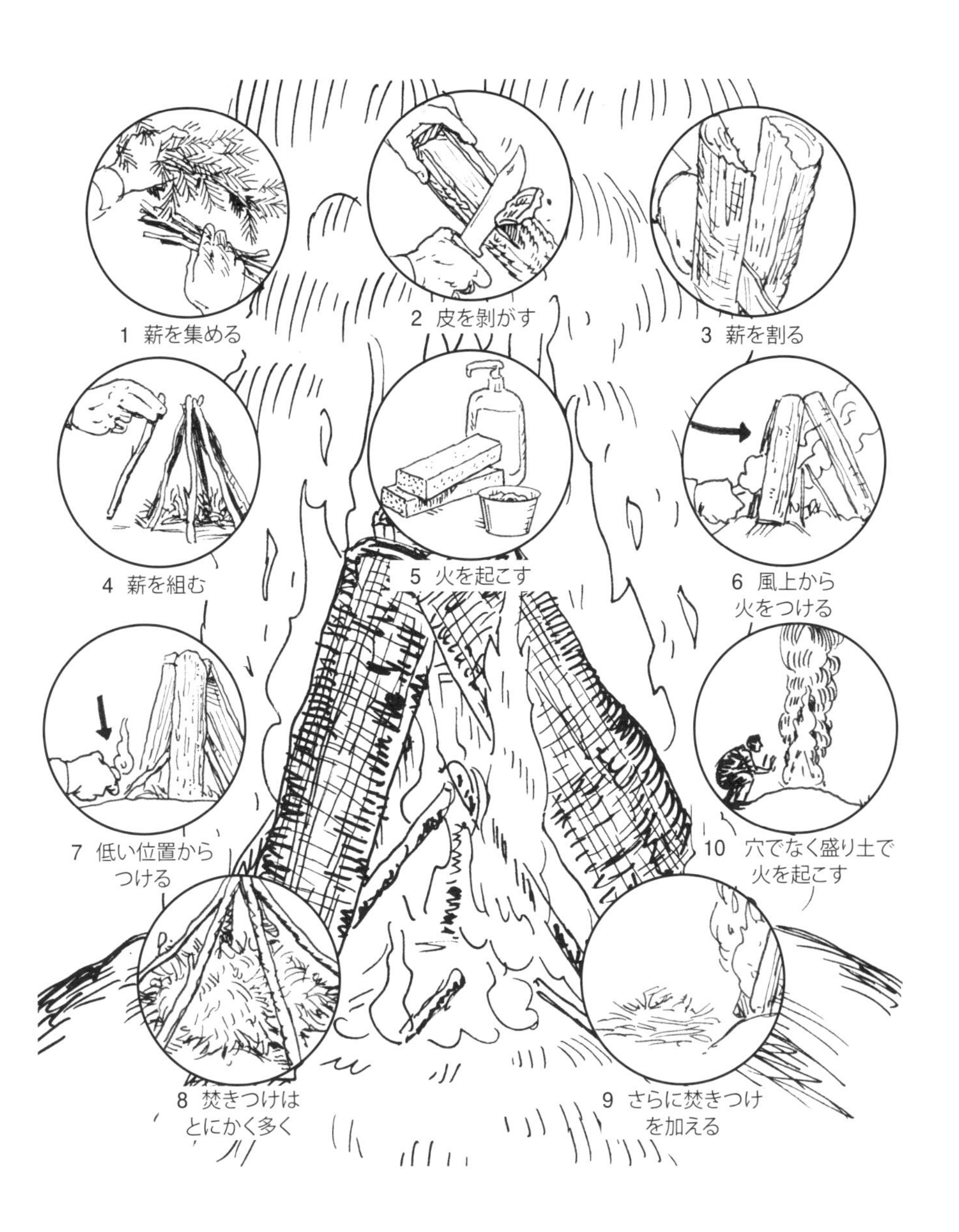
1 薪を集める
2 皮を剝がす
3 薪を割る
4 薪を組む
5 火を起こす
6 風上から
火をつける
7 低い位置から
つける
10 穴でなく盛り土で
火を起こす
8 焚きつけは
とにかく多く
9 さらに焚きつけ
を加える

山岳地帯で食べ物を探す

山岳地帯には食料になる獲物がたくさんいる。とはいえ、数日のうちに山岳地帯を抜けて安全なところへたどり着くのが目的なら、罠をつくって仕掛けたり、食べた肉にあたって動けなくなったりして、貴重な時間を無駄にしたくはないだろう。

ここで紹介するのは、あくまでも山岳地帯を移動しながら手間暇かけずに食料を集める方法である。道すがら食用可能な植物が見つかれば採集し、運よく川や湖があったら釣り糸を垂らすのもよいだろう。

魚の群れは、世界中のほとんどの池や湖にすんでいる。サバイバル状況では、ウサギを追いかけるよりも釣り糸を垂らすほうが確実で、体力や時間の節約になる。

魚が獲れる確率がかなり高い方法として、はえなわを仕掛けるという手がある。

いろいろな長さの釣り糸を丈夫な紐（パラコードなど）やツタに結びつけ、それぞれの釣り糸に餌と針をつける。紐の一方の端は木や岩に固く結び、もう一方の端におもりとなるペットボトルや大きな石を結んで沈める。

紐が動いているのが見えたら、魚が捕まった証拠なので、紐をたぐり寄せる。

自分が通る地域のことをあらかじめ調べるときに、その地域で食べられる自生の植物や昆虫についてもチェックしておこう。

どこでも手に入り、脂肪やタンパク質を摂取できる安全な食べ物といえば、松の実（松ぼっくりに入っている種）、クローバー、昆虫の幼虫、ミミズがある。

すでにかさが開いている乾燥した松ぼっくりを選んで、地面に叩きつけると松の実が出てくる。クローバーの中ではサワールートクローバーがとりわけ美味である。普通のクローバーも無害で食用可能だ。

一般的に、動物が食べている植物は、人間が食べても安全なことが多い。

1　松の実、サワールートクローバー、昆虫の幼虫を集める

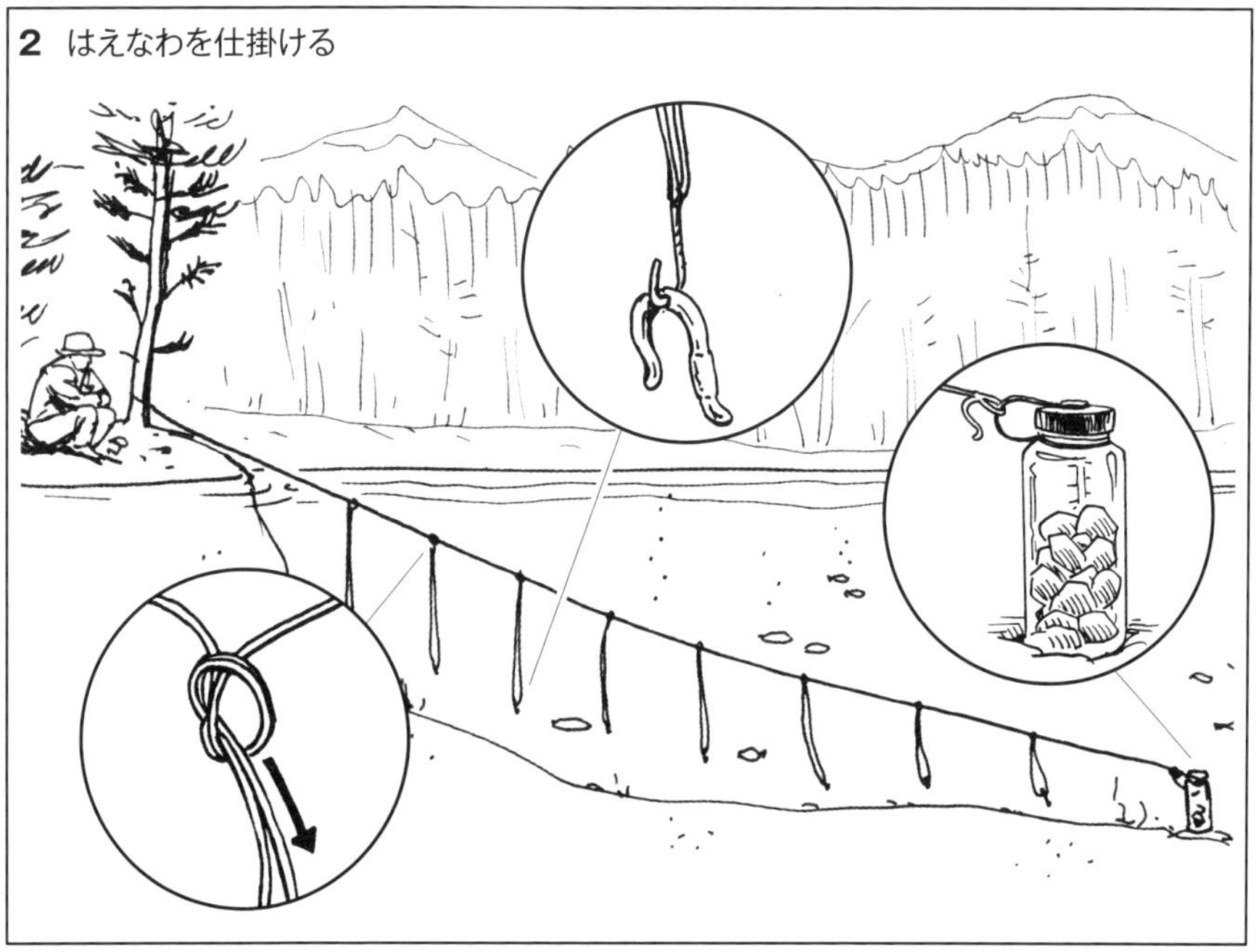
2　はえなわを仕掛ける

山岳用シェルターをつくる

山に入るとのどかな風景に癒されるが、遠くから見ると山岳地帯は過酷な自然の一部だとわかる。その巨大な力は、周囲数百キロにわたって風向きや気象をあっという間に変えてしまうのだ。

日中でも寒気が突然吹き込んできたら、それまで日光を浴びていた岩場がものの数分で氷のように冷たくなり、風吹きすさぶツンドラのようになることがある。

したがって、テントを持たずに山でひと晩を明かすことになった場合、シェルターをしっかりと断熱できるかどうかが最も重要になる。

こういうときは、軽くて断熱効果があるポンチョが役に立つ。山岳地帯を歩くときにポンチョをリュックに入れておくと、いざというとき、広げてテントや雨よけ、敷物、寝るときの保温シートとして使える。

温暖な場所なら、ポンチョがなくても寝袋とビビーサック（1人用テント）だけで十分に夜を過ごせるかもしれないが、用心に越したことはない。

寝る場所が枯れた川の底でないことを確認しておこう。さもないと、突然雨が降ってきたとき、小さな濁流に襲われる羽目になる。周囲より高くなっていて、大型動物の糞や足跡がない平らなところを確保すること。

近くに木があれば、なお理想的だ。木や切り株は、テントやリーンツー（左図参照）を設けるときの支柱になってくれる。

登山用の道具を携帯しているなら（82ページ参照）、木の枝葉を使ってシェルターに断熱を施すことができるはずだ。スキーやハイキングのスティック、ピッケルなどは、木や切り株の代わりに支柱として使える。

人里離れた地域に出かける前には、必ず地図を精査しておくこと。万が一山の中で道に迷ったとしても、基本的な周辺の情報（例えば最寄りの集落が東の方角にあるとか）さえあれば、それを手がかりにして安全なところへたどり着けるだろう。

地形を把握していないなら、川や小川に沿って下っていくことだ。

1　ポンチョテントを設ける

2　１点リーンツー（差し掛け）を設ける

3　２点リーンツー（差し掛け）を設ける

036

緊急時のクライミング技術

クライミングに不慣れな人に共通する間違いがある。それは、腕の筋肉だけで登ろうとすることだ。このやり方では、全身筋肉マンでもないかぎり、すぐにヘトヘトに疲れてしまう。

山の岩場やビルの壁面を登るときは、両脚と体幹の筋肉を総動員しなければならない。全体重を一部分の筋肉で支えるのでなく、体全体に分散したほうが、はるかに効率的なのである。

クライミングの真髄は「赤ん坊に戻る」こと。「這い這い」を始めた赤ん坊は、ベビーサークルから脱出しようとして、本能的に体全体を使った動きをする。ところが、人間は成長するにつれて、本来持っている自然な動きを忘れてしまうのである。

体全体を使うというクライミングの原則は、狭いすき間をバックアンドフットやステミングで登ってみると、すぐに実感できる（左図参照）。

バックアンドフットは、腰・背中と両脚で前後の岩面を押さえながら、岩面に突っ張った両腕と両足にかける力を上へ移動させてずり上がっていく。ステミングは開脚ともいい、手足をX字に広げてカニ歩きの要領で上へ登っていく。

岩棚（壁面から突き出た岩）の上へ体を持ち上げるときは、まず両腕と両脚を使って、胸の高さが岩棚の上面に来るまで体を持ち上げる。次に片足のかかとを出っ張りに引っかけて、かかとと両腕で体をさらに持ち上げる。

急斜面にぶら下がっているときは、無理して一番高いところに腕を伸ばさなくていい。3つ目の「手がかり」が見つかったら、できるだけ岩面まで体を寄せ、片足を大きく上げてそこにかかとを引っかける。体が安定したら片手を離して、次の手がかりをつかむ。

手の握力を使うときも、体全体を使う原則を応用する。全体重を指で支えるのではなく、手全体で手がかりを握り、負荷を分散させる。

もうひとつ覚えておいてほしいことがある。すべての手がかりが水平とはかぎらない。緊急事態では縦の出っ張りも使うようにする。

1 バックアンドフット

背中と両足を前後の岩面に押しつけ、下がらないようにする

片方の足を背後の岩面に押しつけ、その足と反対側の手で前の岩面を押さえる。両腕と両足にかける力を移動させながらずり上がっていく

2 マントリング

両腕と両脚を使って、胸が岩棚の上面にくるまで体を持ち上げる

片方の足のかかとを出っ張りに引っかける

肘と手で岩棚を押しながら、上げた膝を前へ動かして体を持ち上げる

3 ステミング

左右の岩面に強く突っ張りながら手足を交互に上に上げていく

4 ヒール・フック

5 クリンプ握り

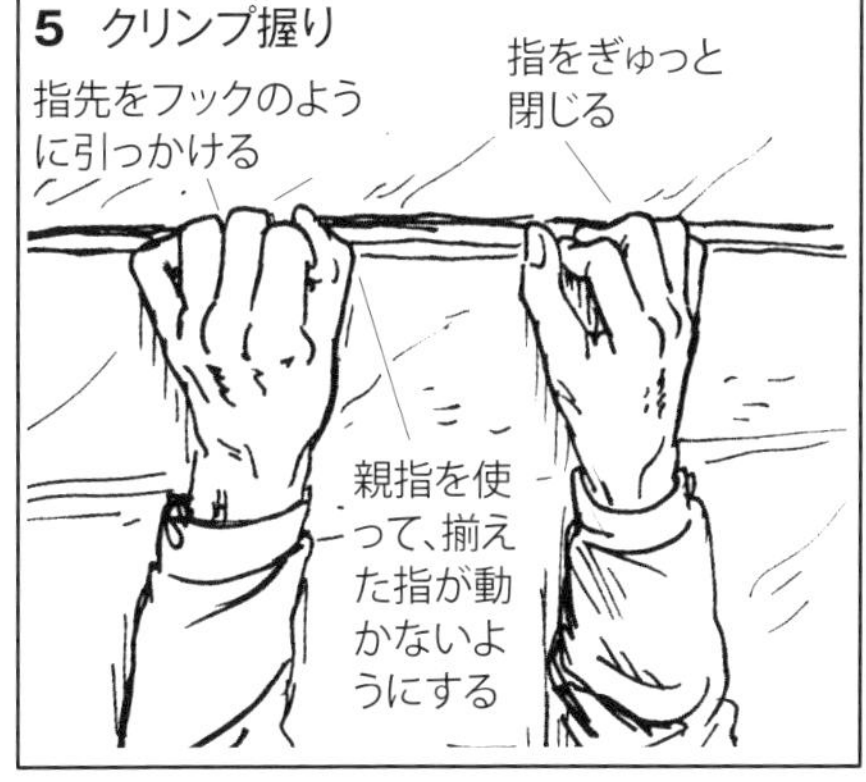

指先をフックのように引っかける
指をぎゅっと閉じる
親指を使って、揃えた指が動かないようにする

6 ピンチ握り

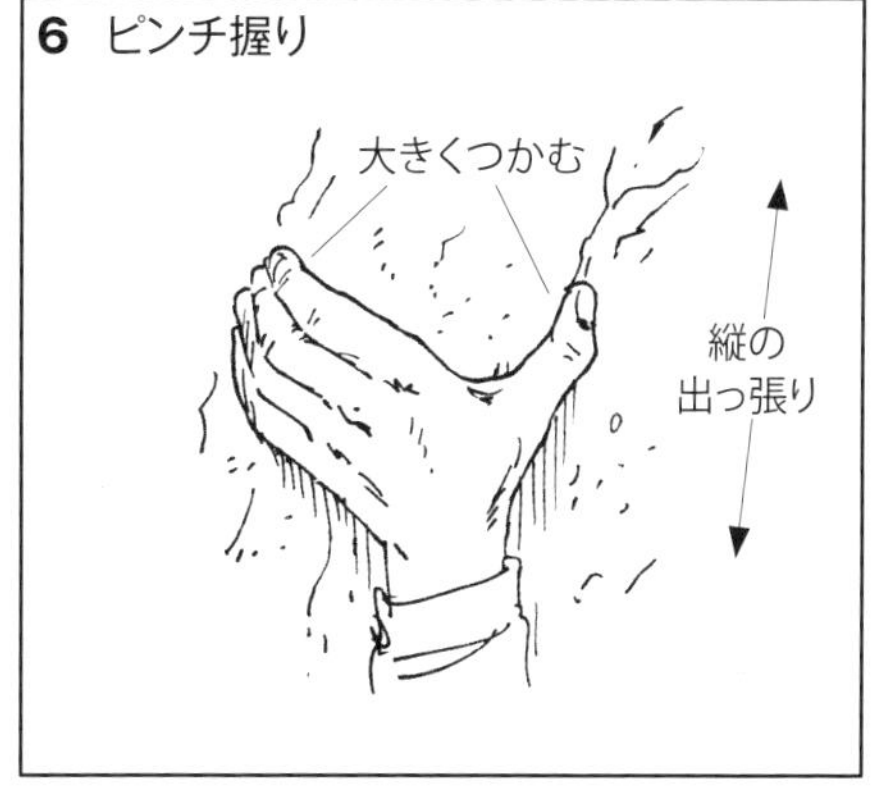

クマに襲われたら

山道でアメリカクロクマに出くわしたら、不幸中の幸いと思うことだ。ホッキョクグマやヒグマに比べて、アメリカクロクマは襲ってくることが少ない。

ヒグマ（ハイイログマやグリズリーとも呼ばれる）はクマの中でもひときわ凶暴な部類に入り、ホッキョクグマは常に腹を空かせている。実際、ホッキョクグマは、北極圏のあちこちで人間を餌食にしているのだ。

クマはその圧倒的な巨体と重量ゆえに倒すことは難しい。その爪はひとかきするだけで、獲物の内臓をえぐり出すほど強力だ。

最近はさまざまな規制や保護活動によって、北アメリカのあちこちでクマの生息数が増えており、人間とクマが接触する頻度は増加の一途をたどっている。特にアメリカクロクマの目撃数が増えている。

ただ幸いなことに、クマに襲われるケースはきわめてまれで、クマに襲われて怪我を負う確率は210万分の1だ。これなら日常生活で死ぬ確率のほうが高い。

しかし、モンタナ州の山岳地帯でヘラジカ狩りをしたり、イエローストーン国立公園でリュックを背負ってハイキングしたりなどすると、クマに襲われて死ぬ危険性が格段に高くなる。

人里に下りてきてゴミ箱を漁ったり、車の中に自分でロックして閉じこもったりするクマも、決して侮ってはならない。

クマから身を守る一般的な方法

クマが人を襲う最大の理由は何だろうか。人間に自分の領域を犯されて怖くなるからだ。だから、クマとはできるかぎり距離を置こう。母グマと子グマのあいだには絶対入らないこと。

遠くにクマを見つけたら、道を変える。方向転換が難しい場合は、クマが見えなくなって30分は動いてはならない。とにかくクマの気を引かないよう、静かにじっとしていることだ。

近くにクマを見つけたら、移動しながら手を叩いて声を出し続けよう。

クマの嗅覚は恐ろしいほど鋭いので、食べ物

1 クマの種類を識別する
クロクマ
攻撃性6
ヒグマ
攻撃性8
ホッキョクグマ
攻撃性10

2 遠距離で遭遇した場合（100メートル）
立ち止まって観察する。クマが姿を消すか方向転換してから30分間待ち、音を立てながら別のコースを歩きはじめる

3 近くで遭遇した場合（10メートル）
クロクマ：
絶対に背を向けない
クマよけスプレーを準備
大きく見せる
音を立てる
ヒグマ：
絶対に背を向けない
クマよけスプレーを準備
戦闘態勢をとる
襲われたら死んだふり
ホッキョクグマ：
絶対に背を向けない
クマよけスプレーを準備
戦闘態勢をとる

4 クマの敏感なところを狙う
鼻
目

の臭いを出さないように気をつける。

夜眠るときは、食べ物や調理器具をテントから30メートル以上離れたところに置き、特に食べ物は二重に袋に包んでつるす。歯磨き粉や石けんなど香料が配合された製品も、食べ物と一緒に包んで保管する。

調理のときに着ていた服で寝ないこと。服に食べ物の臭いが残っていると、クマに気づかれてしまう。当然だが、クマの糞や足跡の近くにテントを設営してはならない。


クマの生息地を通るときは、できるだけ複数の人間と連れだって行動する。クマは通常、人間の集団を襲ってこない。

身を守る手段として、クマよけスプレー(ペッパースプレーの一種)を笛とともに携帯する。クマよけスプレーは、クマに攻撃を思い止まらせる効果がピストルよりも高いとの結果が出ている。

グリズリーは現在、アラスカとハワイを除くアメリカ48州で絶滅危惧種に指定されており、うっかりピストルで殺したりすると、連邦当局の捜査を受けることになる。

もしクマが間近にいてこちらに気づいたら、自分を大きく見せること。両腕を大きく振り、音を立てる。たいていのクマは、その場で足を止めて逃げ出すだろう。

クマに襲われたら

クマが襲いかかってきたら、クマよけスプレーやライフルを使う。クマよけスプレーはクマが40フィート(12メートル強)以内に迫ってきたら噴射する。ライフルで撃つときは、正面からならアゴの下、横からなら前足のすぐ下を狙う。

武器を持っていないなら、じっとしていよう。クマは、自分に危害を加えないか見極めるために、襲いかかるふりをしただけかもしれない。だとしたら、安全が確認できたところで興味を失うだろう。

「クマに襲われたら倒れて死んだふりをするのがよい」というのが、多くの専門家の一致した意見である。クマに「自分はやるべきことをやって、自分にふりかかってきた脅威をしっかりと排除した」と思い込ませるのだ。

　倒れるときはうつ伏せになって内臓を守り、両手を首の後ろで組んで頸動脈を守る。あるいは胎児のようにうずくまり、両手で首を守る。

　死んだふりが成功する確率は75％である。クマの襲撃の大半は本質的には自己防衛なので、脅威でないとわかるとそれ以上は何もしない。

　もちろん、野生の世界では何が起こるかわからない。クマは雑食性で、植物や魚を主食としているが、人間の肉を食べることだってあるのだ。


　クマには絶対に背を向けてはならないし、走って逃げてもいけない。どちらの行動も、クマの狩猟本能のスイッチを入れてしまう。

　そもそも、クマから走って逃げ切るのは不可能だ。クマの最大速力は時速48キロに達する。

　クマを避けるには走るのではなく、クマに目を合わせたままゆっくりと脇にそれる。そうすればクマの動きを見逃すことはない。


　もし死んだふりをしてもクマが関心を失わないときは、滅多にないクマの犠牲者になる。クマは殺すか、ひょっとすると食べるつもりだ。

　こうなったら反撃するしかない。武器はナイフや棒、岩、拳など、使えるものは何でも使おう。攻撃するときは目か鼻を狙う。そこがクマの一番敏感なところだ。


　これまでの実績から、襲ってきたクマを絶対に撃退できる鉄壁の備えなどない。クマに襲われる事例自体がまれなため、データ不足なのだ。

　クマが生息する地方の住民のあいだでは、襲ってきたグリズリーにどうやって対処するか、アメリカクロクマに接触したらどうするか、意見が割れている。それも当然だろう。

「死んだふり」はグリズリーの場合にうまくいく可能性が高く、普段あまり攻撃しないクロクマのほうが攻撃的になる可能性が高いという意見もある。

　しかし、クマよけスプレーが最高の撃退法ということでは、専門家の意見が一致している。子供が使っても撃退できる。

急流を渡る

流れの速い川を渡るときは、その前によく考えよう。

短時間でも水をかぶるのがわかっているのなら、いっそのこと渡るのをあきらめたほうがいい。靴や靴下が濡れたまま何キロも歩いたら、足に深刻な問題が起こるかもしれないし、川の勢いが見た目より激しいこともある。

どうしても急流を渡らなければならない場合は、自分の位置から上流と下流をよく調べ、できるだけ効率的かつ安全に渡れるルートを見つける。

川は曲がると勢いが弱められる。だから、川が2度曲がるところの中間を真っ直ぐに進むコースを選ぼう。

中州や浅瀬があれば、そこを中継点にして、乾いたところから乾いたところへジャンプして行ける。

土手に沿ってゴミが溜まっていたら、それは流れがきつい証拠なので避けよう。下手に渡ろうとすれば動けなくなる危険性がある。

さざ波がたくさん起こっているところには、大量の岩が隠れているかもしれない。これもまた川を渡るのを邪魔する障害物だ。

歩いて渡るときは、長い棒を探して3本目の足にする。そのほうがバランスを崩しにくい。

川の上流側に体を向けて、ゆっくりと落ち着いて横歩きで渡る。急いで渡ったところで、失敗する可能性が高くなるだけだ。

深くて流れの激しい川を渡るのは、あくまで最後の手段であると心得よう。

泳ぐしかない場合は、装備を大きなゴミ袋に入れ、中に空気が入った状態で袋の口をきつく縛る。するとゴミ袋が膨れ上がり、浮き袋として使える。

泳ぐときは、川の勢いに流されないよう、上流に向かって斜めに泳ぐのが鉄則だ。

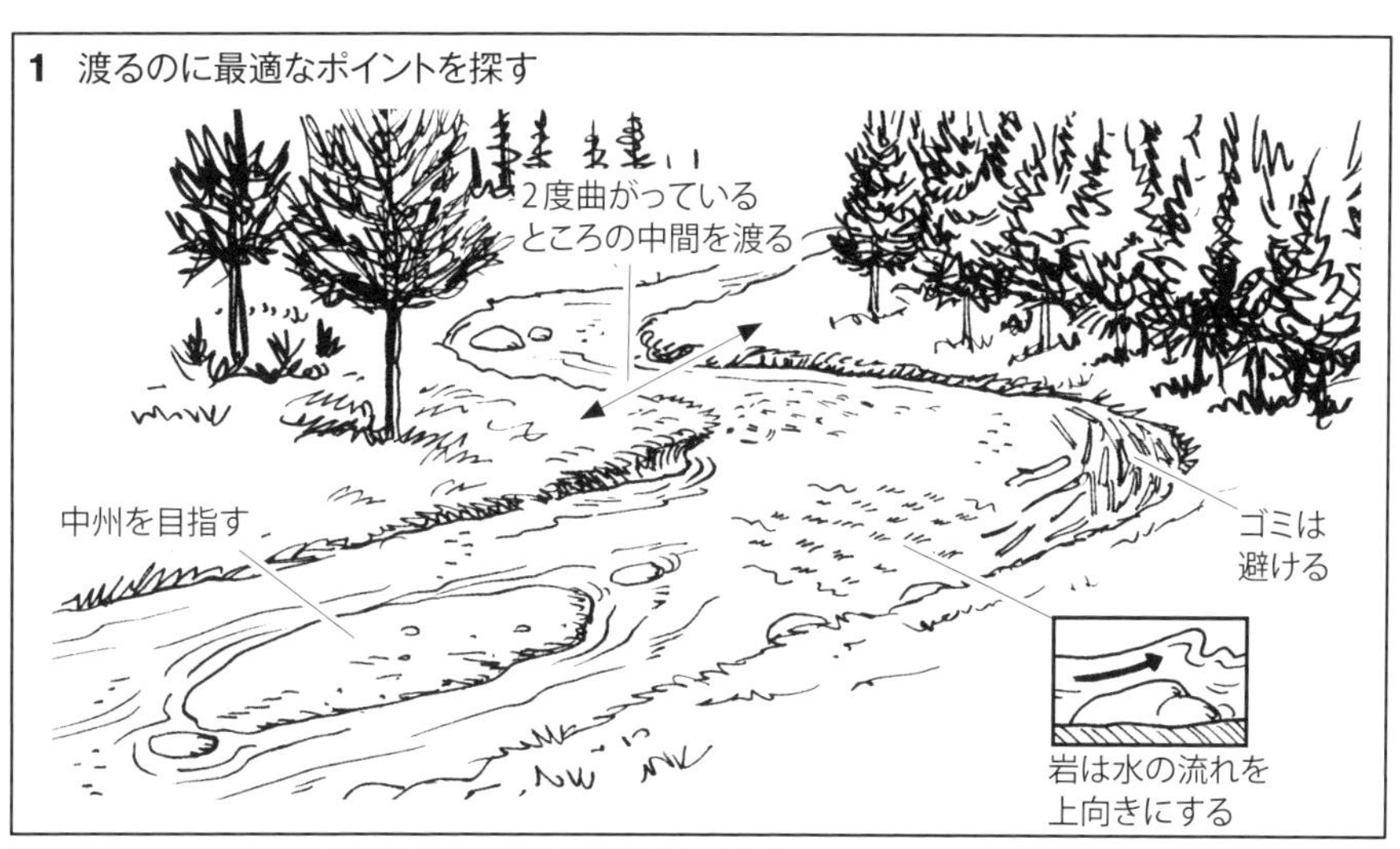
1 渡るのに最適なポイントを探す
2度曲がっている
ところの中間を渡る
中州を目指す
ゴミは
避ける
岩は水の流れを
上向きにする

2 歩いて渡る
顔を流れ
に向ける
横向き
に渡る
川の流れ
3本目の足
として使う

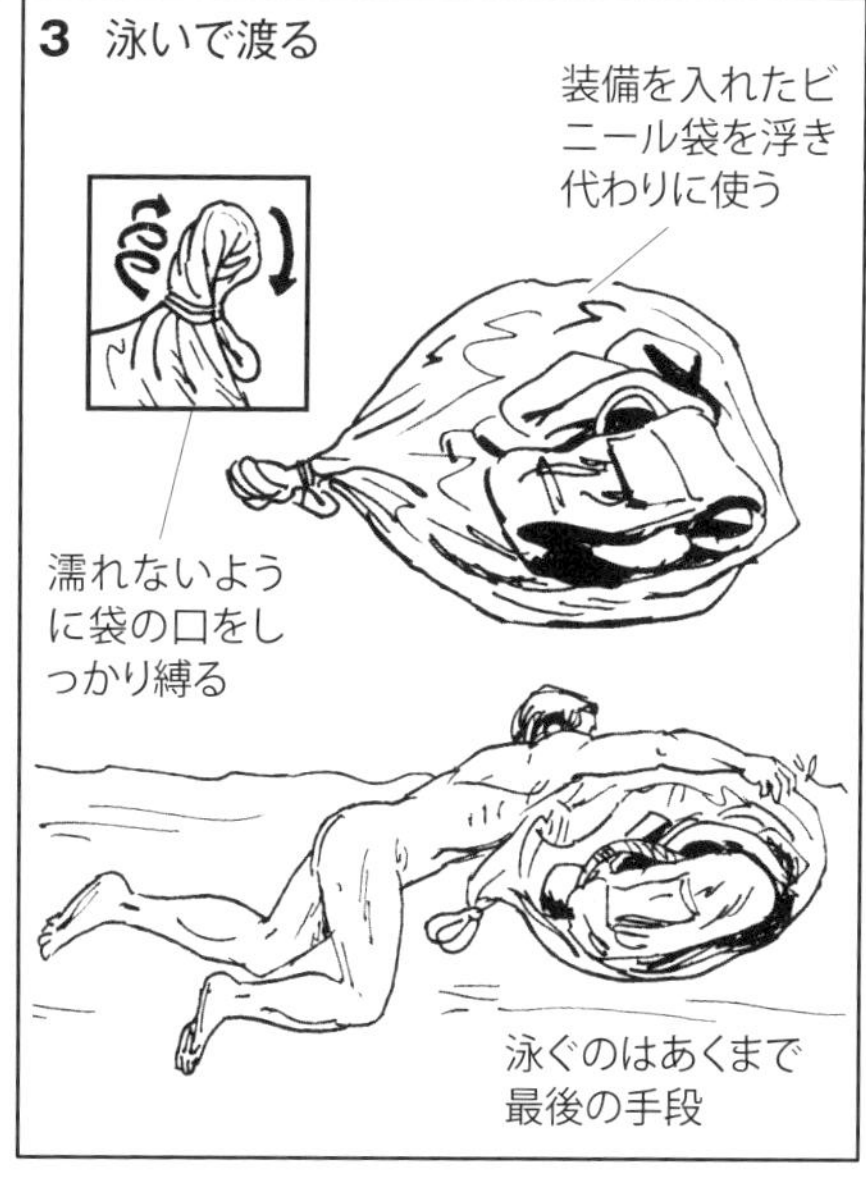
3 泳いで渡る
装備を入れたビ
ニール袋を浮き
代わりに使う
濡れないよう
に袋の口をし
っかり縛る
泳ぐのはあくまで
最後の手段

海で必要な「携帯常備セット」

海で遭難した場合のサバイバル術を覚えておこう。

クルーズ船には救命いかだが積んであり、安全対策も万全だが、個人所有のヨットには緊急事態への備えが十分でないものもある。

大型船に通常積まれている救命いかだは、水面に落ちると自動的に膨れ上がるようになっている。旧式の救命いかだの中にはバルブを開ける必要があるものもあるが、一般的に乗客が船にいるあいだはいかだを膨らませない。

船の所有者は海洋向け携帯常備セットとして、各種信号装置、ナビゲーション機器、医療キット、生命維持に必要な物資を用意しなくてはならない。

救命いかだには、夜間に近くを通る船から見えるように外部ライトが付いているが、船や飛行機の注意を引くために、発炎筒や信号ピストル、ケミカルライトも装備しておくべきである。

地球は丸いので、7海里（約13キロ）遠方のものは水平線に隠れて見えなくなってしまう。しかし、信号ピストルなら高度約３００メートルの高さまで信号を上げられるので、7海里よりはるか遠くにいる船舶や飛行機からも見える。

いかだにはパドルがついているので、漕いで移動することもできる。だが、岸までのルートがわからないままむやみに移動すると、方向を誤ってかえって危険である。

助かる見込みが最も高いのは、錨（いかり）を下ろして沈没現場の近くに留まることだ。最後の通信が行なわれた海域を、沿岸警備隊が把握しているかもしれない。

もし、12海里以内に岸があることをＧＰＳが示しているなら、岸に向けていかだを漕ぐのもやってみる価値があるだろう。しかし、個人用救難信号発信器（ＰＬＢ）を起動して、救難周波数で現在地を知らせるほうが、結果的に早く助かるかもしれない。

衛星を利用する各種装置は、海上だと精度がかなり向上する。海上には高層建築や森林といった信号を邪魔するものがないからだ。

救命いかだ
丈夫な天蓋
外部ライト
明るい色
食料用防水バッグ
釣り具
釣り用網
エネルギーバー
ボトル入りの水
ビタミン剤
対環境防水バッグ
ポンチョ
サバイバルブランケット
日焼け止め
サングラス
予備の衣類
靴下
装備用防水バッグ
発煙筒
信号ピストル
ケミカルライト
懐中電灯
コンパス
GPS
救難信号発信器（PLB）
電池

海水を飲み水に変える

周りは一面の水なのに、一滴たりとも飲むことはかなわない。海は非常に理不尽な場所である。

喉が渇いたからといって、海水を飲んでも死が早まるだけだ。腎臓が体内の増えすぎた塩分を排出しようと懸命に働きはじめ、水分を補給するよりも早く排出する。結果、脱水症状が急速に進行して死に至る。

しかし、海水を飲み水に変える方法がないわけではない。ペットボトル、ビールやジュースの缶、折りたたみ式の小型ナイフがあれば、即席の淡水化装置をつくって、海で一番豊富な資源を利用することができる。

手順は、まず空のペットボトルの底を切り取る。ペットボトルはできるだけ大きいほうがよい。ペットボトルの下の部分を内側に折り曲げ、幅2~3センチの溝をつくる。

次にビール缶の上部を切り取る。この缶に海水を入れて硬いところに置き、上からペットボトルを差し込む。ペットボトルのキャップは閉めておく。

この状態で太陽の下に置くと、太陽の熱によって缶の中の海水が塩分を残して蒸発する。蒸発した水はボトルの内側について凝縮し、それが水滴となってペットボトルの底の溝にすべり落ちる。十分な飲み水が集まるまで、容器を太陽に当てておく。

1日に必要な水の量は緊急時の予備も含めて1ガロン(3・78リットル)が基準だが、サバイバル状況では1日1リットル、大きなペットボトル1本でも生きられる。

それだけの水がない場合は、パサパサな非常食に頼らず、魚や海藻など水分の多いものを食べるようにしよう。

まったく水がなければ、もう観念するしかない。気温や遺伝的要因、最初の体内水分量にもよるが、3日間から5日間で死に至る。

1　ペットボトルの底を切り取り、ビールやジュースの缶の上を切り取る

2　ペットボトルの下部を内側に折り曲げ、水を溜める溝をつくる

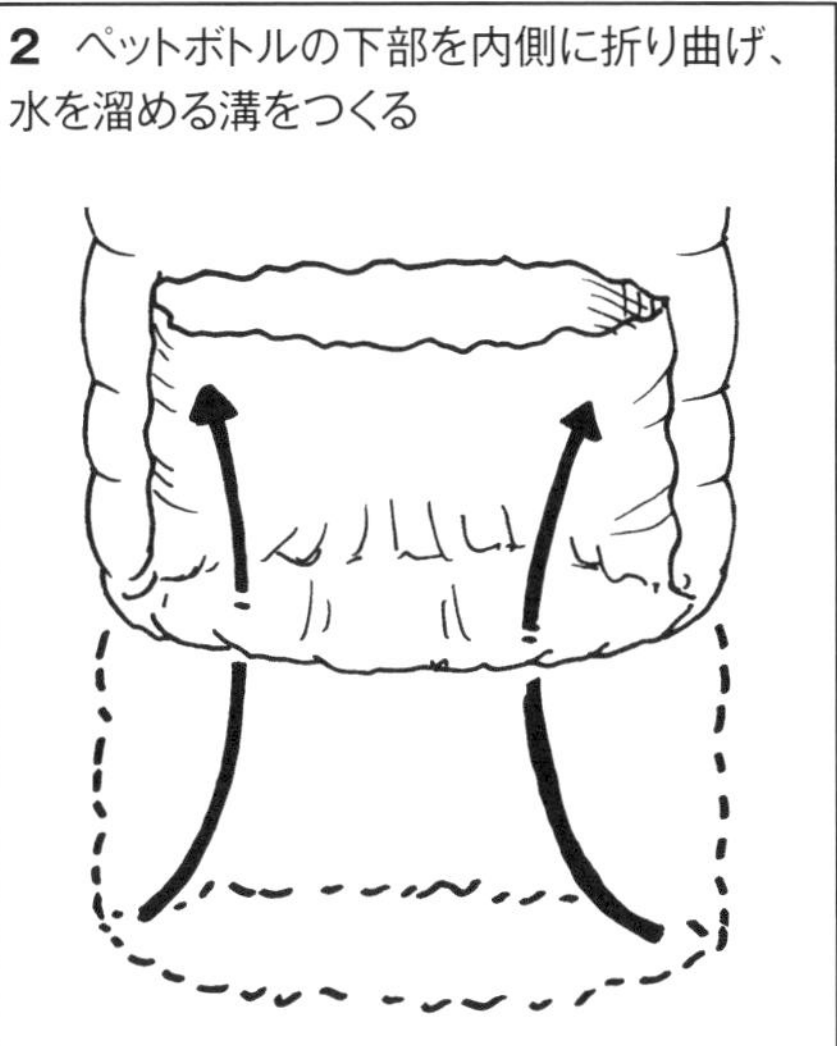

3　海水を入れた缶に、キャップを閉めたペットボトルを上から差し込み、太陽の下に置いておく。すると缶から蒸発した真水が凝縮して、溝にしたたり落ちる

4　キャップを外して飲む

漂流中に食料を手に入れる

人間は30日間食べなくても死なないが、それまでに魚が釣れないことも十分考えられる。「船が沈没しても非常食だけで生き延びられる」などと楽観しないことだ。非常食を長く持たせられるように、1回に食べる量を決め、そして、魚を釣る網や道具を即席でつくる材料を集める。

漁網の材料には、着ているシャツからポンチョライナー、ズボンまで何でも使える。シャツの袖をパドルや棒にくくりつけて裾を縛り、首の開いた部分から魚が入り込むようにシャツを深く沈める。これで立派な漁網だ。

即席の釣り道具をつくるにはアイデアが物をいう。

持っている非常食に缶詰や缶飲料が入っているだろうか？　その缶にプルタブがついていれば釣り針に使える。

プルタブには大小2つのリングがある。大きいリングの1カ所を切って（あるいはちぎって）、小さいリングに釣り糸を結ぶ。

安全ピンの針を曲げても釣り針にできるし、救急キットのハサミも、刃を開いて固定すれば釣り針になる。手元にあるものでどうにかするのだ。

釣り糸には、デンタルフロスからパラコード（軍人やアウトドア愛好家に人気のナイロン製万能紐）までいろいろなものが使える。

ちなみに、550パラコードという製品は最大荷重が550ポンド（250キログラム）で、6本の細い紐にほどくことができ、それぞれの紐が100ポンド（45キログラム）に耐えられる。

カモメが見えたら陸が近い証拠かもしれないが、そこは無人島かもしれない。よって、カモメも見逃してはならない。近くによってきた動物は、とりあえず食べ物になるかもしれないと考えよう。

カモメを叩き落とすことなど無理そうに思えるが、実際の転覆事故で生存者がカモメを叩き落としたケースがいくつかある。

1　即席の漁網

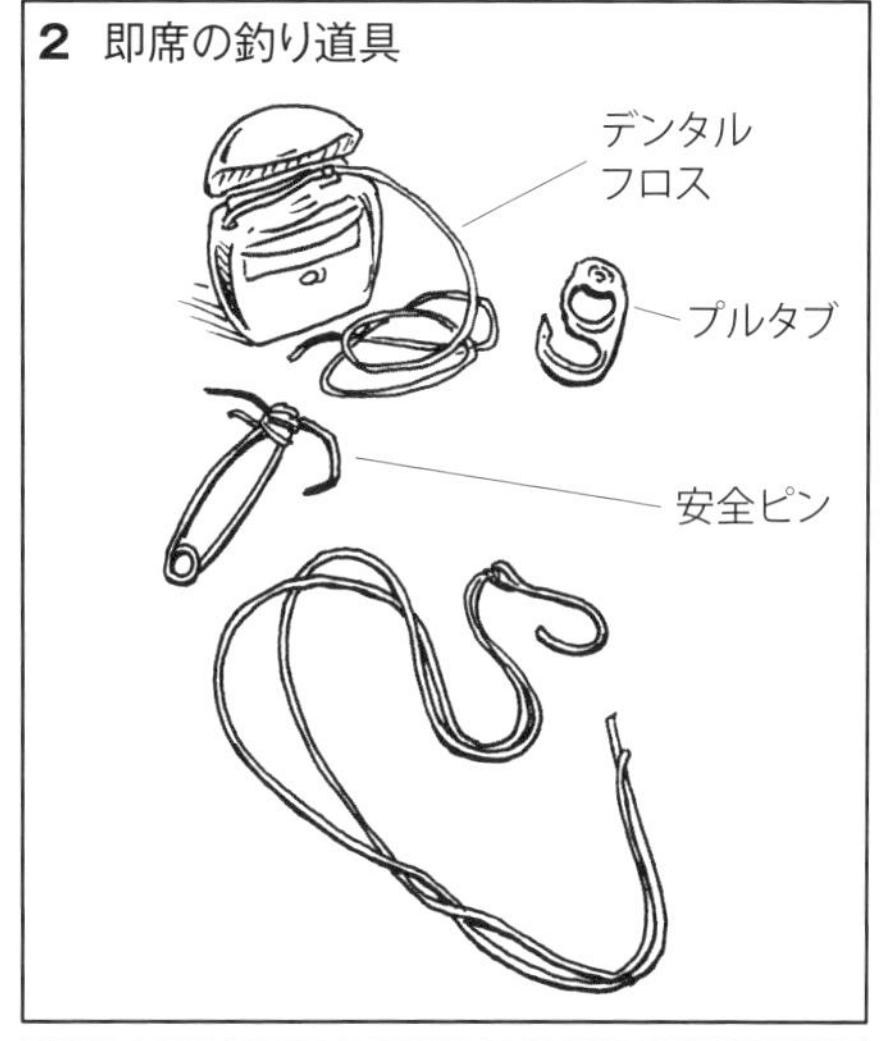
2　即席の釣り道具
デンタル
フロス
プルタブ
安全ピン

3　釣り餌の代わり
エネルギーバー
ENERGY
賞味期限切れ
の缶詰
血のついた
絆創膏

4　カモメを叩き落とす
餌

即席の浮きをつくる

体が水に浸かっていると、たとえ水温が20度前後あっても、すぐに低体温症を起こしかねない。

そうなったら、立ち泳ぎで疲れる前に方向感覚を失い、足がいうことを聞かなくなる。

体力が尽きる前に「浮き」を確保することは、文字どおり死活問題だ。

船が沈没したときは、船の残骸のできるだけ近くに留まるのが一番安全である。

船員が救難信号を出していれば、沿岸警備隊や沈没地点の近くにいる船舶がそれに気づいているはずだ。

乗り込める救命いかだがなくて漂流していても、船から出た残骸で命をつなぐことができる。

大きな缶や樽などの空の容器を集めて縛れば、即席の浮きになる。水の入ったペットボトルがあれば、中身を飲んでキャップを閉める。それにつかまるか、服の中に突っ込むかして浮くことができる。

ゴミ袋などのビニール袋は、袋の口を開いて海上で素早く動かせばすぐに膨れる。そうしたら、袋の口を拳で強く握りながら急いで水中に沈める。

すると、プールに浮かべるような浮力の大きい風船になる。

ズボンさえも緊急時には浮きになる。これは、ボーイスカウト経験者にはおなじみのサバイバル・テクニックだ。

ズボンの左右の裾をそれぞれ縛って、ファスナーを閉める。

そしてズボンの腰の部分をつかみ、水上で勢いよく前に振り降ろす。すると脚の部分に空気が入る。

ズボンが水中に入ったらウェストバンドを握って、脚に入った空気が逃げないようにする。

1 大きな缶や樽、浮いている残骸を浮きにする

2 空のペットボトルをひとつにまとめる

3 ゴミ袋を膨らます

4 ズボンなどの衣類を膨らます

サメに襲われたら

強力なアゴを持つサメは、怖いイメージばかりが強調されるが、実のところ人間を襲うことは滅多にない。襲うにしても、一度嚙みついたら泳ぎ去るのが普通で、何度もくり返し襲うことはあまりしない。

例年、サメに襲われて死ぬ人の数は世界全体でも10人未満で、襲われる件数も100件以下に留まっている。

とはいえ、サメに嚙まれたら内臓を傷つけられたり、大量の内部出血を起こして命を落とすこともありうる。場合によってはサメが嚙みついたまま離さないこともある。そんなときは、鼻先を殴るか、エラを握って引きちぎれば退散するだろう。

サメがウヨウヨしている海域に誤って入り込んでしまったら、泳ぎながら垂直の姿勢を保つこと。深いところにいるサメからすれば、海面に横たわって浮いている人間は大きく見え、狙いやすいターゲットになる。

サーファーがサメに狙われやすいのは、彼らが危ない海域に行きたがるのもあるが、サーフボードの形状にも原因があるかもしれない。逆光の中、楕円形の大きなサーブボードの上でサーファーが両腕を伸ばすと、サメがそれを見てアザラシやアシカと勘違いする恐れがある。

SEALの隊員はかなりの時間を深い海で過ごし、サメが脇をかすめることもしばしばだが、ほとんど襲われていない。これは数字が証明している。

理由ははっきりわからないが、隊員が着用するドレーガー・リブリーザー（潜水時に使用する呼吸装置）の出す音をサメが嫌うのでないか、という仮説が有力だ。

したがって、サメが周囲を回り出し、救助が見込めないのであれば、金属やガラスを叩き合わせてカチャカチャ鳴らしてみるのもひとつの手だろう（ただしキラキラした貴金属の装飾品は太陽光を反射して、興味を持ったサメが寄ってくるかもしれない）。

それでもダメなら、SEAL隊員がよく言うジョーク——「サメを見たら、相棒を刺して逃げろ」を実践してもよい。いや、よくない！

垂直な姿勢を保つ
拳を使う
目をえぐる
エラを握って
引きちぎる
服は着ておく
光る貴金属は
すべて捨てる

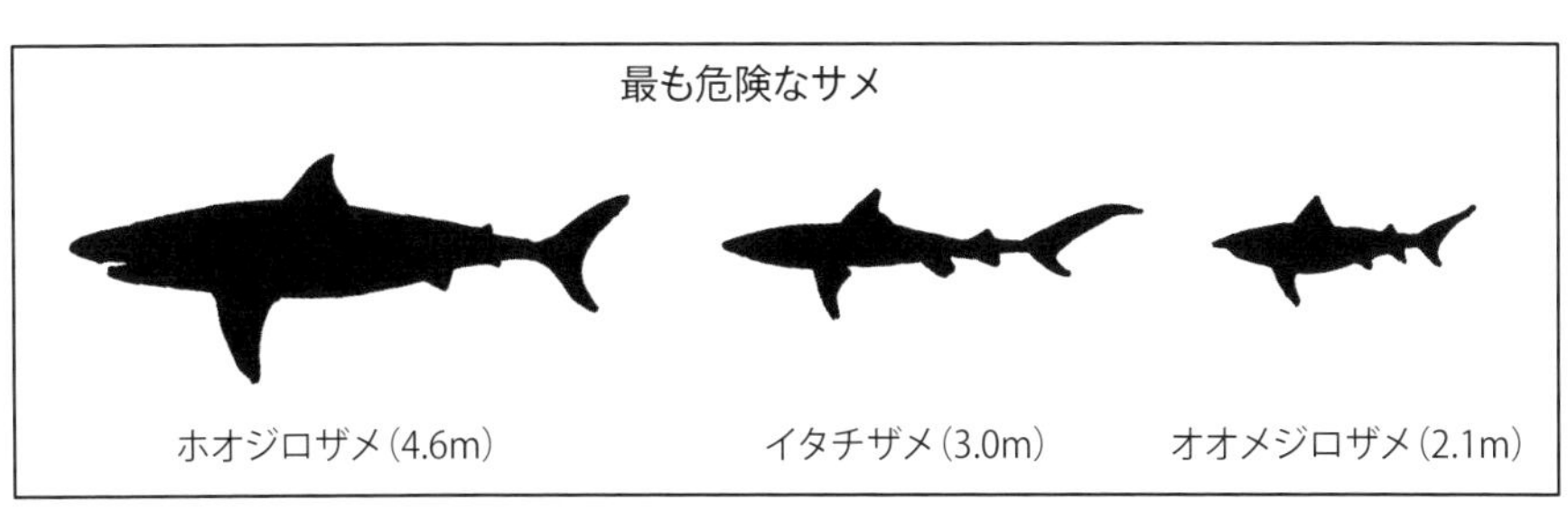
最も危険なサメ
ホオジロザメ（4.6m）
イタチザメ（3.0m）
オオメジロザメ（2.1m）

海賊から船を守る

一時期、ソマリア人の海賊がソマリア沖やアデン湾を我が物顔で暴れ回っていた。近年の国際的な海賊対処活動によっておとなしくはなったが、凶暴な犯罪集団が世界のどこかの海を牛耳っているとしても不思議ではない。

恐ろしい海賊たちは携行式ロケット弾（RPG）やアサルトライフル（突撃銃）で武装し、輸送船やクルーズ船を襲って、人質を盾にして船会社に数億円単位の身代金を要求する。しかも制圧部隊が近づいてきたら人質を容赦なく処刑し、要求が受け入れられるまで何年にもわたって拘束を続ける。

豪華客船の警備員はたいてい軽装備で頼りにならなさそうだが、あきらめるには早すぎる。実際、左図に示したような単純な方法で海賊を撃退した船はたくさんある。

ＬＲＡＤ（長距離音響発生装置）を使って海賊を撃退した例もある。ＬＲＡＤとは、襲いかかってくる敵の船に向けて耳をつんざくような甲高い音を浴びせる「音響兵器」だ。

もしも船にＬＲＡＤが搭載されていなければ、次に挙げるような対策が有効だろう。

船は大規模な火災を起こしやすいので、どの船にも消火ホースが何本も装備されている。そこから噴射される強力なジェット水流を海賊に浴びせるのだ。たとえ海賊を海に落とせなくても、水流のせいで混乱が起こり、武器の狙いを定めにくくなる。

また、消火ホースを船の両舷に垂らして水流を全開にすれば、水の勢いでホースがヘビのようにのたうちまわる。水のかかった船体は滑りやすくなって海賊が上ってくるのを防げる。

海賊の小船が至近距離まで迫っているなら、物を投げるのも効果的だ。

船に積んでいる酒瓶を持ち出してタンポンで栓をし、タンポンの紐に火をつけて船外に投げれば火炎瓶になる。火炎瓶は船にぶつかると爆発する。海賊船に弾薬が積んであれば、それに引火して激しい誘爆を起こし、海賊は退散を余儀なくされるだろう。

1　消火ホースのジェット水流を浴びせる

武器を持った海賊にジェット水流を浴びせる。ボートの操縦手やはしごを狙う

2　消火ホースを暴れさせる

消火ホースのノズルを全開にする

消火ホースをすべて伸ばして船の両舷に垂らす

できるだけ高い水圧で噴射する

3　火炎瓶

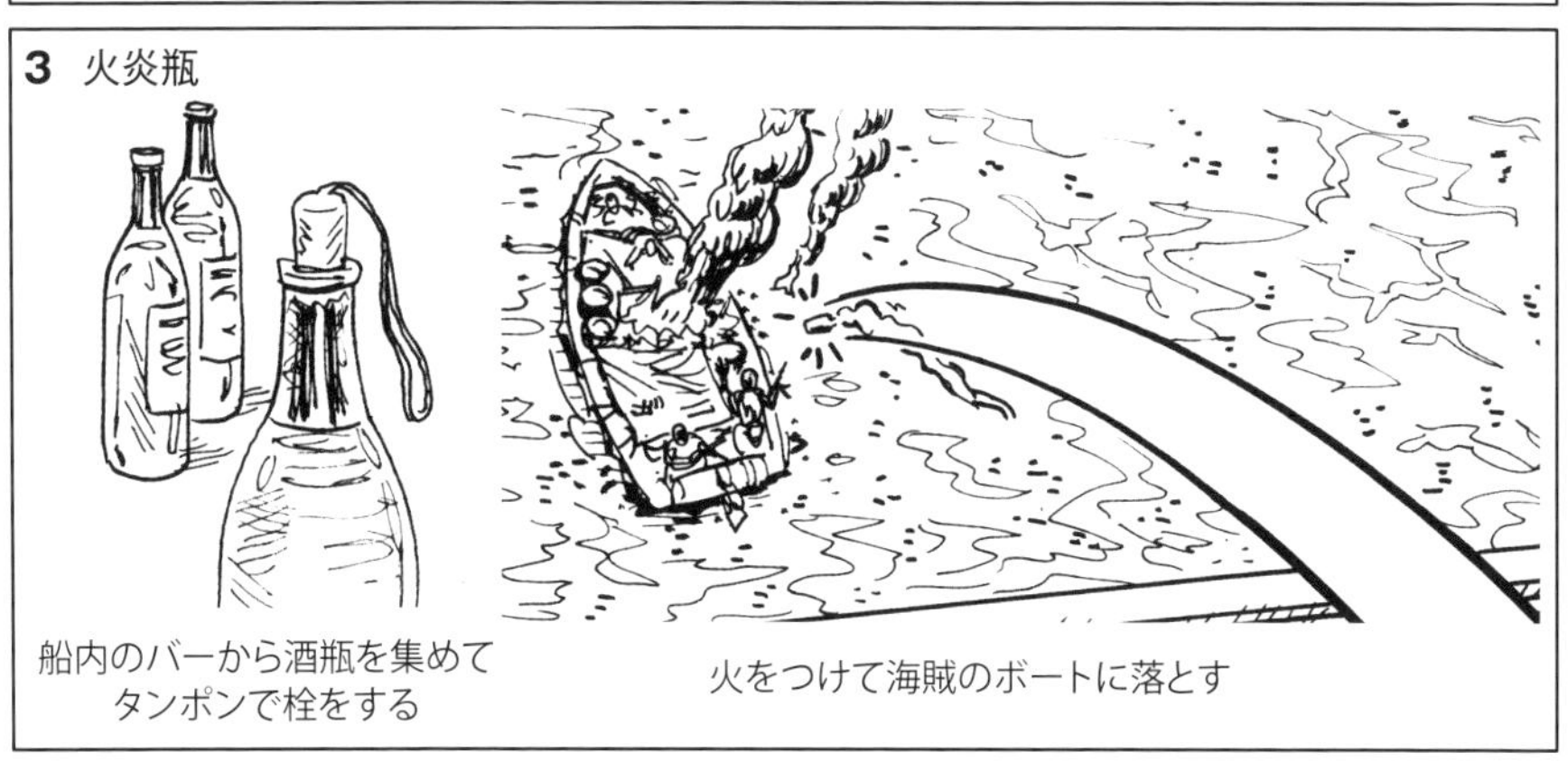

船内のバーから酒瓶を集めてタンポンで栓をする

火をつけて海賊のボートに落とす

PART 4
DEFENDING YOUR DOMAIN

自宅を
脅威から守る

家のセキュリティーを強化する

ホームセキュリティー、すなわち家の防犯・安全は簡単なチェックリストがあれば十分だと思っている人が多いのではないだろうか？

ドアにしっかりとした錠前を取りつけ、警報システムを設置し、窓がちゃんとロックされているか確認する――それだけで安心していないだろうか？

本当に安心したければ、家そのものだけでなく、家の周りにセキュリティー網を構築する必要がある。最も外側に位置するセキュリティー網は、両隣や向かいの家に住む「隣人」たちの目と耳だ。

隣人に目を光らせてもらう

近所と良好な関係を構築することは、家を守るうえで最も大切な要素のひとつだ。あなたのいつもの行動を知っている隣人は、おかしなことがあったときに「見て見ぬふり」をしなくなる。彼らと仲良くなっておけば、なおさらそうだろう。ちなみに、不法家宅侵入の大半は、現場から3キロ圏内に住む人間の犯行だという。

情報をコントロールする

長いあいだ家を空けるときは、必ず隣人に知らせよう。郵便物がポストにあふれないように、郵便局で留め置きにしてもらうのもいい。新聞も同様である。

旅行中の写真などをツイッターなどのSNSに投稿する場合は、事前にSNSの設定を確認しよう。家を留守にしている事実を全世界に配信してはいけない！

SNSから得られた情報は、あらゆる悪事に利用される。留守中に空き巣に入る輩（やから）もいれば、あなたが誘拐されたといつわって、家族や恋人から身代金をせしめようとする悪党もいるだろう（170ページ参照）。

一般的にSNSの設定は「プライバシー重視」を選ぶ。大手テクノロジー企業のセキュリティーシステムにも抜け穴がたくさんあって、頭のいい犯罪者はこうした抜け穴を利用してやろうと血眼（ちまなこ）になっている。十分な注意が必要だ。

子供の情報をインターネット上で発信するときは、とりわけ慎重にならなければならない。

自分が留守にしている情報をSNSに投稿しない

見えにくくする

次に、犯罪者の視点に立って、外から自分の家を見てみよう。ここでの目標は、外から中を見えにくくし、中からは外を見えやすくすることである。

まず、家の周りの草木を伸び放題にせず、きれいに剪定(せんてい)することから始める。犯罪者に隠れる場所を与えてはならない。

家の敷地には、照明を惜しみなく設置すること。夜間に家の周りを明るく照らすと、最も凶悪なタイプの犯罪者でも尻込みする傾向がある。夜間に押し入ってくる犯罪者は、金目の物に興味はなく、あなたに危害を加えることが目的なのだ。

家にいるように見せかける

ひと晩家を空けるときや、長いあいだ留守にするときには、屋内・屋外の照明のタイマーを設定する。これは、家持ちの人ならだいたい知っているテクニックだろう。

ここではさらに踏み込んで、照明のプログラムを使って点灯時間をずらし、家にいるように見せかける。ただし、毎日同じ時間に突然照明がつく家は、目ざとい侵入者に「タイマーがかけてある」と見抜かれてしまう。

そこで、部屋ごと、階ごとにタイマーの時間をずらして、侵入者を混乱させよう。例えば、夜の早いうちは台所と居間の照明をつける。夜が更けてきたら徐々に照明を消していき、寝室の照明をともす、といった具合だ。

家にいるときも外出しているときも、窓のカーテンはできるだけ閉めておこう。外から見ている人間に、こちらの日々の行動をさとられてはいけない。

車はガレージに駐(と)め、シャッターを閉めて鍵をかけておこう（118ページ参照）。外から見えるところを駐車スペースに使うと、自分の生活パターンについて多くの情報を侵入者に与えてしまうことになる。

身元判別可能な高画質の映像を記録する

防犯カメラを設置するだけで安心しきっている人が多い。しかし、その設置場所はたいてい不適切である。ホームセキュリティーシステムの実用性を高めるには、防犯カメラの設置場所とレンズの焦点距離をよく考えなければならない。

庭全体を見渡すカメラはまんべんなく映像を記録できるが、侵入者の正体を特定する画像が必要になったときに役に立たない。そこで、カメラの焦点をドアや、ドアに至るまでの通路に合わせる。そうすれば、高い確率で侵入者の正体を特定する画像が撮れる。

一方、広角レンズは不審な車両の形状、型式、色、移動する方向を知るのに便利である。要は、目的に応じてレンズの焦点距離やカメラの設置場所を選ぶことだ。

最近ではカラー映像を録画できる機種もあるが、光量の少ない場所では白黒カメラのほうが画質が優れていることを覚えておこう。

防犯カメラを目立つようにしておくと、犯罪の抑止力になる。セキュリティーサービスのマークやステッカーも同じだ。

そこで架空の警備会社をでっち上げ、ニセの登録シールを家に貼ってもいい。それで罰せられることはない。

同じように、1人暮らしの女性は男ものの大きな靴を玄関と裏口に置いて、家に男性がいるように装うことも有効だろう。

不法侵入者の特徴を知る

家の安全は、周辺の怪しい動きを意識することから始まる。それには、平均的な不法侵入者の特徴を知っておくことが要となる。

不法侵入者の95％は男性である。これは驚くに当たらない。だが、いかにも泥棒といった、中年の男の顔を想像したならそれは違う。不法侵入を行なうのは、一般的に少年の可能性が高いのだ。

季節でいうと、凶悪犯罪が最も多くなるのが夏だ。同様に、暴力的でない空き巣も、暑くなると増える傾向にある。

裏庭でバーベキューやレジャーを楽しむ機会が多くなると、セキュリティーに落とし穴ができて、周りをうろついている侵入者の格好の目標になる。1階の窓を開けておくのも無用心だ。

侵入者の56％は表玄関と裏口から入ってくる。そこで玄関へ至る道のセキュリティーを強化し、すべての出入り可能な場所の錠前を厳重にする必要がある（114ページ参照）。

錠前のデッドボルト（かんぬき）の受け座とドア枠を2インチ木ネジでがっちりと固定し、侵入者にドアを蹴り破られにくくする。

デッドボルトは完全に受け座に入るようにする。いい加減なつくりの家は、デッドボルトの取りつけが甘いことが多く、ナイフでその周りを激しく揺すっただけで解除できてしまう。

時間帯にも気を配る。夕方以降に押し入り事件が増えるわけではない（全時間帯の37％程度）が、暴力を意図した不法侵入は夕方以降が最も多い。だから、夜間照明を設置して外を照らすことが重要になってくる。照明器具は安物でかまわない。

ガレージには、中からシャッターを手動で開けるためのケーブルがあるが、これは外すか、どこかに結ぶかする。そのままにしておくと、侵入者が針金ハンガーなどでケーブルを引っ張って、あっさりとガレージに入ってしまう。

ガレージの奥と家がつながっている場合は、さらに危険だ。侵入者は外から見られることなく、鍵を破って家に入ることが可能になる。

アメリカにおける不法侵入者のデータ
25歳
以下
63%
日中は働いている
95%
犯人は男性
7〜8月
押し入り事件が
最も多い
14秒に1度
アメリカで
起こっている
8〜12分
押し入っている時間
盗むもの
宝石
銃
腕時計
携帯機器
ノートパソコン
HDDレコーダー
午前9時〜午後3時
押し入り事件が
最も多い時間帯
67%
非暴力
50%
犯人は3キロ
圏内に住む
道具
ハンマー
ドライバー
ペンチ
13%
検挙率
どこから侵入するか
2%
2階
6%
物置
22%
裏口
34%
表玄関
23%
地下室の窓
9%
ガレージ
4%
1階

ベッドサイドに護身機器を備える

ベッドサイドのテーブルに読みかけの本や雑誌を積み上げておくのはもったいない。そのテーブルは、緊急時のための武器庫になるのだ。

兵士やプロのボディーガードは必ず、装備を用意してから夜の眠りにつく。彼らは「常在戦場」の原則に従って行動しているのである。

この原則は、家を守りたいと考える一般市民にも適用できる。一番危険なタイプの不法侵入者は、夜中に押し入ってくることが多い。ならば、ベッドから手の届くところに必要な装備を取り揃えておくのは当然だろう。

ベッドサイドテーブルの上には「物騒でないもの」を揃えておく。例えば、緊急電話をかけたり、救難信号を送ったりできる携帯電話や、ウェアラブル端末（スマートウォッチ）などの機器だ。

ロウソクがあれば、停電の際に部屋を照らすことできる。マウスピースやボールペン（軸が金属製のもの）は、取っ組み合いになったときに防御や攻撃に使える。

こうしたアイテムはベッドの脇にあっても違和感がなく、怪しまれることがない。すべては使い方次第だ。

テーブルの引き出しには、滅多に使わない雑多な物がゴチャゴチャと入っているだろう。ここは武器庫として使いたい。

ピストルや固定刃のナイフといった殺傷力の高い武器から、殺虫スプレー、ペッパースプレー、懐中電灯といった非殺傷系の武器まで、整然と引き出しに入れておこう。頑丈な懐中電灯は、家の中を捜索する明かりとしても、侵入者を殴るこん棒としても使用できる。

テーブルとベッドのあいだや壁とのすき間には、引き出しに入らない大きな武器や、緊急対応用備品、防具を置いておこう。例えば野球のバット、消火器、ボディアーマー（防弾ベスト）などだ。

ボディアーマーは大げさだろうって？　そんなことはない。武器を出さなければならない状況なら、当然必要があると考えるべきだ。

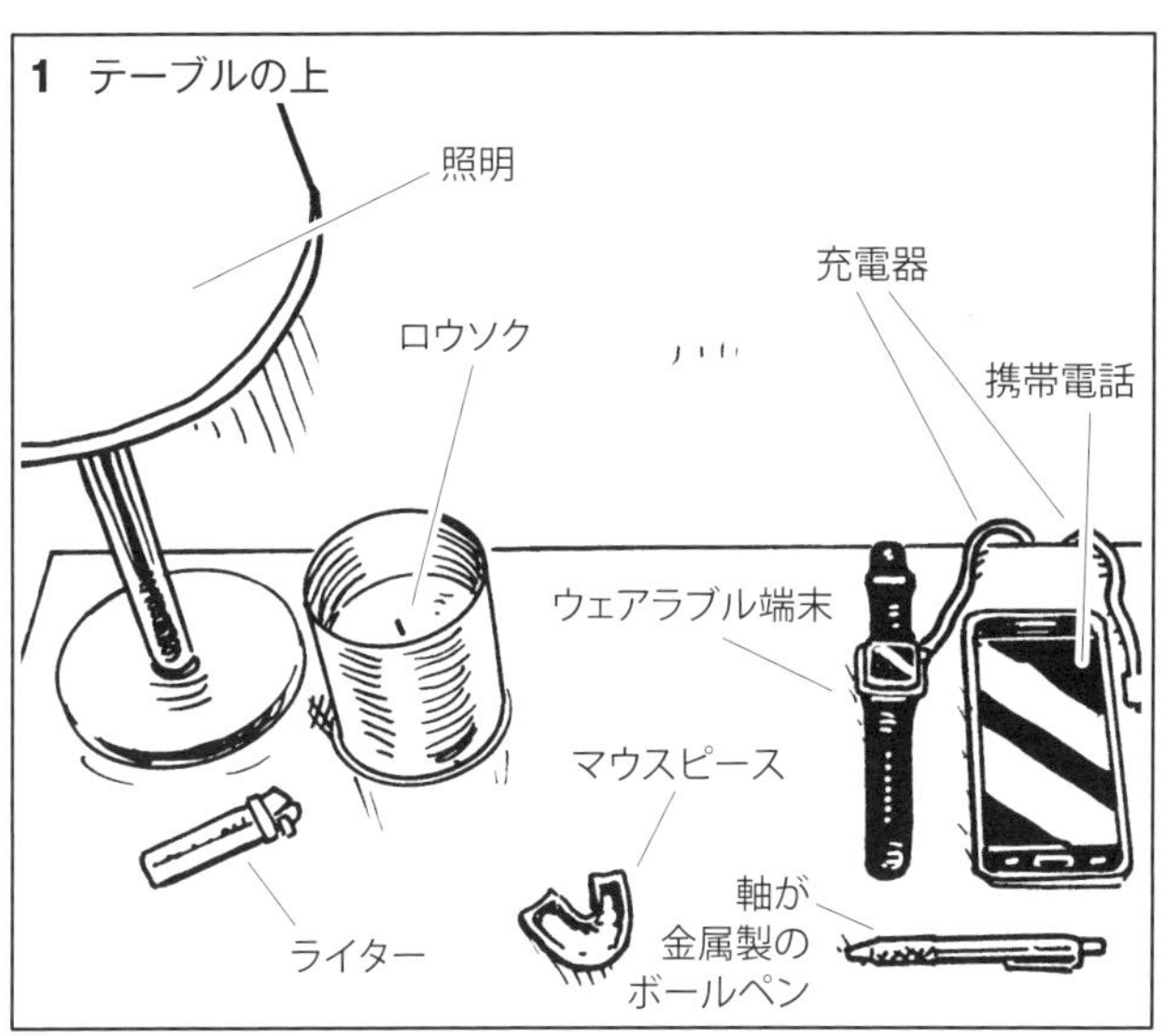
1 テーブルの上
照明
ロウソク
充電器
携帯電話
ウェアラブル端末
マウスピース
ライター
軸が
金属製の
ボールペン

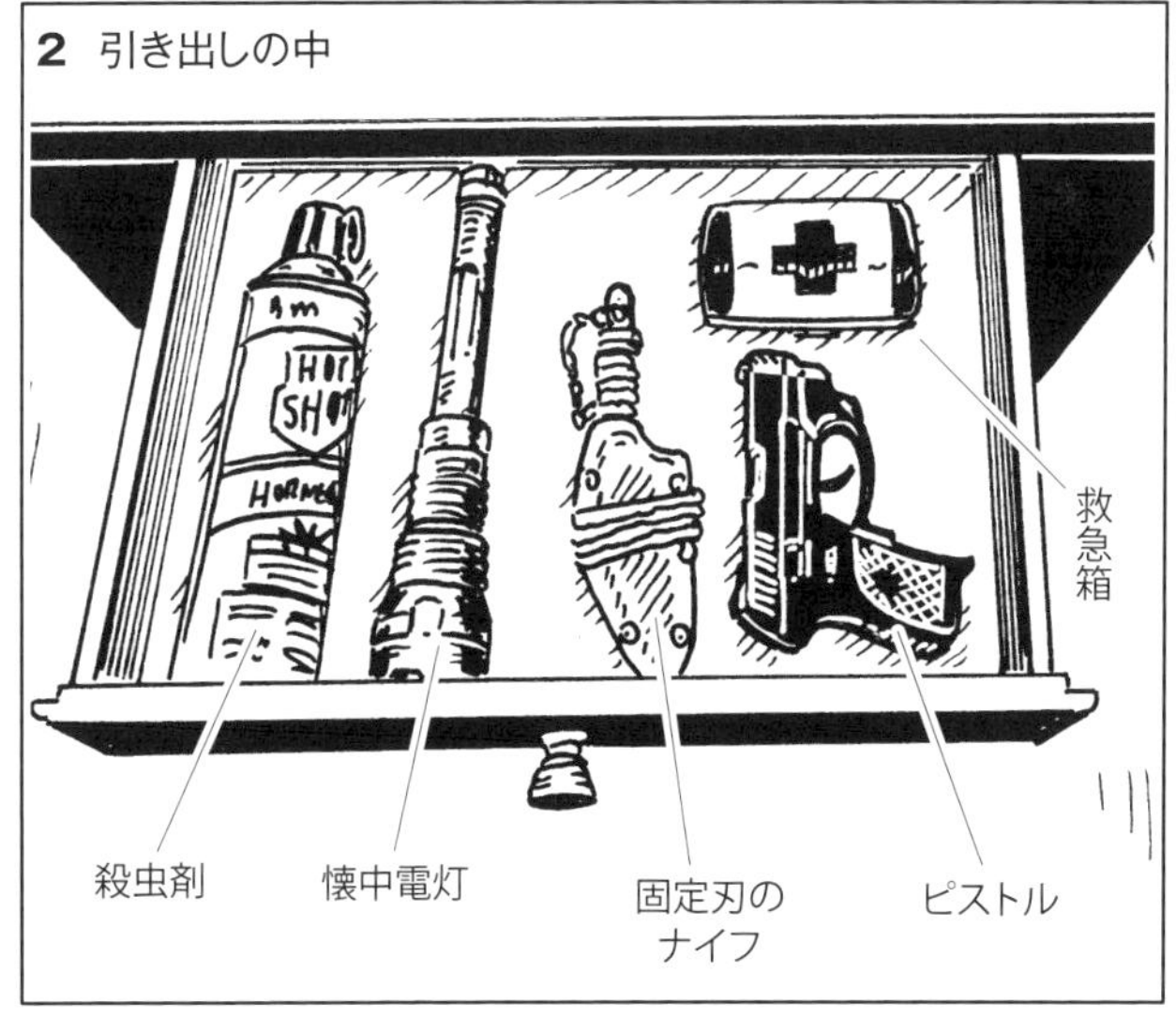
2 引き出しの中
救急箱
殺虫剤
懐中電灯
固定刃の
ナイフ
ピストル

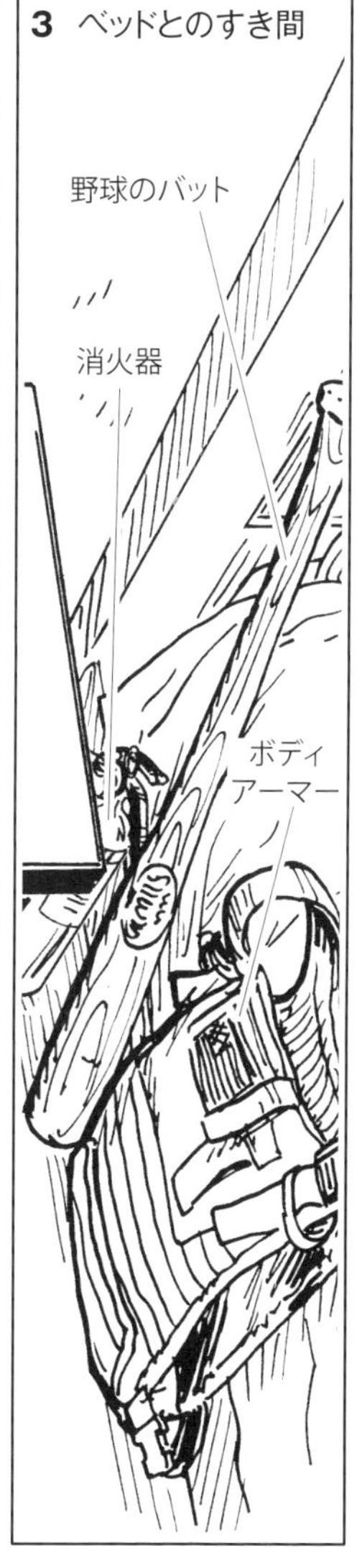
3 ベッドとのすき間
野球のバット
消火器
ボディ
アーマー

懐中電灯を使って対抗する

当然のことだが、自分の家やマンションには懐中電灯を常備しなくてはならない。

だが、一般市民の多くは懐中電灯をタンスの中にしまったままほとんど使うことがなく、多くの使い道に気づいていない。

停電になったときだけではない。夜に不審者が家に侵入してきた際、家の周りを捜索したり、助けを求めたり、不審者の注意をそらしたりできる。

アルミやスチールでできた重いタイプの懐中電灯なら、不審者に打撃を与えることさえできるのだ。

屋内を捜索する――夜中に聞き慣れない物音がしたとき、家の中を捜索する（130ページ参照）のに懐中電灯はうってつけの照明器具だ。部屋の天井を懐中電灯で照らすと、家具の影ができる。この影をうまく利用して身を隠し、相手を欺（あざむ）こう。真っ暗闇でも、自分の家なら家具がどこにあるか知っているはずだ。

助けを求める――侵入者によって家に閉じ込められ、脱出が困難になったら、懐中電灯を使って助けを求めよう。近所の家のトイレや風呂場、道路を行き交う車を照らすのだ。庭に犬が寝ていたら、わざと目を照らして起こそう。驚いた犬は大声で吠え、防犯ホイッスル代わりになってくれるだろう。

相手の目をくらます、あるいは殴る――侵入者と直接対峙することになったら、懐中電灯を直接照射して、一時的に相手の目をくらます。人間の目の光受容体は、日中よりも暗くなったほうが、明るさの変化に慣れるのに時間がかかる。そのため、不自然に明るい光源に突然さらされると、一時的に目が見えなくなってしまう。そのすきに逃げるか、あるいは戦うのだ。頑丈な懐中電灯は、相手を物理的に行動不能にするのにも使える。

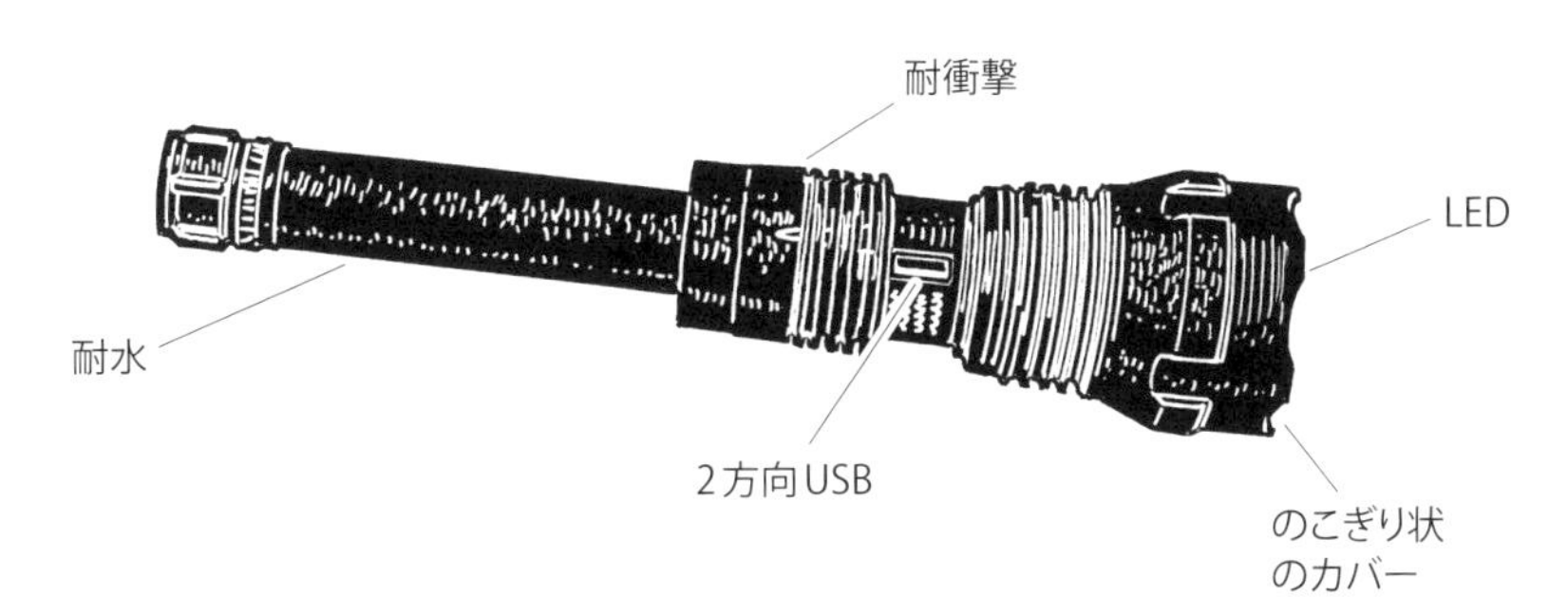
耐衝撃
LED
耐水
2方向USB
のこぎり状
のカバー

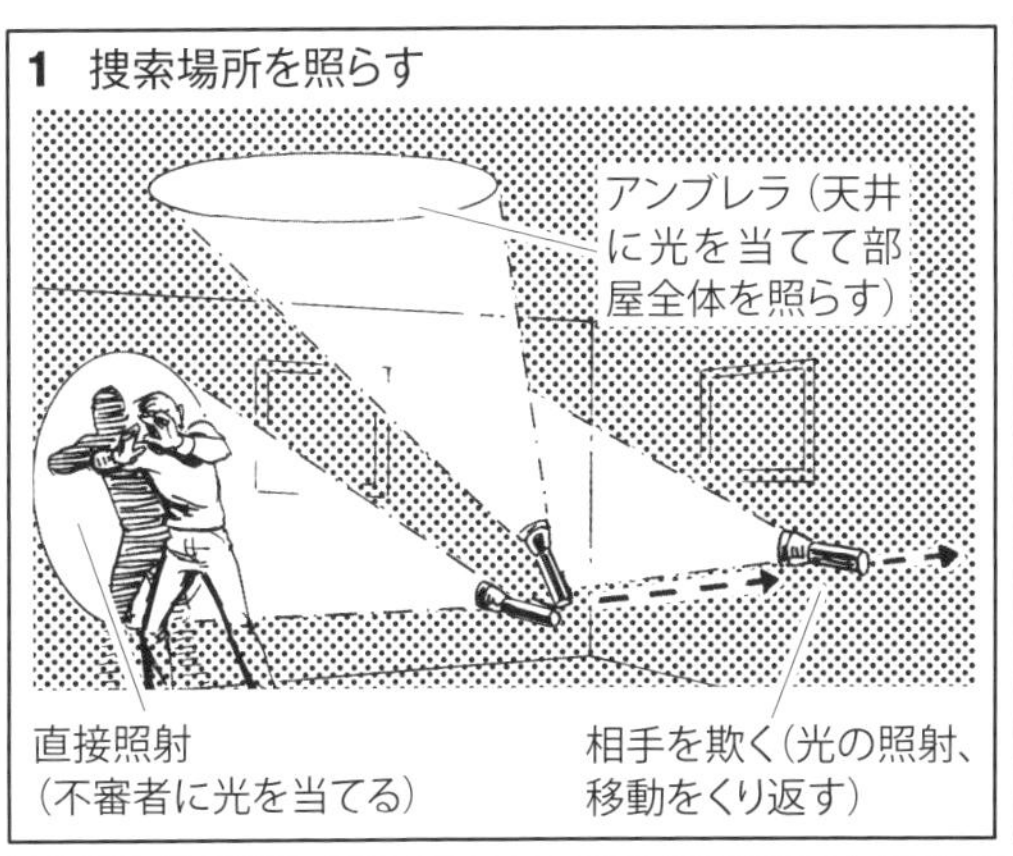
1 捜索場所を照らす
アンブレラ（天井
に光を当てて部
屋全体を照らす）
直接照射
（不審者に光を当てる）
相手を欺く（光の照射、
移動をくり返す）

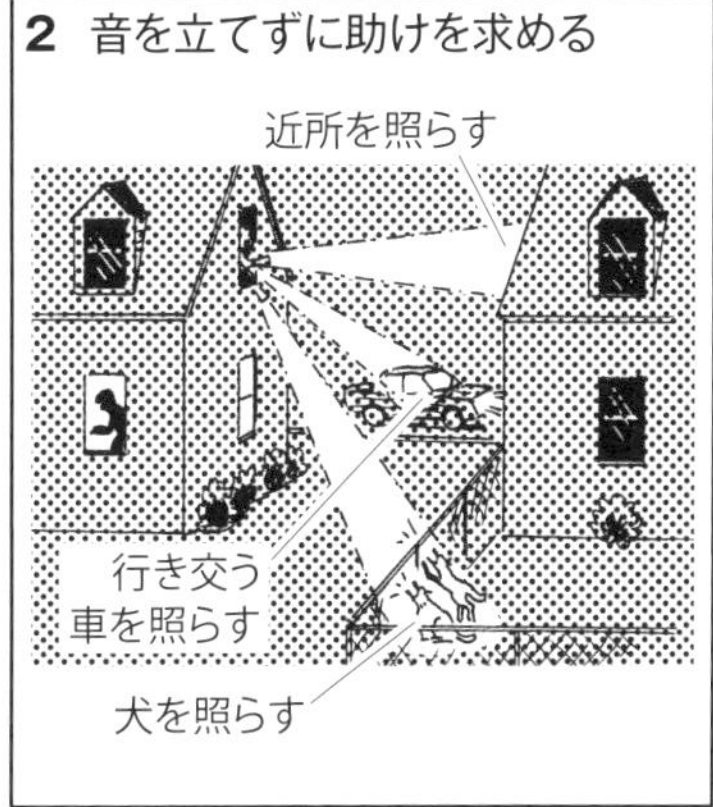
2 音を立てずに助けを求める
近所を照らす
行き交う
車を照らす
犬を照らす

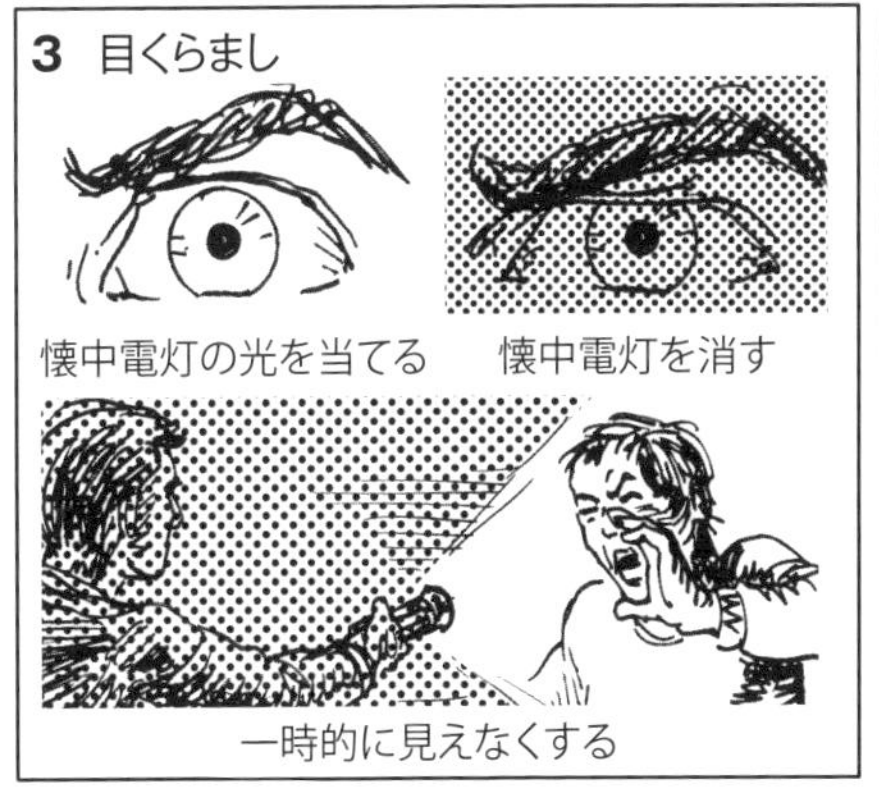
3 目くらまし
懐中電灯の光を当てる
懐中電灯を消す
一時的に見えなくする

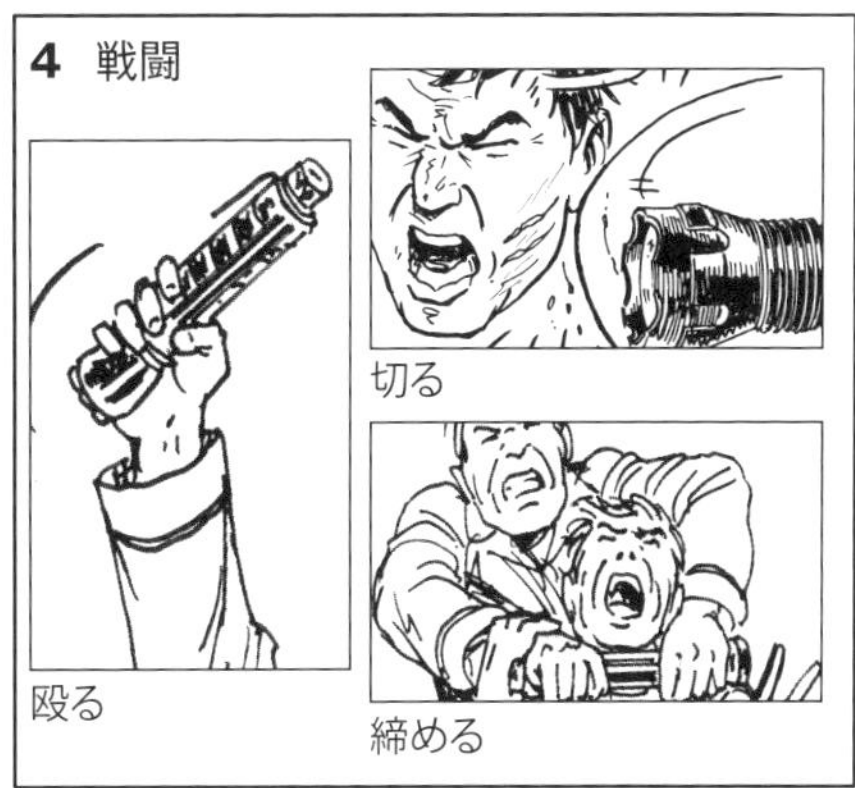
4 戦闘
切る
殴る
締める

即席のライフルラックをつくる

　壁掛け式のライフルラックは、すぐに銃を手に取ることができるし、インテリアにもなる。だがそれでは、「武器がここにありますよ」と敵に教えているようなものだ。

　盗まれた武器があらゆる犯罪やテロに利用される昨今、家から奪われた武器の危険性は真剣に考えなければならない。とはいえ、武器を隠す場所が遠すぎると、いざ不審者が押し入ってきたとき、すぐに手に取れなくなってしまう。

　ライフルラックは通常、ベッドやマットレスの下やベッドのヘッドボードの後ろに置くが、これだと寝ているときにライフルを取ろうとしても、頭に近すぎて取るのに手間取ってしまう。だが心配はいらない。どこにでもあるハンガー2本でつくったラックをマットレスとボックススプリングのあいだに固定すれば、いざというときに備えておける。

　ちなみに、家を守る銃としてはライフルよりショットガンのほうが適している。ショットガンのバックショット（鹿弾（しかだま））は、ライフル弾と違って石膏板を撃ち抜けないが、侵入者を倒すには有効だ。バックショットには鉛の粒（ペレット）が大量に詰まっていて、発射されるとその粒が放射状に飛んで広範囲にダメージを与える。つまり、ライフルほど正確に狙わなくても目標を倒せるということだ。

　即席ライフルラックのつくり方は左図参照。用意する材料は、木製かプラスチック製で首が回転するハンガー2本だけだ。安い針金ハンガーだと、武器の重さに耐えられないので要注意。フックの位置は武器の長さによる。必要ならフックを折り曲げて握りを追加する。

　このライフルラックなら、夜中に寝返りを打ってもマットレスの重みで動くことはない。ライフルを置いたら、毛布をかぶせてラックを隠そう。


〈注意〉

　子供がいるなら、武器は必ず、しっかりと鍵がかかるところに保管すること。武器の保管方法については、地元の法令に従ってほしい（訳注：日本では銃の所持は違法）。

1　スーツ／コート用のハンガーを2本用意する

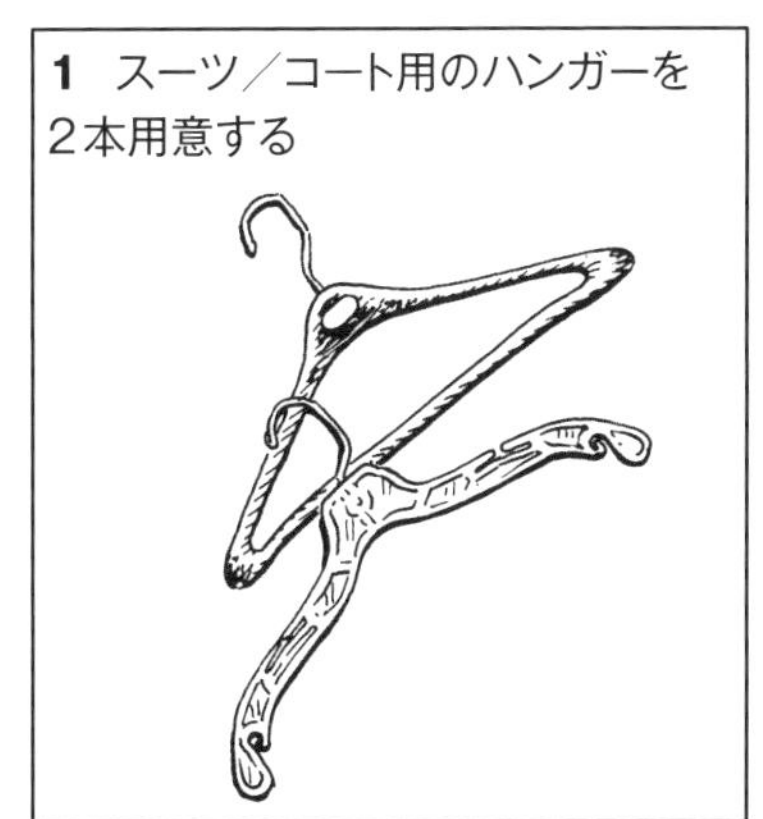

2　ハンガーの本体をマットレスとボックススプリングのあいだに滑り込ませる

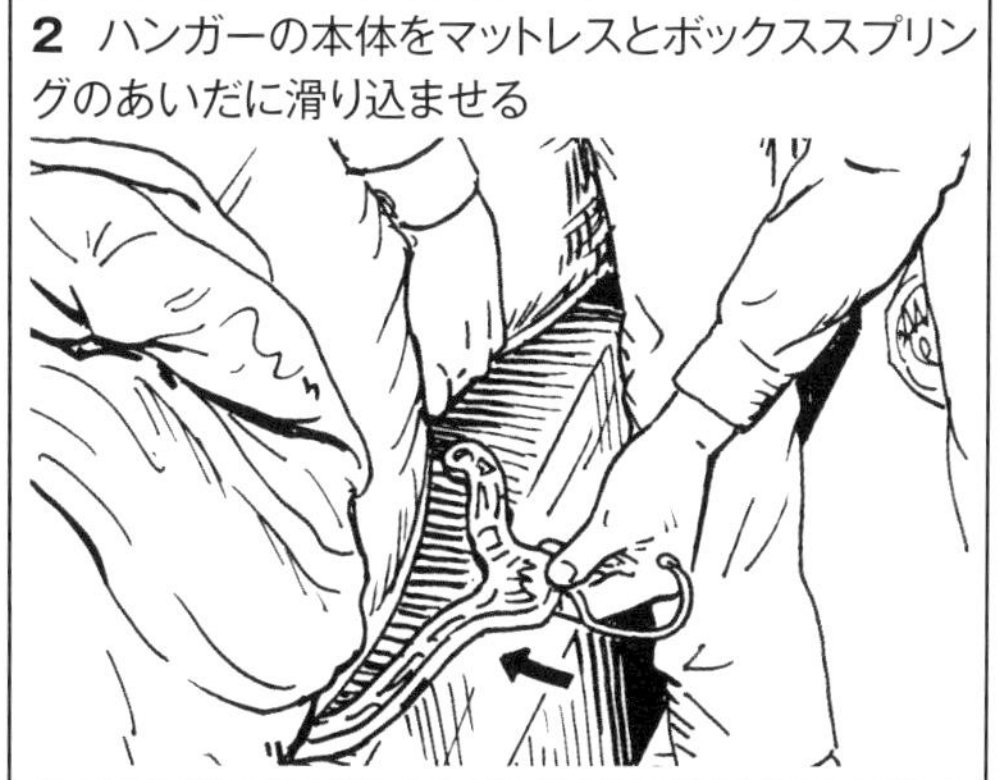

3　ハンガーのフックだけ外に出す

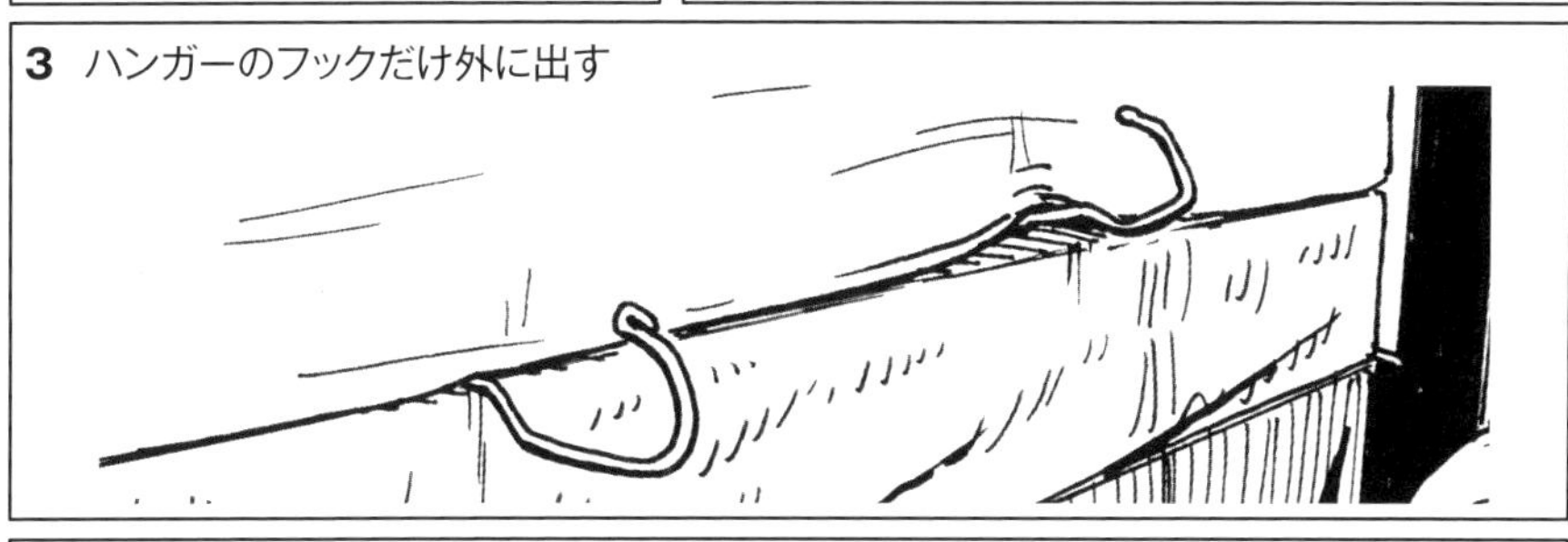

4　ライフルの長さに合わせてフックの間隔を調整する

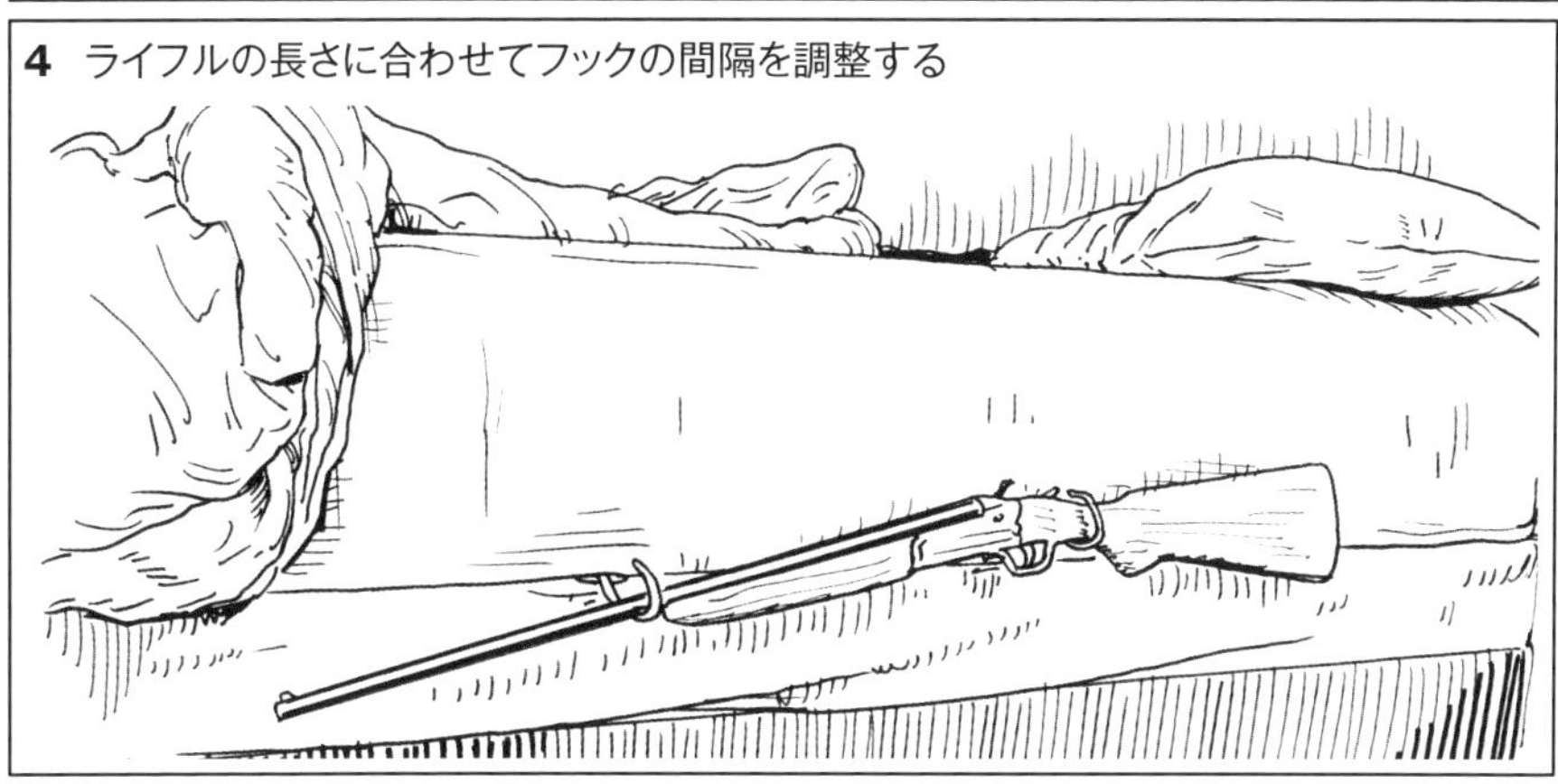

家に押し入られた場合

真夜中に不審者が家の敷地に侵入してきたら、まず電話で助けを求める。そのあとは助けを待つか祈る以外に何もできない。そう思ってはいないだろうか？

それは間違った思い込みである。下手をすると、不審者に危害を加えられたり、誘拐されたり、あるいはもっと深刻な事態が起きるかもしれない。

そうならないために、やるべきことがいくらでもあるのだ。ただし、それには日頃からの準備が欠かせない。

脱出計画を立てる

一番よくないのは、パニック状態で高度な判断を迫られることだ。「ああなったらこうする」とあらかじめシミュレーションしておけば、いざというときに直感に頼ることができるし、不意を突こうとする侵入者に一歩先んじることができる。

「脱出計画を立てて実行する」――というのは簡単だが、実践するのはそう簡単ではない。

まず家族全員に計画を周知徹底し、必要な練習をしておく。学校や職場で火事や地震の避難訓練を行なうのは当たり前になっているのだから、もっと大切な家庭の場で訓練を行なっても何らおかしいことはない。

さまざまな危機状況を想定し、家族の脱出経路と集合地点を決めて実際に歩いておこう。家から脱出したら近所の家に集まるのか、それとも公園に集合するのか。

誰かが玄関を蹴破ろうとしている場合は、どうするか。2階の窓から脱出するつもりなら、2階の部屋には携帯型の避難はしごを用意し、いざというときに家族全員が使えるよう練習しておこう。

脱出計画は、できるだけ速やかに家の敷地から離れられるものでなければならない。侵入者がグループなら、裏庭はすぐに包囲され、そこに逃げた家族が人質にされる恐れがある。したがって、裏庭は脱出経路には入れないこと。

万が一脱出できなかった場合、どの部屋に追い込まれることになるのか、あらかじめ予想す

1　準備（家族全員で楽しみながら行なう）

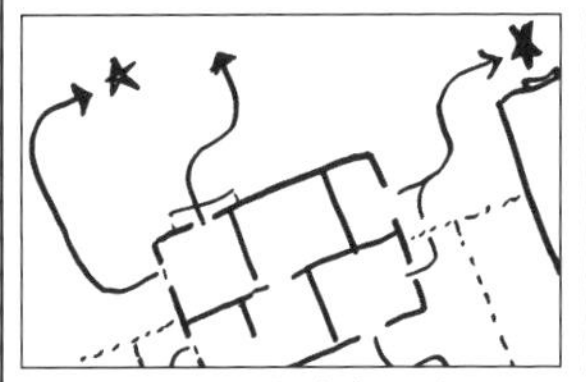

脱出経路と集合地点を決めて実際に歩いてみる

武器にするものを決めて隠しておく

連絡手段を用意しておく（携帯電話、車のキー、合い言葉）

脱出道具を隠す（全部屋に）

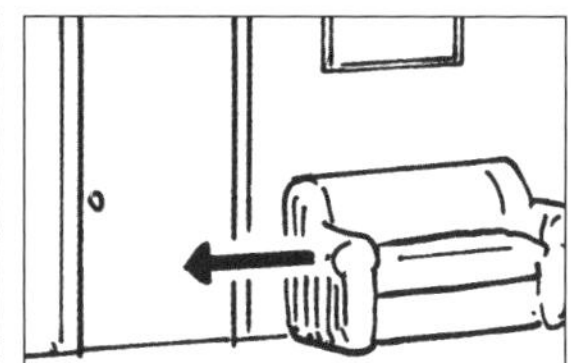

バリケードになるものの設置場所を決める

セーフルームを決める（クローゼット、地下）

2　対処（あわてず騒がず）

電気は消しておく（侵入者より家の中に詳しいので歩き回れる）

警察に電話する（小声で）

警報ボタンを押す（家の防犯アラームなど）

武器として懐中電灯を使う

集合地点に逃げる

るのは不可能だ。そこで、家じゅうに武器になるものを備えておく必要がある。

銃火器の保管については法律に基づく安全規制を守らなければならないが、野球のバットや漂白剤入りのスプレーなら家のどこにでも置いておける。アーミーナイフやカミソリといった脱出道具も同様だ。

携帯電話の充電を怠らず、夜中でも手の届くところに置いておこう。いっそのこと、緊急事態に備えてベッドサイドを即応態勢に整えておくのもいい（１２０ページ参照）。

寝るときは必ず、車のキーを手の届くところに置く。こうしておけば、急いで逃げなければならなくなったときに便利だ。

最新のホームセキュリティーに加入しているのなら、そのアプリを必ず携帯電話に入れておこう。セキュリティーサービスの操作パネルを押すために家の中をうろつかなくても、アプリからアラームを鳴らすことができる。

暗い中でもすぐに家族同士で連携がとれるように、合い言葉やサインをあらかじめ決めておこう。そうすれば、侵入者が来る前に廊下を通って逃げられる。

各部屋のソファー、ドレッサー、本棚など、バリケードに使えそうなものを把握しておこう。これで助けが来るのを待つか、脱出に必要な時間を稼ぐことができる。

セーフルーム（緊急避難部屋）にはデッドボルト式の錠前を取りつけて、鍵がない者は入れないようにし、中には食料、水、隠し武器を備えておく。各部屋の出入口の錠前を破られにくくする対策については、１１４ページを参照してほしい。

脱出計画を忘れないように、年に一度は家族で訓練を行なうようにしよう。

危機に対応する

緊急事態が起こったら、電気は消しておく。何か異変があるとつい反射的に電気をつけてしまうが、それは侵入者が家の中を探すのを助けるだけで、危険である。

家族のほうが侵入者よりも家の間取りを詳し

く知っているのだから、電気を消して侵入者を不利な立場にしよう。必要なら、懐中電灯を使って各部屋を照らして捜索し、安全を確認する（130ページ参照）。

できるだけ早く警察に電話して警報を鳴らす。脱出計画を行動に移す際は武器を携帯すること。

こういうとき懐中電灯は便利だ。相手の目を一時的にくらませたり、頭を殴ったりなどさまざまな使い方ができる（122ページ参照）。

このように、どこの家にもある何でもないものの中には、緊急時に防御や攻撃に使えるものが少なくない。そういうものを見落とさないようにしよう。

電気コードは、侵入者を拘束するのにも倒すのにも使える（134ページと180ページ参照）。台所のナイフは、斬りつけたり刺したりするのに格好の武器だ。ガラス瓶があれば、相手の頭に思いっきり叩きつければいい。

素手でも武装した相手に対抗する手段はある。特に誰かと連携して動けるのなら、侵入者を不意打ちして武器を奪うことも可能だ（162ページ参照）。

念を押しておくが、家に押し入られた場合の最優先事項は、自分と愛する家族を安全な場所へ逃がすことだ。侵入者にダメージを与えて動けなくしたら、とにかく急いで脱出する。

侵入者に追い詰められたり、ほかに手段がなくなった場合は別だが、戦うのはあくまで最後の手段である、手荒いことは警察に任せ、一刻も早く家族を安全なところへ逃がすのに専念しよう。

「コンバットクリア」で安全を確認する

一般市民の大半は、夜中に怪しい物音がしたら家の電気を一斉につけてしまう。だが実際は、電気をつけないほうが侵入者に対して優位に立てるのだ。

家の中の安全を確かめるには、兵士やボディーガードが使う「コンバットクリア(戦闘制圧)」というテクニックに従う。侵入者より自分のほうが家の中をよく知っているのだから、暗がりで侵入者が転ぶことがあっても、自分は静かに素早く歩き回れるはずだ。

家に不審者が押し入ってきたと思われるとき、自分が武器を持っていないのなら、警察に電話して家を離れよう。家の中の安全を確認して回れるのは、武器を持っている場合だけだ。

その際は電気を消したままにし、周囲の光や懐中電灯を使って部屋を照らす。どうしても必要な場合は、ひと部屋ごとに電気をつける。

廊下の角に近づくときは、武器を握って壁づたいにゆっくりと静かに近づいていく。角に来たら、一歩ずつ弧を描くように角度をつけて横移動し、角の向こう側の安全確認を行なう(左図参照)。

これは「パイを切る」と呼ばれる軍隊のテクニックで、死角にいるかもしれない敵に姿を極力さらさずに、外から安全かつスピーディーに室内を調べられる。

このとき視線と銃口は常に同じ方向に向け、一歩移動するたびに視線と銃の照準を下から上へ動かして、敵の有無を確認する。

部屋の出入口の安全を確認する際も、「パイを切る」テクニックを使う。室内を確認できたら素早く中へ入り、すぐに横向きになって背中を壁に押しつけ、ドアの左右の死角を確認する。

出入口は「死の漏斗(ろうと)」と呼ばれる。部屋に隠れている侵入者は、銃の狙いをそこに定めていることが多く、何も知らずに入ってきた人間を仕留めるのだ。だからこそ、出入口はできるだけ素早く安全を確認しなければならない。

部屋の安全確認が終わったら、ソファーやベッドの向こう側や、テーブルの下など物陰も忘れずに確認する。

1 やるべきことをすぐにやる

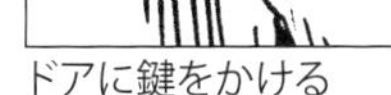

ドアに鍵をかける　電気を消す

武器を手に取る　警察に電話する

2 慎重に角の安全を確認する

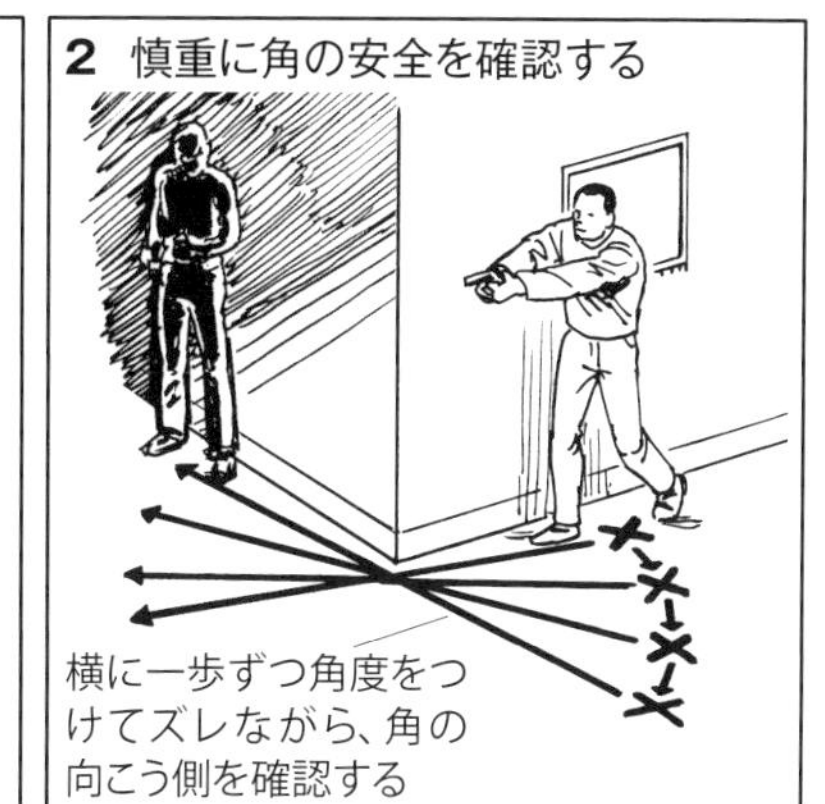

3 慎重に部屋の中を確認する

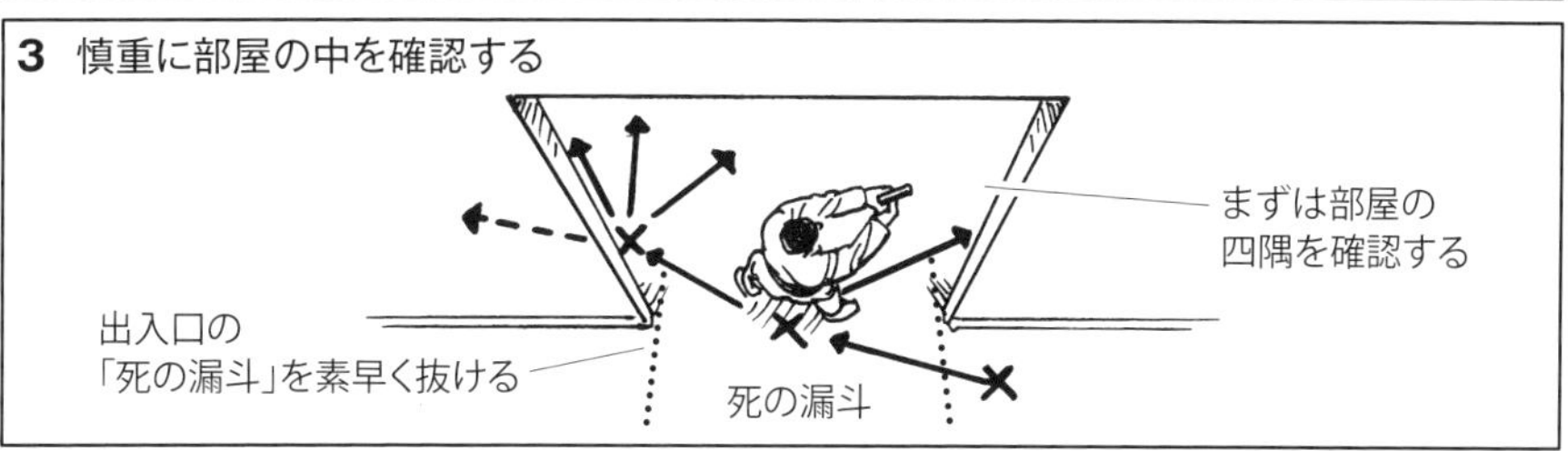

4 慎重に出入口を確認する

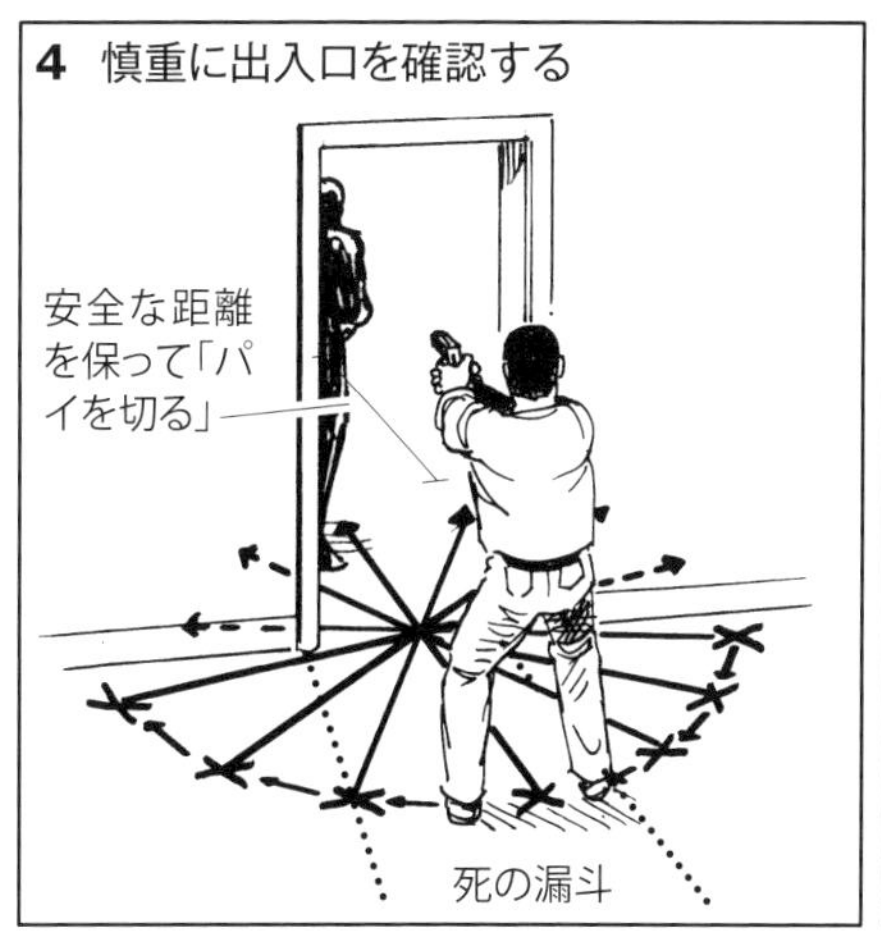

安全な距離を保って「パイを切る」
まずは部屋の四隅を確認する
出入口の「死の漏斗」を素早く抜ける
死の漏斗

5 慎重に物陰を確認する

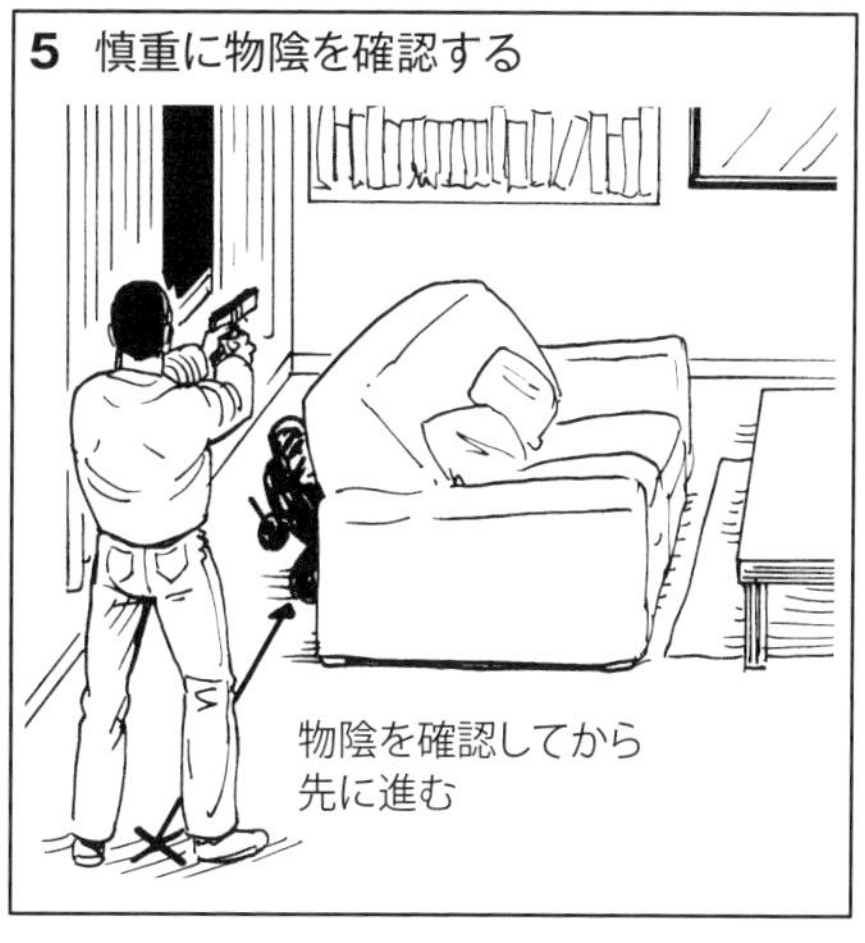

物陰を確認してから先に進む

不法侵入者を服従させる

銃を所有している人の大半は、侵入者を敷地内で捕らえるのに銃で撃ったりしない。せいぜい威嚇(いかく)して動きを止めるだけである。

肝心なのはそのあとだ。とにかく、引き金を引かずに家族の安全を確保するのが最大の目的なのだから、警察が来るまで侵入者を服従させておく必要がある。そのために必要なのは銃だけではない。

しぐさや声のトーンでこちらの弱みを見せてしまうと、侵入者になめられて形勢を逆転される恐れがある。あなたの本来の性格がどうであろうと、ここは攻撃的な人間に徹しなければならない。

口で命令するときは、大きな声で直接的な表現を使い、荒々しく高圧的な態度をとる。「命令に従わないと痛めつけるぞ」という言葉が単なる脅しではないことを、口調でわからせなければならないのだ。

ただ銃口を侵入者に向けているだけではダメだ。立たせておくと侵入者と目が合い、相手に反撃のチャンスを与えることになる。

そこで、左図のように侵入者に命令してうつ伏せにさせるか、壁向きにひざまずかせて、目を合わせないようにする。どちらの姿勢もとっさに動けず、反撃しようとしてもかなり手間取ることになる。

また侵入者の顔をそらせておけば、警察に電話するとか、家族を部屋から逃がして外へ脱出させることができる。こちらの注意が侵入者以外に向いているときにも、反撃される心配がない。

〈注意〉

1人で侵入者を捜して武器を取り上げようとしてはならない。援護してくれる人間がいないかぎり、侵入者を拘束してはならない（134ページ参照）。以前に拘束した経験がないのなら、下手に動かず、警察が来るのを待とう。

1 常に安全な距離をとる
不審者に絶えず
銃を向ける
常に安全な
距離をとる
冷静さ
を保つ
引き金に指を
かけたままにする

2 伏せるように命じる
手を上げろ!
反対を向け!
伏せろ!
手を後ろに!
こっちを見るな!
足を組め!

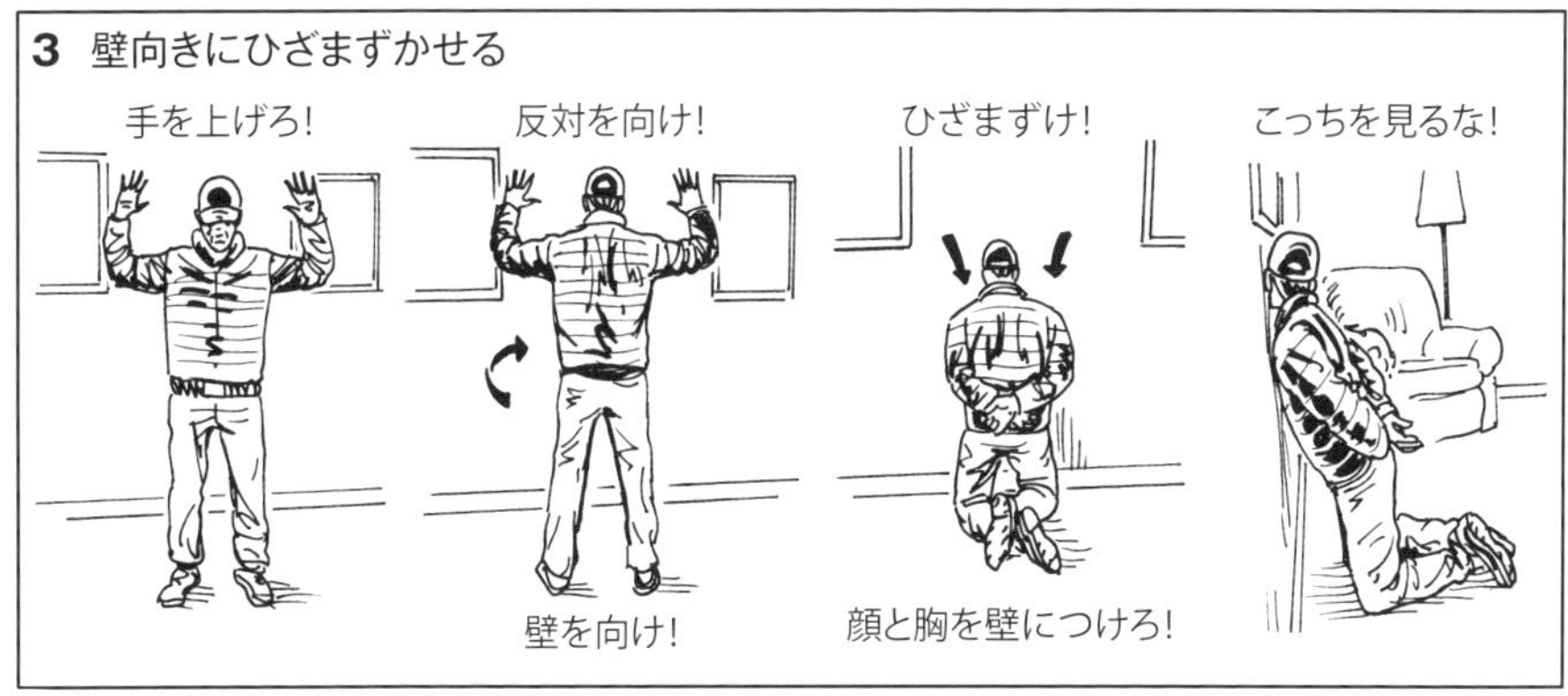
3 壁向きにひざまずかせる
手を上げろ!
反対を向け!
ひざまずけ!
こっちを見るな!
壁を向け!
顔と胸を壁につけろ!

即席の拘束具で捕らえる

不法侵入者の動きを止めることができたら（132ページ参照）、警察に電話して助けを待とう。

電話で助けを求められないとか、すぐに助けが来ないなら、無理をして犯罪者を拘束しようとしてはならない。

警備のプロとして訓練を受けているとか、すでに侵入者を失神させていないかぎり、1人で侵入者を拘束するのはやめたほうがいい。理想的なのは1人が武器を構え、もう1人が拘束具で侵入者を動けなくすることだ。

拘束具を使わなければならない状況になったら、必ず侵入者の両手を後ろ手に縛る。この姿勢だと、拘束具から抜け出すのが格段に難しくなる。

拘束具はできるだけきつく縛る。侵入者が苦しいかどうかなど知ったことではない。

脱出できるチャンスは徹底的に潰すこと。チャンスがあれば相手は絶対に利用するし、その過程で自分や家族が怪我をする恐れもある。

拘束具には、手錠やケーブルタイ（結束バンド）からパラコード（耐久性のある紐の一種）や電気コードまで、さまざまなものが使える。

2組ないし4組のケーブルタイをつないで、手首や肘の拘束具をつくることができる。これは、多くの警察で一時的な拘束具としてよく使われるものだ（136ページの図参照）。

調整可能な手錠をつくる

手錠やケーブルタイを用意できない場合もあるだろう。そんなとき丈夫な紐やパラコードが近くにあれば、それを使って137ページの図のように「勝手に締まっていく手錠」をつくることができる。

つくり方は、まず紐を2つ折りにして、人差し指にプルージック結び（ロープを結ぶときの結び方の一種）をつくる。指を抜いて、紐の両端を結び目に通す。そして結び目を締めると2つの輪ができるので、そこに侵入者の手首を入れ、紐の両端を引っ張って締める。

もっと素早く荒っぽい拘束方法もある。まずガース・ヒッチ（ひばり結び）で侵入者の両手首を紐で縛り、紐の両端を合わせて、そのまま相手の首に回す。そして、相手の両手が背中に上がって動かなくなるまで、紐の両端を引っ張る。

侵入者を歩き回らせるあいだ、紐の両端をしっかり握ったままでもいいし、侵入者の手首が下向きに押さえられるように、紐の両端を結んでもいい。

この拘束テクニックは、きわめて慎重を要する軍事作戦でも使われるもので、縛られた側が無理に解こうとすると、手、肩、首にひねりの力が加わる仕組みになっている。

紐やケーブルタイがなくても、ベルトやダクトテープなど、あり合わせのもので侵入者を拘束することも可能だ（136ページの図参照）。

いずれの場合でも、相手の手首をがっちり巻いたら、余ったベルトやテープを手首のあいだに縦に回し、縛りをきつく頑丈にして抜け出せないようにする。肘も縛っておくと、さらに有効だ。

〈注意〉

訓練を受けた護身術指導者の適切な監督の下でないかぎり、ガース・ヒッチによる拘束を試してはならない。この縛り方は、誤って首を絞めて窒息させてしまう恐れがある。

3 ケーブルタイで縛る

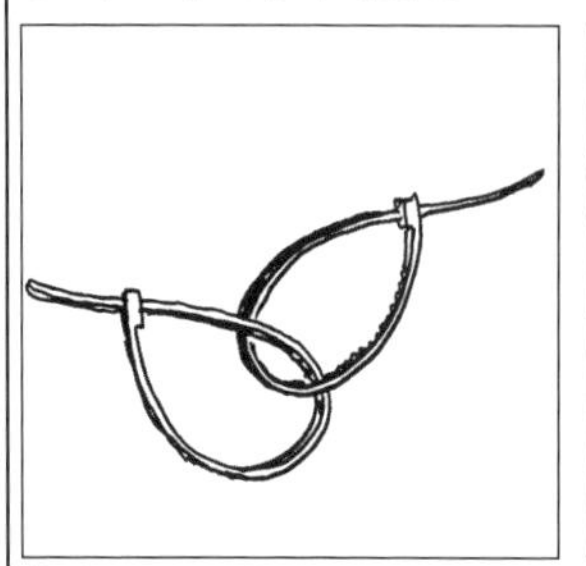

鎖状につながるように2つのケーブルタイでゆるい輪をつくる

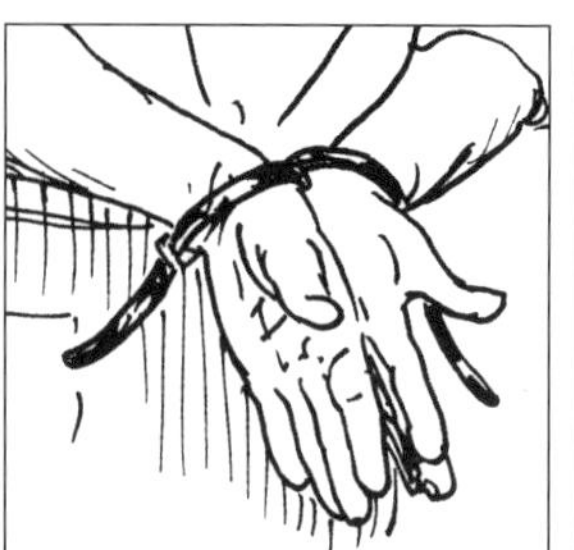

輪を手首にはめて両方のケーブルタイを締める（両手を背中で合わせる形で）

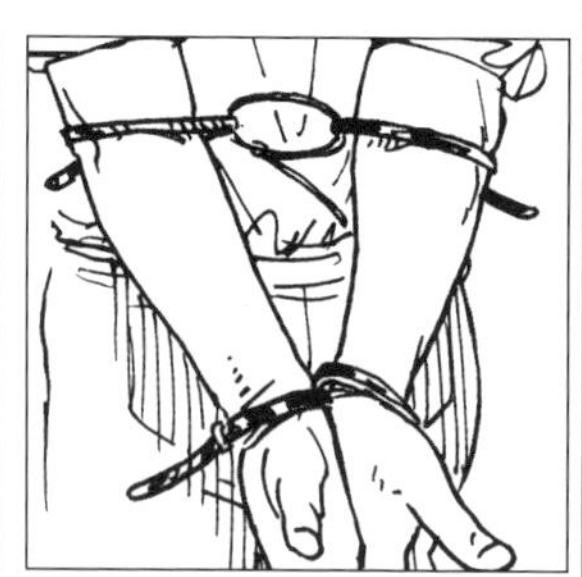

3つないし4つのケーブルタイを鎖状につないで両肘を入れて締める

4 ベルトやストラップで縛る

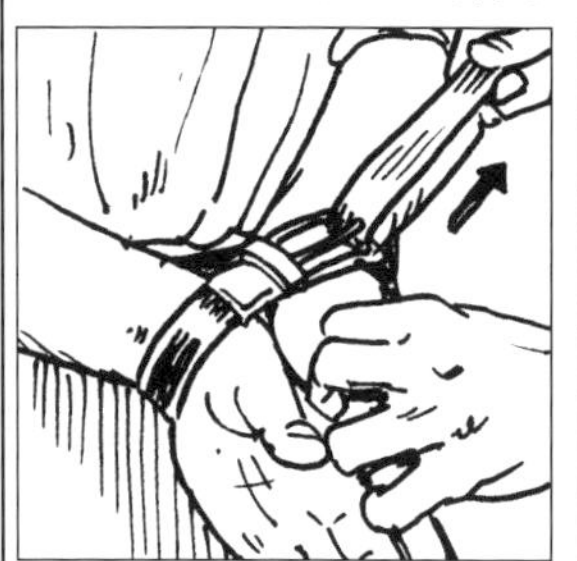

ベルトをバックルに通して輪をつくり、そこに両手首を入れてガース・ヒッチにする

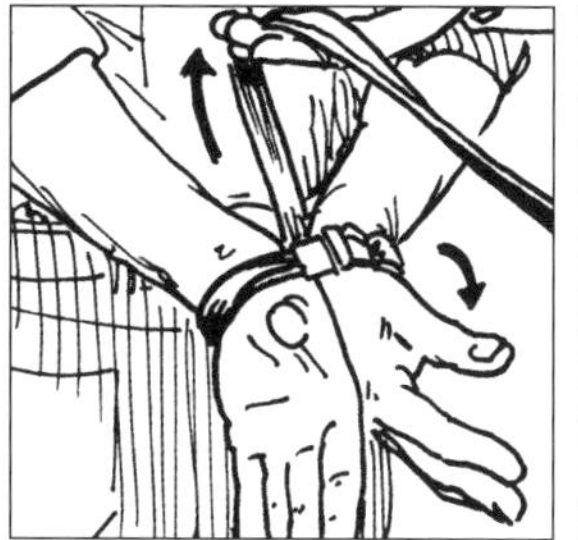

自由になるほうのベルトの端で両手首のあいだを縦にきつく縛る

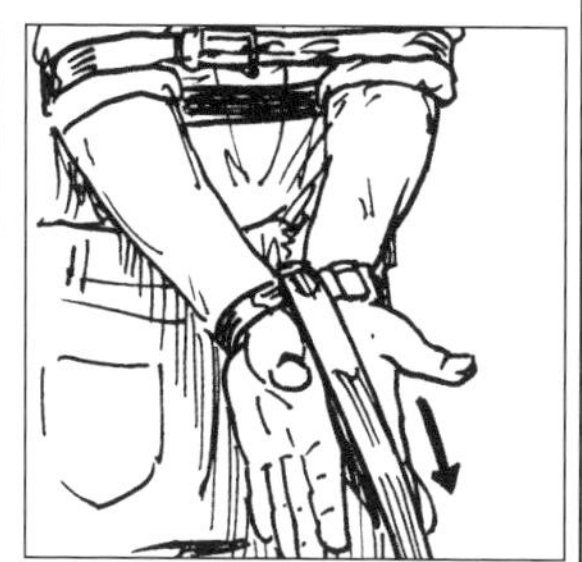

もうひとつのベルトで両肘をガース・ヒッチにする

5 ダクトテープで縛る

テープで両手首をきつくぐるぐる巻きにする（両手を背中で合わせる形で）

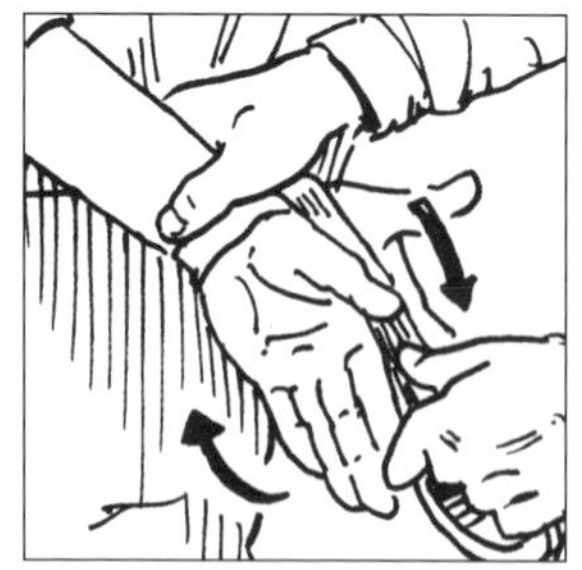

縦にきつくテープを数回巻く

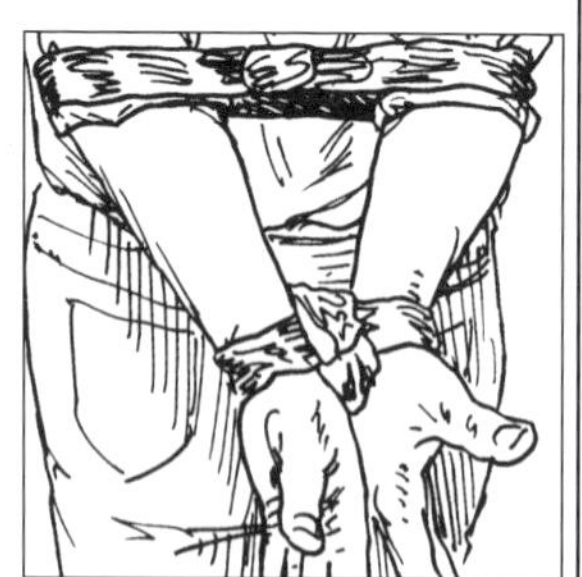

両肘をテープで巻く

1 調節可能な紐／パラコード製の手錠をつくる

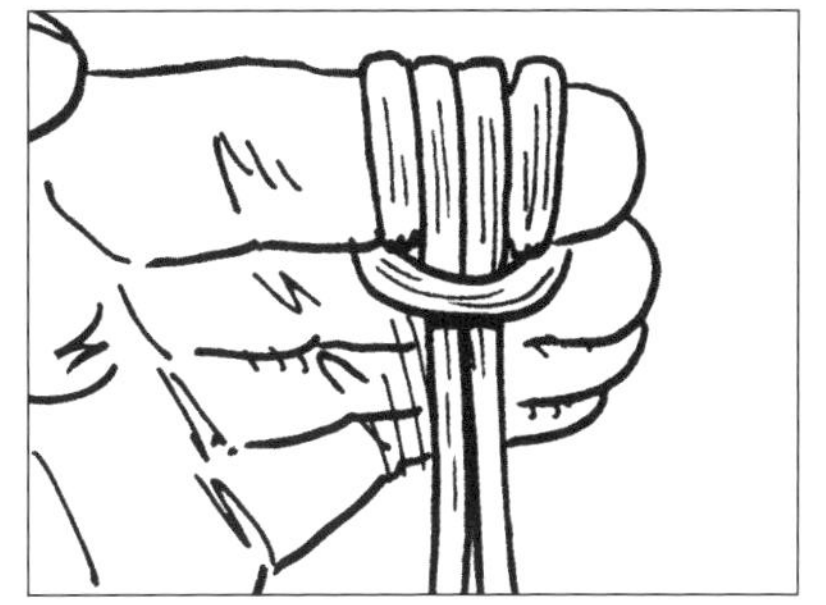

紐を2つ折りにして
人差し指にプルージック結びをつくる

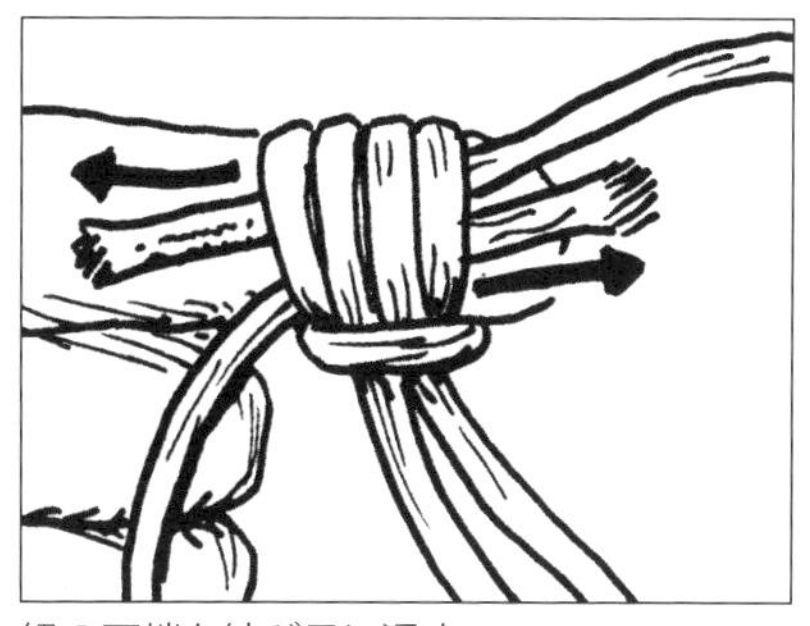

紐の両端を結び目に通す

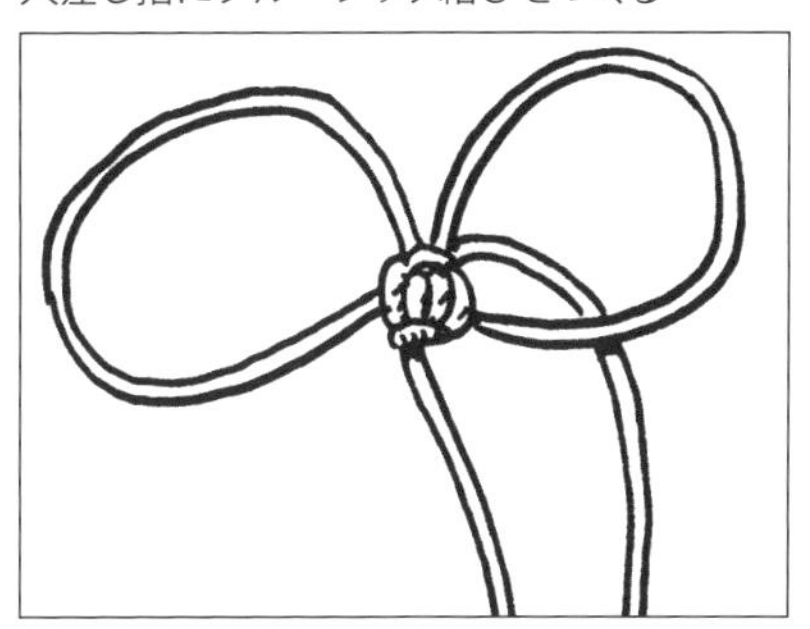

結び目を締めて2つの輪をつくる

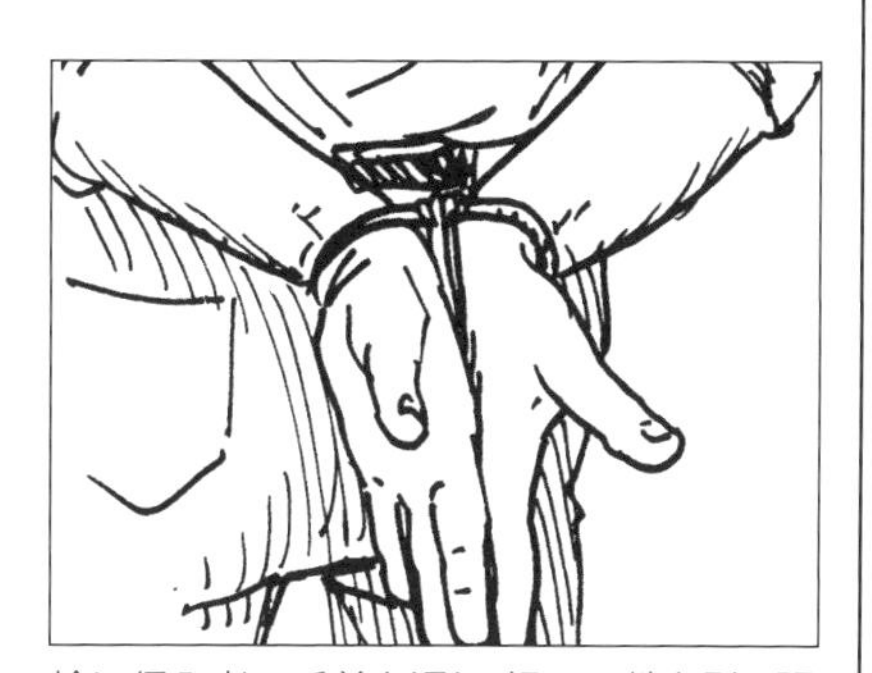

輪に侵入者の手首を通し、紐の両端を引っ張る（両手を背中で合わせる形で）

2 手首と首をガース・ヒッチ（ひばり結び）にする

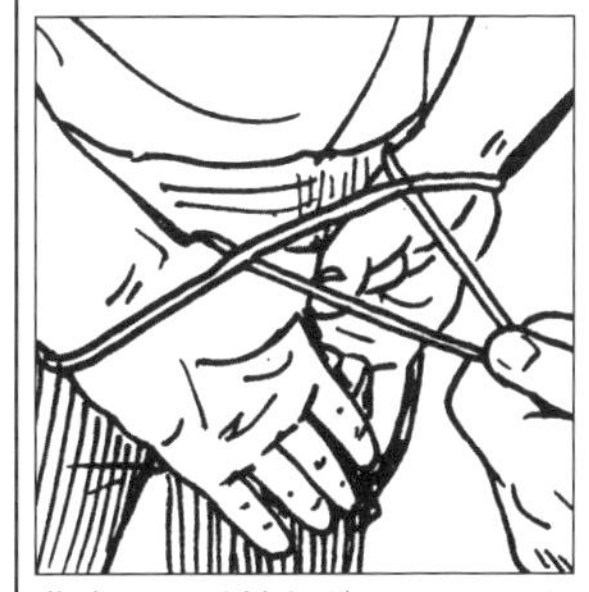

背中で両手首をガース・ヒッチで縛る

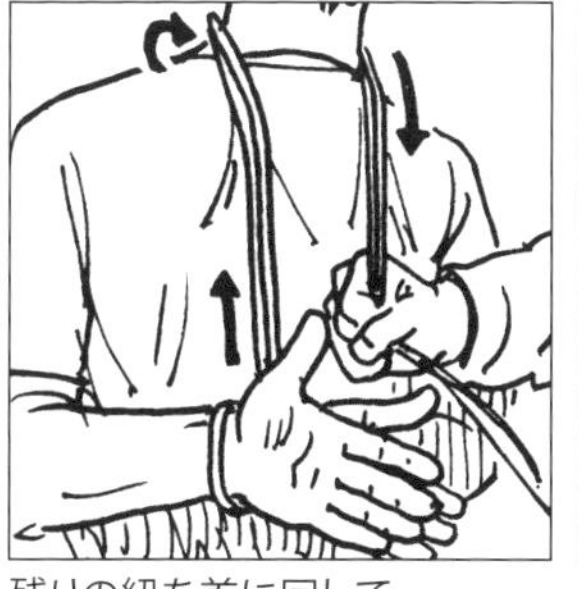

残りの紐を首に回して
背中に垂らす

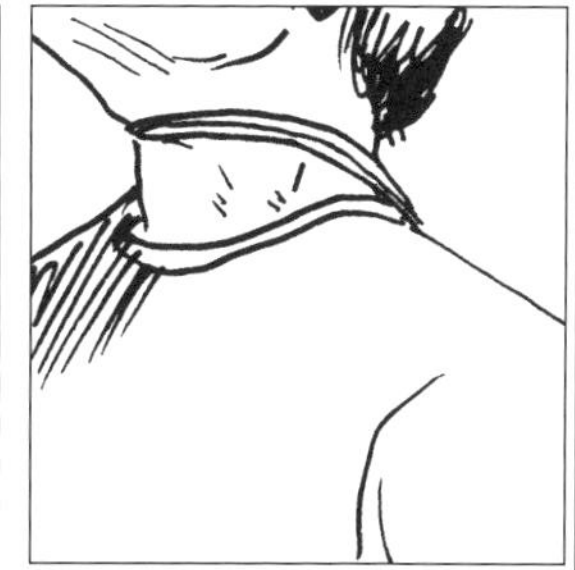

紐を引っ張って
侵入者をコントロールする

捕らえた相手を操る

侵入者の動きを止めたはいいが、仲間がいなくて、自分1人で相手を扱わなければならない場合もあるだろう。

そんなときは、これから説明するやり方に従って、できるだけ安全にことを運べるようにしよう。

すでに述べたとおり、侵入者はうつ伏せにして頭を横に向けさせ、両手は背中に組ませておく（左図参照）。

侵入者がいうとおりにしたら、静かに接近する。あくまでも、こちらの動きをさとられないよう静かに近づくこと。

相手の近くに来たら、しゃがんで両手首をつかみ、膝と向こうずねで相手の首と上背部を押さえる。

膝に体重をかけて相手の頭と上体の動きを封じ、起き上がれないようにする。

この姿勢は、自分の弱みを極力見せずに相手の自由を奪うので、相手が抵抗したとしても、すぐに立ち上がって武器をつかむことができる。

拘束した侵入者を別の場所へ移さなければならないときは、アームバーという技を使って頭をロックし、相手の自由を奪う。

アームバーのやり方はこうだ。相手の肘から首に向けて前腕を入れ、相手の腕を挟むように自分の腕をくの字に曲げて、襟首の後ろをつかんで立ち上がらせる。このとき、相手に協力するよう命じる。そして、腕をテコの支点のように使って、自分が向かいたい方向に相手を誘導する。

この方法なら片腕で相手を操れるので、もう一方の腕でドアを開けたり、武器を持ったりもできる。

1 接近して拘束具で縛る

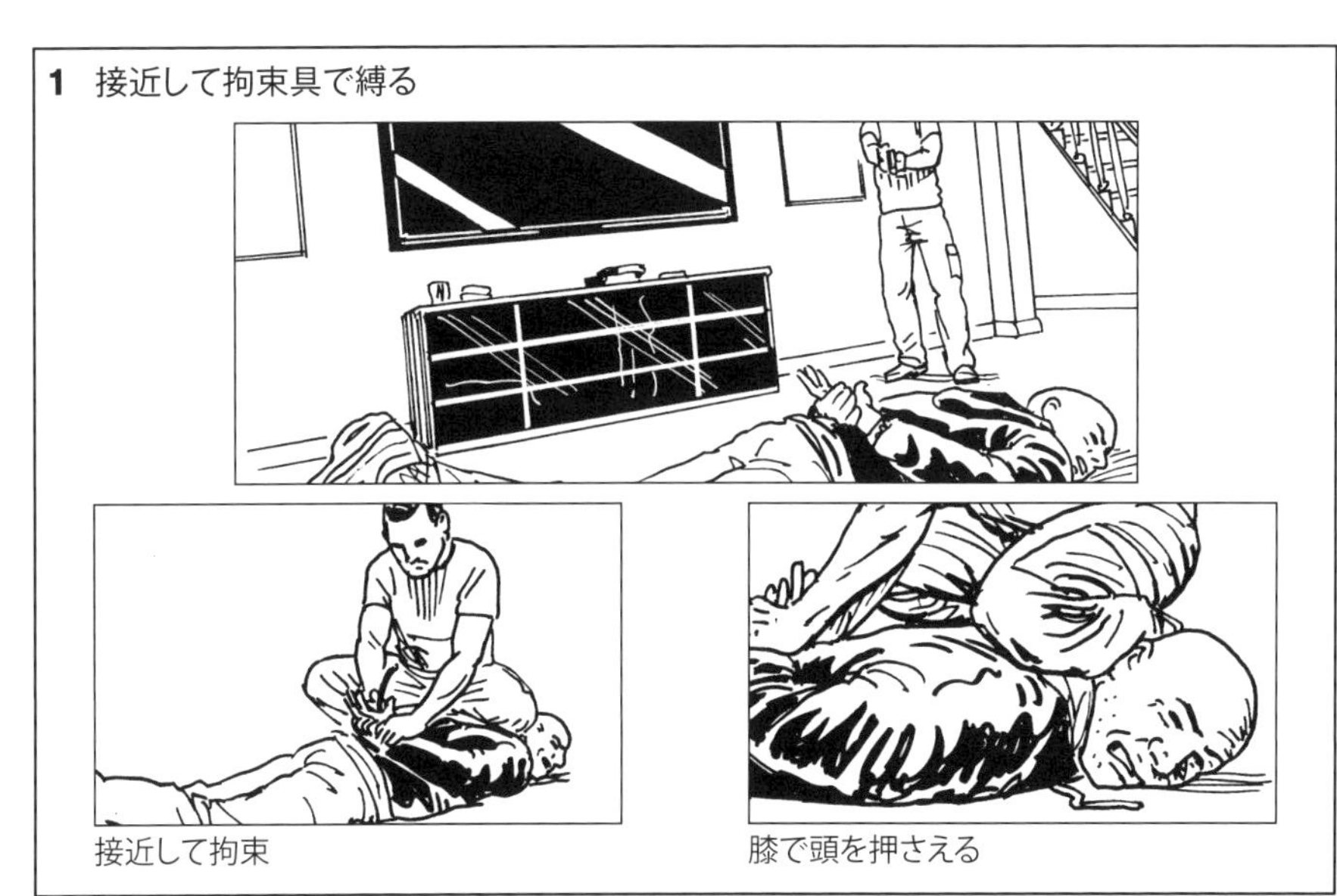

接近して拘束　　　膝で頭を押さえる

2 アームバー(アームロック)を使って侵入者を移動させる

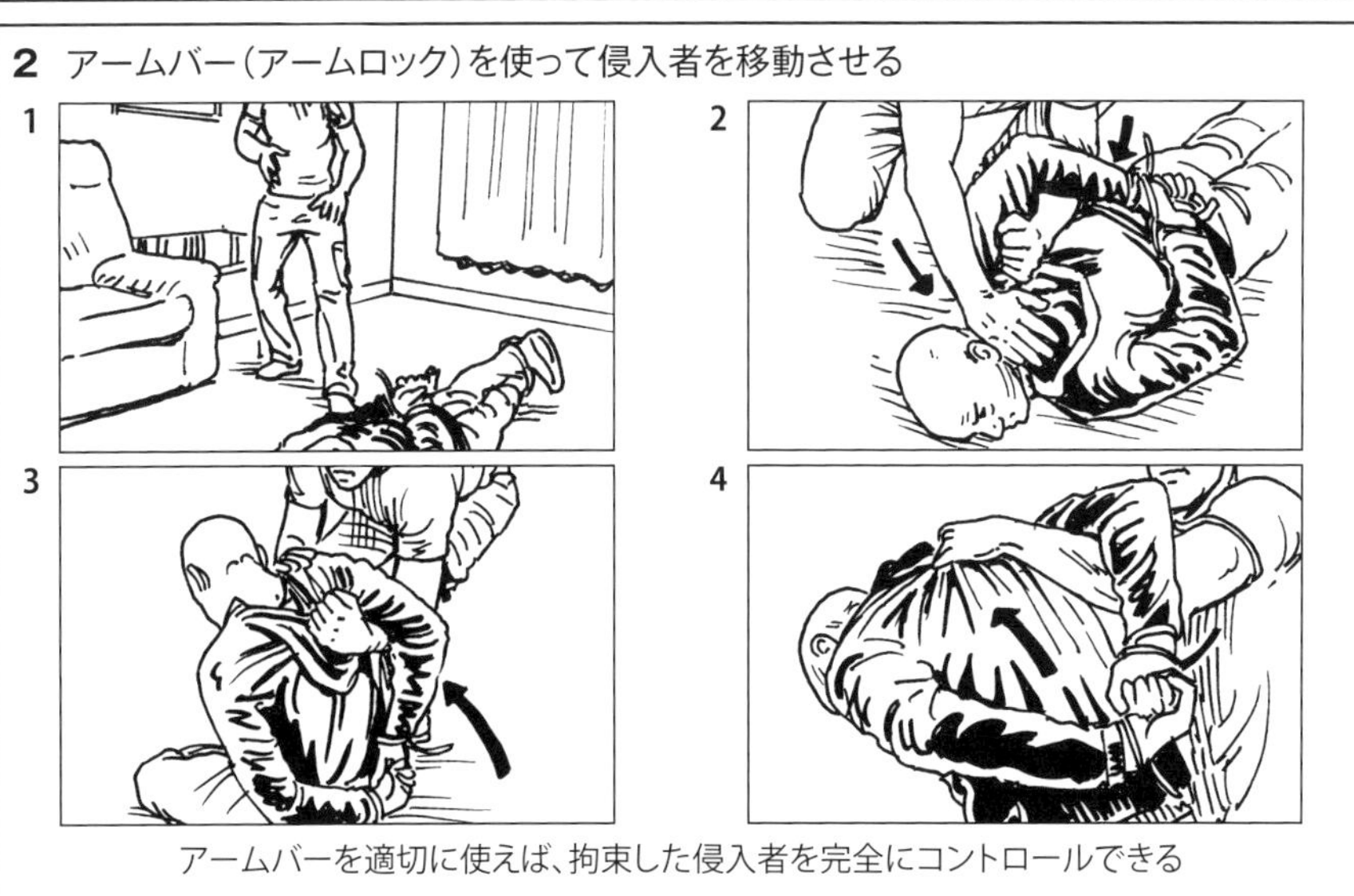

アームバーを適切に使えば、拘束した侵入者を完全にコントロールできる

カージャックから逃れる

追い詰められた逃亡者は、しばしばカージャックに走る。そして、そのまま「特急誘拐」が始まることもある（172ページ参照）。

特急誘拐とは一種の拉致で、犯人は被害者にATMからATMへと車を運転させて何度も現金を引き出させ、当面の身代金をせしめるというものだ。

犯人の最終目的が何であれ、自分の車の中で人質にされるのは最悪である。武器を持った犯人が車に乗り込んでくる前に、車を明け渡すか逃げ出すことを試みよう。

もっといいのは、「自己認識」と「状況認識」を働かせて、カージャックの被害に遭う可能性そのものを減らすことだ。

自己認識——自分がどう見られているかを十分に認識して、街なかで目立つのを極力避けること。旅行中は派手な車を借りるのは控え、現地をよく走っている車に一番うまく紛れ込めそうなものを選ぼう。

状況認識——周囲の潜在的な脅威に注意すること。不安定な地域を通るときは、特に状況認識を研ぎ澄ます必要がある。

運転中の安全に気を配る

走行しているときも、信号で止まっているときも、常に前方の車との車間距離をとること。できれば、車の全長分くらいの距離をとって、緊急事態が起こったらただちに脱出できるスペースを確保しておく。

運転中は常にドアをロックしておこう。そして、周囲に注意を払うこと。特に停止するときには気をつける。

赤信号で携帯電話をいじりたいという誘惑に負けてはならない。これは、最も危ないタイミングで自らを無防備にする危険な行為だ。信号で止まっているドライバーこそ、カージャック犯が手ぐすねを引いて待っている絶好の獲物なのである。

ドライブスルーのATMを使うときも、ドアはロックし、ギアはドライブに入れたままにしておく。現金を引き出したらただちに車を発進

1 乗車中(車に乗っているとき)

常に逃げ道を考えておく

常にギアをドライブに入れておく

武器をダッシュボードに押しつける

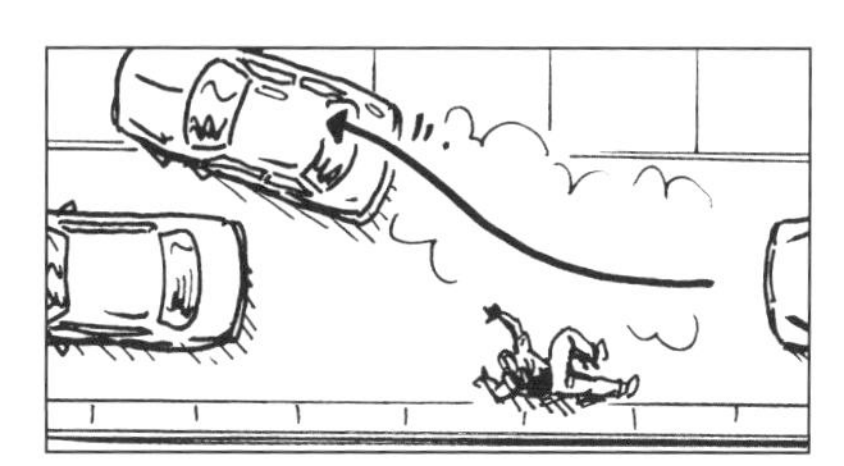

アクセル全開! とにかく逃げろ!

2 降車中(車の外に出ているとき)

周りに注意し、携帯電話の使用は控える

車から遠くへキーを放り投げる

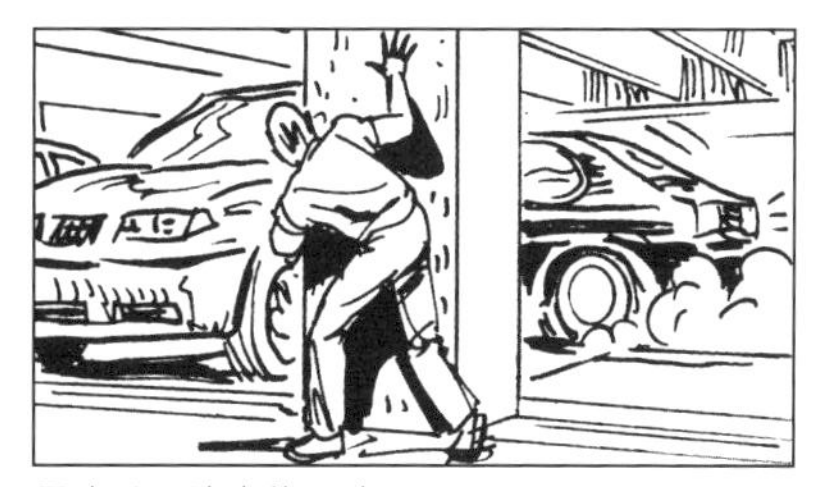

最寄りの障害物に走る

*アメリカは右側通行なので、日本なら左側

させ、車の中で現金を数えたりしない。

ＡＴＭ機を操作するときは、危険な場面がいっぱいだ。ＡＴＭ機は何度か入力を求めてくるので、そのあいだは集中しなければならず、周囲への注意が散漫になる。狩り場をうろつく手練れの強盗にとって絶好のカモである。

入力と入力のあいだに素早く状況認識を行なうことで、周囲の状況を見失わないようにしよう。駐車場をうろうろしている男がこちらに向かってこないか、後ろに誰かいないか、よく確認すること。

反撃する

万が一カージャック犯に不意を突かれて襲われた場合、車を明け渡すだけですむならそうしよう。だが後部座席に子供が乗っていたら、車を明け渡すのはかえって危険だ。カージャック犯に助手席に移るように命じられたら、素直に従ったほうがいい。

こうなってはもう手も足も出ないか？　いや、あきらめるのはまだ早い。

物騒な武器を持っているのは、目の前のカージャック犯だけではない。自分が乗っている車も、一瞬にして２トン近い護身用武器に変わるのだ。

使いようによっては、自動車は自分を安全な場所まで運んでくれる脱出用車両になる。そして、カージャック犯を行動不能にする強力な武器にもなる。

カージャック犯が武器を持った手を車内に入れてきた場合、最善の対処法はこうだ。

「降参しました」と両手を上げる……と見せかけて、相手の武器を思いっきり引っ張り込んでダッシュボードに押しつけ、アクセルを目いっぱい踏み込む。

カージャック犯はまさかそんな反応をするとは思っていないから、「車に引きずられてはまずい」ととっさに武器を手放すか、両手を抜くだろう。

そうしたら猛スピードで逃げる。交通ルールはどうでもいい。通常なら黄色のセンターラインを越えてはいけないし、縁石や中央分離帯を走ってもいけない。

だが、カージャック犯がすでに車内に侵入していたり、猛スピードで接近している場合は、なりふり構ってはいけない。

不審者に気をつける

自宅のガレージや駐車場に置いた車へ戻るときは、携帯電話を控えて、状況認識をいつもの倍にする。ガレージや駐車場は、カージャックや暴力的な犯罪が頻繁に起こる場所だ。

不審者が家の周りをうろついていたり、駐車している車の中に座っているのを見たら、きびすを返して、来た道を急いで歩いて戻ろう。


もしそれに気づかず、カージャック犯に襲われて車のキーを要求されたとしても、素直に渡してはならない。それでは相手の思うツボだ。こんなときは、車から遠くへキーを放り投げるといい。

放り投げたキーにカージャック犯が向かえばしめたものだ。そのすきに走って逃げよう。そして、一番近くにある障害物や物陰に走り込む。できれば、銃弾を止められる高密度なコンクリート製の柱が望ましい。物陰から物陰へ走って逃げるときは、犯人から目を離してはならない。

もし犯人が放り投げたキーに向かわず、自分のほうへ向かってきたら、車を渡そうが渡すまいが、最初から痛めつけるのが狙いだったのかもしれない。そんな場合の護身術については１６２ページ、１７４ページ、１８０ページを参照してほしい。

車のロックを解除する

誤って車の中にキーを置いたまま鍵をかけてしまっても、乗っていたのが自分だけならうっかりミスですむだろう。しかし、車の中に赤ん坊やペットが乗ったままだと、うっかりミスではすまされない。

即座にミスを回収する方法がある。特に旧式の車で、昔ながらのプルアップ式のロックなら、外からロックノブを引っ張ることで、簡単に解除することができる。必要なのは靴紐1本だけだ（左図参照）。

まず、ドアガラス上部とドアフレームのすき間に靴紐を通す。この作業で一番難しいのは、フレーム上部に巡らされたゴム製のウエザーストリップに靴紐を通すところだが、車が古ければシールはゆるくなっているので、何とかなるだろう。

逆に新しい車はウエザーストリップがきつく、ロック機構も新しくなっていて、解除に手こずることになる。

そこで、ワイヤアンテナやハンガーを曲げてフックをつくり、これを車内に入れて「物取り棒」のように使う。コツを要するが、鍵を拾い上げたり、ドアロックボタンを解除に切り替えることも可能だ。

場合によっては、車内に道具を入れる前に、くさびを差し込んでドアとフレームのすき間をつくる必要があるかもしれない。ドアヒンジから一番遠い、ドアの右上角（左ドアの場合）が一番差し込みやすいポイントだ。

くさびには木製のドア止めなど硬いものを使い、くさびの尖ったほうをドアとフレームのあいだにねじ込む。

それでもうまくいかないときは、靴のようなやわらかいものを揺らしながらあいだに差し込み、ウエザーストリップにもうひとつすき間を空けるとよい。

1 靴紐を使う

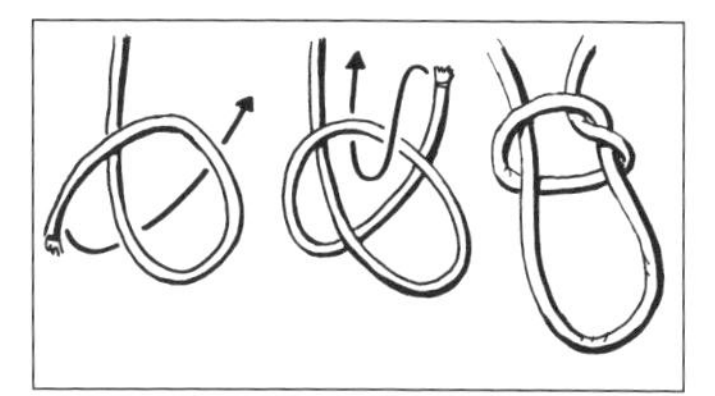

スリップ・ノット（引き解け結び）をつくる

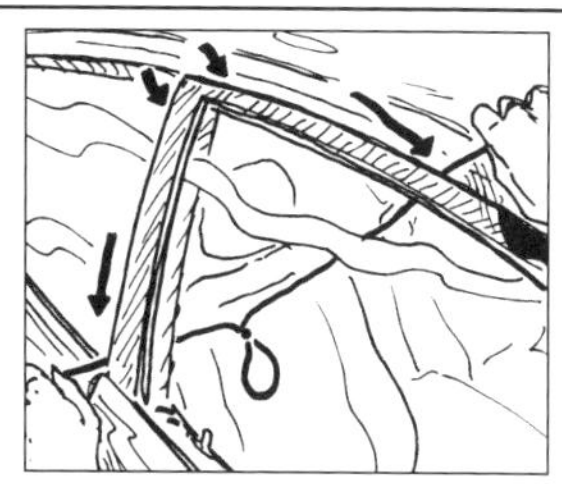

結び目と靴紐を揺らしながら車内に入れていく

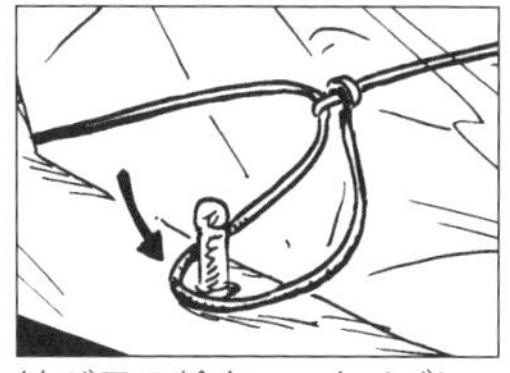

結び目の輪をロックノブにかける

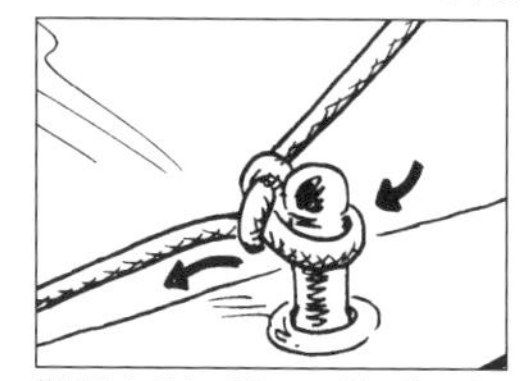

靴紐を引っ張って結び目を締め、ロックノブと結ぶ

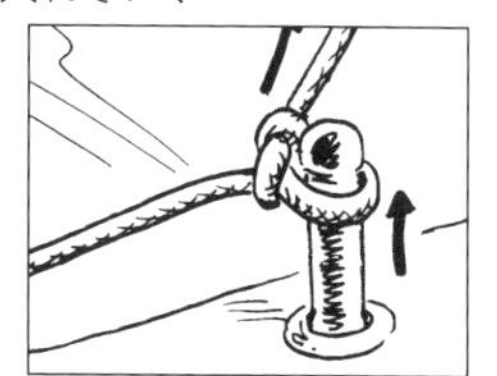

靴紐を引っ張り上げてロックを解除する

2 ハンガー、ドア止め、靴を使う

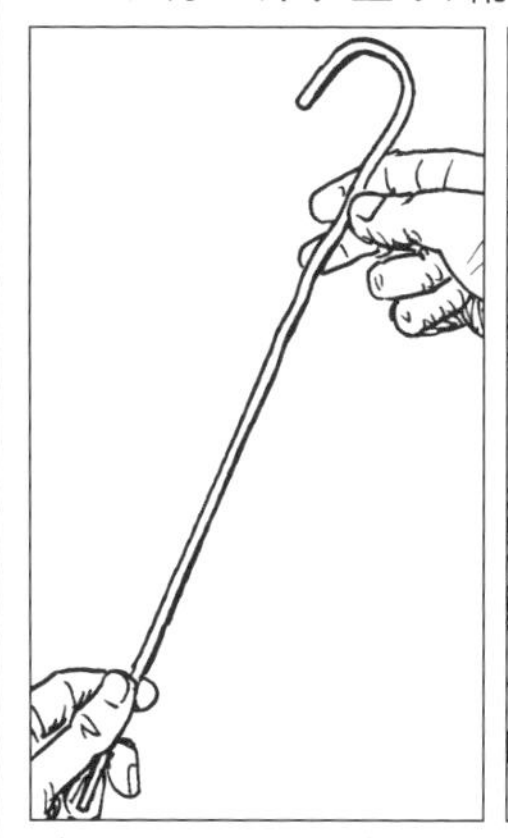

引っかけるところだけを残して、ハンガーを真っ直ぐに伸ばす。靴を脱ぐ

くさび形のドア止めを差し込んで、ドアフレームとドアのあいだにすき間をつくる

空けたすき間が閉じないように靴を差し込んでくびきにし、ハンガーをすき間から車内へ入れて、鍵を拾うかロック解除ボタンを押す

PART 5
SECURING PUBLIC SPACES

公共の場でのトラブル

即席のドアクローザーロックをつくる

レストランや映画館といった商業施設の大半は、火事などの緊急事態が起こった際に多くの人間がすぐに逃げられるよう、出入口が外開きドアになっている。

だが、その緊急事態が外部からくる場合は、外開きが仇（あだ）になる。例えば、武装した犯罪者が建物に押し入ろうとしているとき、ドアを開けられないように障害物を置いても、外開きでは役に立たないのだ。

それでも、ドアが開かないようにすることはできる。ベルトやバッグのショルダーストラップ、長いロープ、紐をドアクローザーに巻き付けて固定するのだ。

まず、周りの人からベルトやショルダーストラップを集める。できればバックルの付いたものがよい。バックルがあれば、回転力をつけたり、締めつけを強くしたりできる。

ベルトを巻く位置はドアに近い部分にする。ドアクローザーのアームがつくる三角形の、先端でなく基部のほうだ。

張りを高めるために、ベルトの上からショルダーストラップを何度も巻く。ほどけないようにストラップをバックルに通して折り返すか、ストラップの残りを根元に巻いて中に挟み込み、外れないようにする。

この即席ストッパーで侵入者をずっと食い止めるのは無理かもしれないが、警察が到着するまでの時間稼ぎにはなるだろう。

ドアを開かないようにしたら、物陰をつたって安全なところや侵入者から見えないところまで移動する。隠れる場所を選ぶとき、逃げ場がないところは避けるようにする。できれば、複数の脱出先があるところがよい。

1人で集団から離れてはならない。集団は2～3人のチームに分けるか、1カ所に集める。侵入者と戦う際のチーム編成については、162ページや182ページを参照してほしい。

1 ハンドバッグやメッセンジャーバッグのショルダーストラップ、またはベルトを集める

2 ドアクローザーに付いているアームの先端でなくドア側の基部にベルトやショルダーストラップを巻く。バックルが付いていれば、回転力をつけたり、締めつけを強くしたりできる

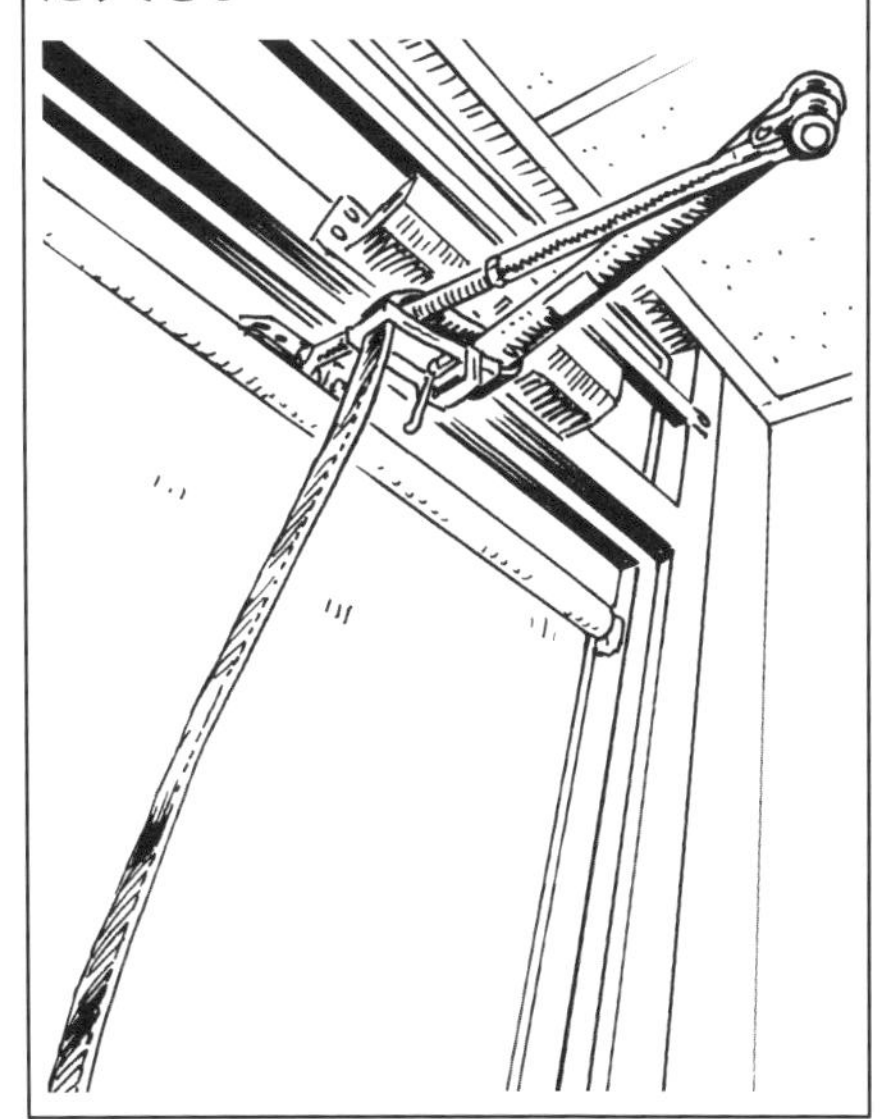

3 アームにきつく巻いたら、ベルトやショルダーストラップの残りを根元に巻いて中に挟み込み、外れないようにする

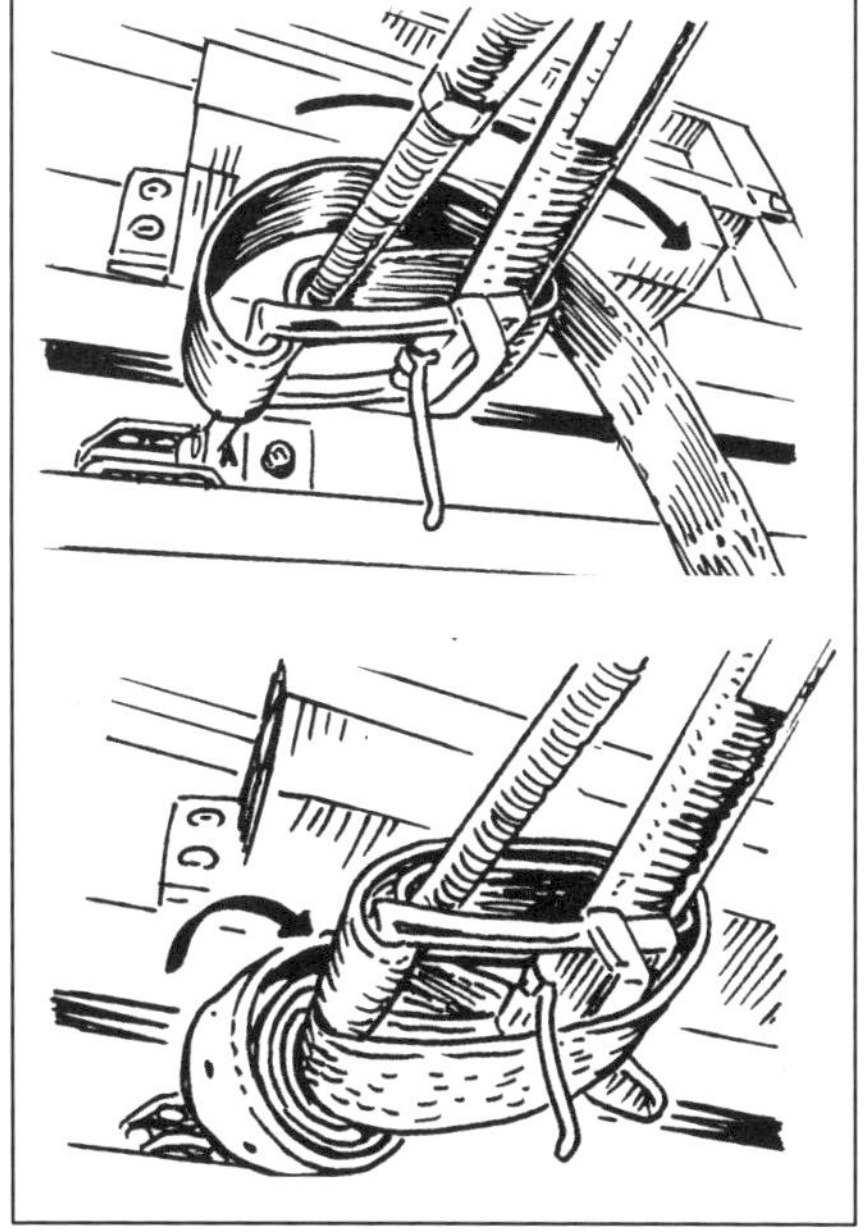

内開きドアを封鎖する

武装した危険人物が家や職場の周りに侵入してきた場合、まずは脱出を試みることだ。だが、状況的に脱出が間に合わないなら、家を封鎖する方針に変える。

封鎖するときは、錠前だけに頼ってはいけない。ロックやヒンジ（ちょうつがい）は銃で撃ち抜けるし、ドアも壊すことができる。ドアが開かないように、次の方法で守りを固めよう。

デッドボルト錠（かんぬき錠）を取りつける

事が起こる前にホームセンターで買えるものを使って、ちょっとした工作でドアを開かないようにしよう。

方法は2つある。ひとつは、4つのデッドボルト錠をドアの意外なところ、つまり一番上のヒンジと中間のヒンジのすぐ下に取りつける方法だ。反対側も含めて左右両側にひとつずつ、計4つを正方形になるように取りつけることで、ドアを閉じる力が何倍にもなる。

もうひとつは、大型のアイボルト（頭が輪になったネジ）を取りつけ、2本の丸鋼（スチール製の丸い棒）をかんぬきとしてドア枠に渡し、ドアを破ろうとする力を分散させる方法である。

どちらの方法もドアの外側からは見えず、外側から見える錠前やヒンジを撃って壊しても、ドア全体の構造が保たれるので、容易には破られない。

どれだけドアが耐えられるかはドアや壁の強度によるが、こうして内側から金物を取りつけることで、ドアは格段に破られにくくなる。

ドアにくさびを差し込む

あらかじめ予防措置をとっていなかったとしても、切羽詰まった段階でできることがある。

例えば、ドアにくさびを差し込むこと。ドアストッパーのほかにも、先が徐々に細くなった形状のもの（ちりとりや長いハサミなど）なら何でも、ドアのすき間に差し込むことができる。こうしておけば、侵入者がドアを強く押せば押すほど、くさびがきつく締まっていく。

ドアをバリケードで封鎖するのもよい。重い家具をドアに立て掛けることによって、少しでも侵入を遅らせることができる。

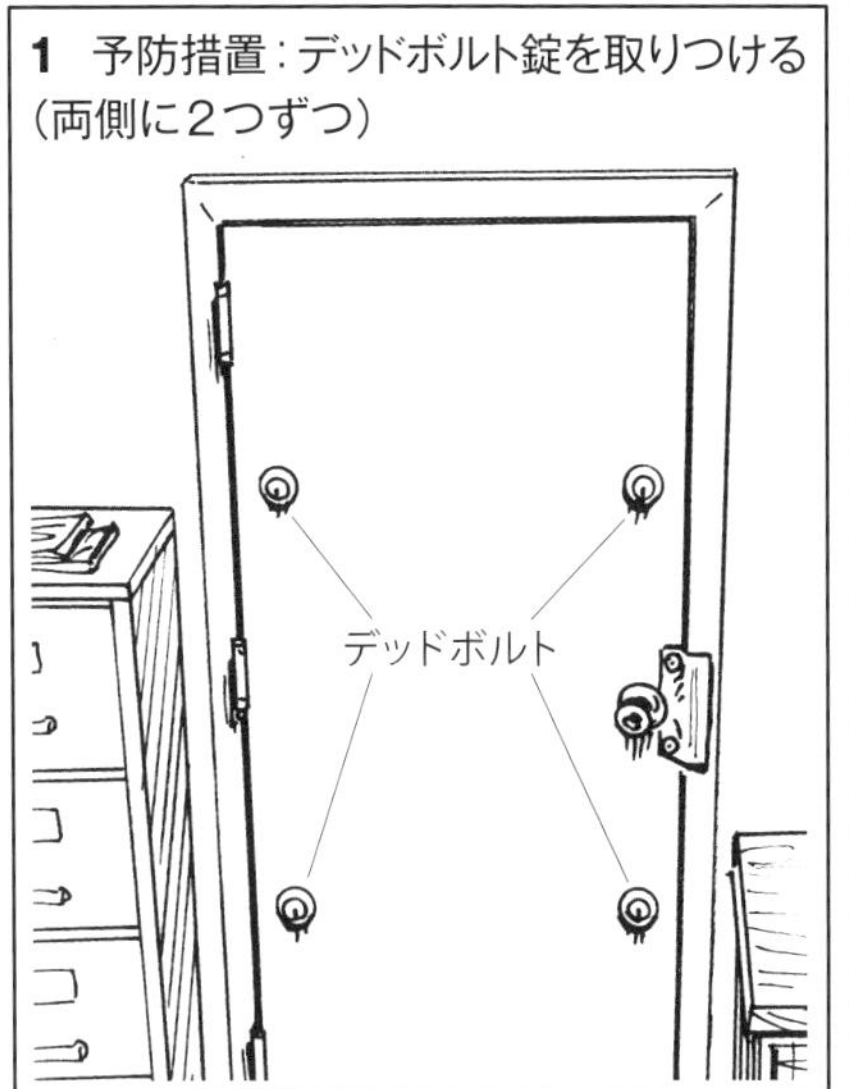
1　予防措置：デッドボルト錠を取りつける（両側に2つずつ）
デッドボルト

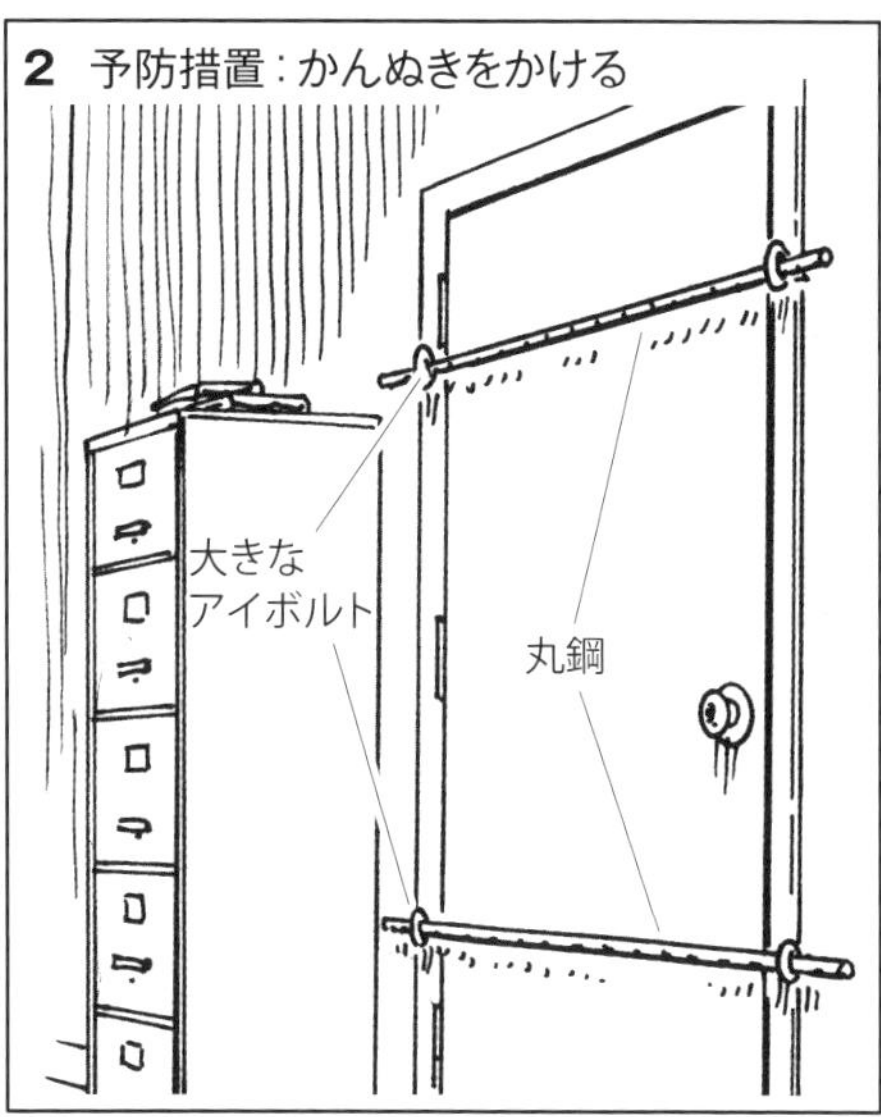
2　予防措置：かんぬきをかける
大きなアイボルト
丸鋼

3　応急措置：くさびを差し込む

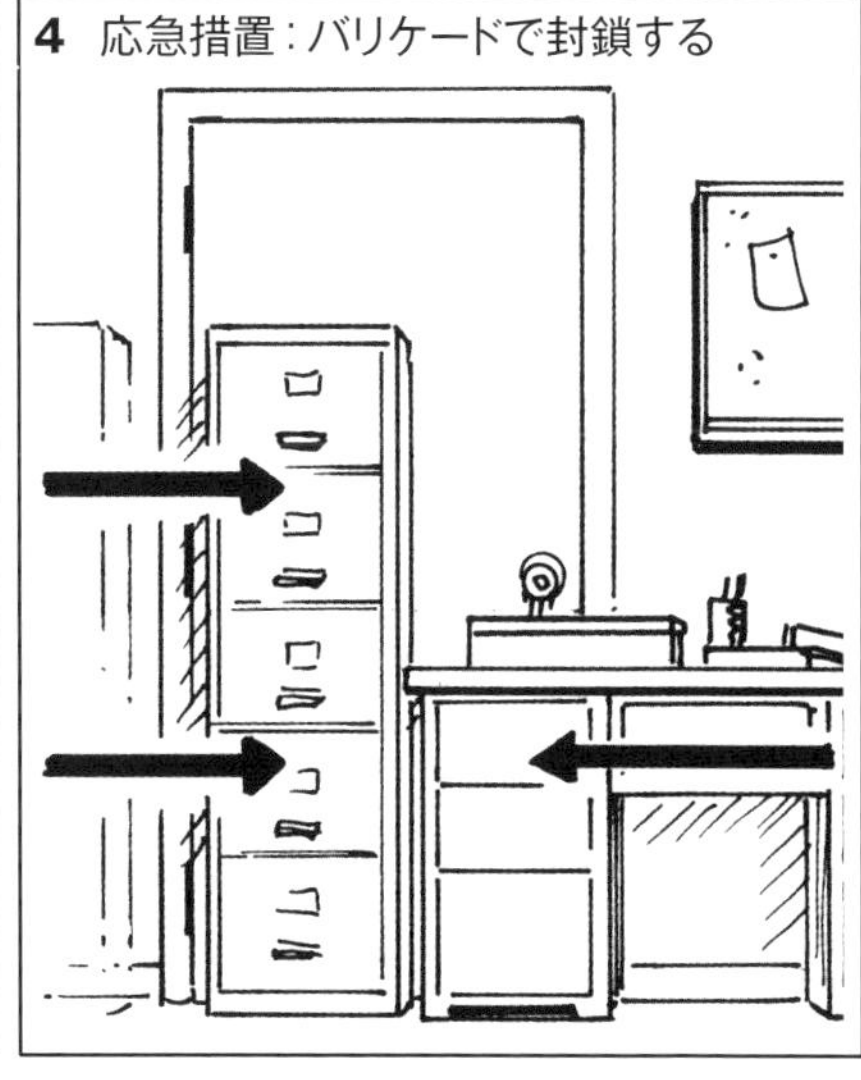
4　応急措置：バリケードで封鎖する

059

外開きドアを封鎖する

ドアクローザーの付いた外開きドアを封鎖する方法については148ページで述べた。だが、すべての外開きドアにドアクローザーが付いているわけではない。

ドアが外開きでも、重い家具を使って逆バリケードを築くことができる。侵入者の強襲に備えて家具を戦略的に配置し、短時間で急場に対応できるようにしておこう。

教室や事務所によくある大きな本棚やファイルキャビネットを、ドア口のヒンジから遠いほうの脇に動かす。これに丈夫なケーブルや延長コードをくくりつけ、このケーブルにさらに別のケーブルをしっかり結んでおく。緊急時にはこれをドアノブに縛りつけて、侵入者が入れないようにする。

ドアを暖房用ラジエーターのような固定された頑丈な機器と紐でつなぐ方法もある。もしもドアが二重になっていて内側にもうひとつドアがあるなら（こちらも外開き）、2つのドアのノブとノブを一緒に縛って、開かないように固定することができる。

家具が近くにないときは、柄の長いほうきやモップのなどの棒を探そう。

2〜3本の棒をケーブルタイやダクトテープでまとめ、数本のケーブルタイを使ってドアノブにきつく縛りつける。そして、棒の両端をダクトテープで壁に張り付けてかんぬきにする。このかんぬきを突破するのは、かなり手こずるだろう。

さらにもう一歩進んで、事前にドアを封鎖する仕掛けを取りつけておく方法もある。これはレバー式のドアノブだと特に効果的だ。

ドアノブの脇にある壁の間柱（まばしら）（壁を取りつける下地にする柱）にアイボルトを打ち込み、ドアノブとアイボルトを自転車用の防犯ケーブルでつなぐ。使わないときは、カラビナを使ってケーブルをアイボルトにぶら下げておく。

こうしてつくった仕掛けは、事前に機能するかどうか試しておこう。

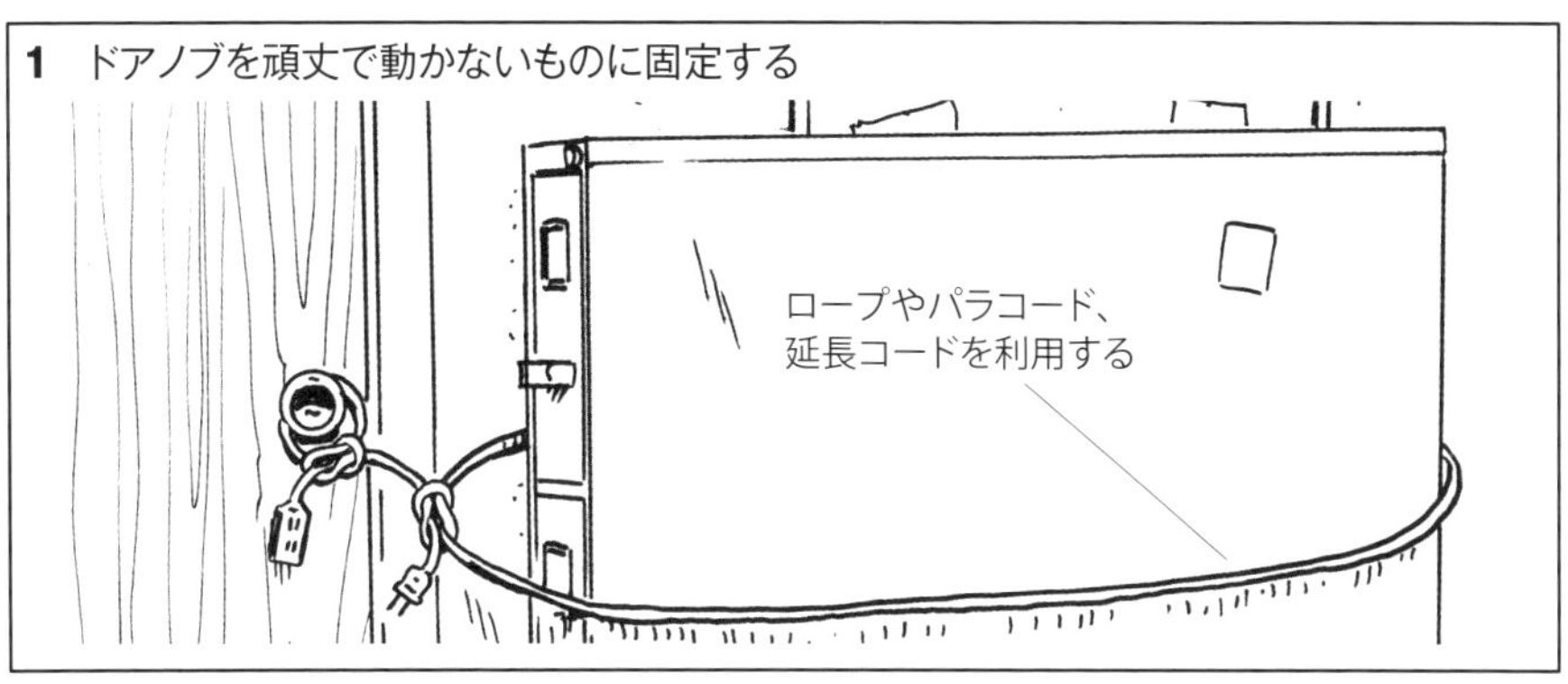
1　ドアノブを頑丈で動かないものに固定する
ロープやパラコード、
延長コードを利用する

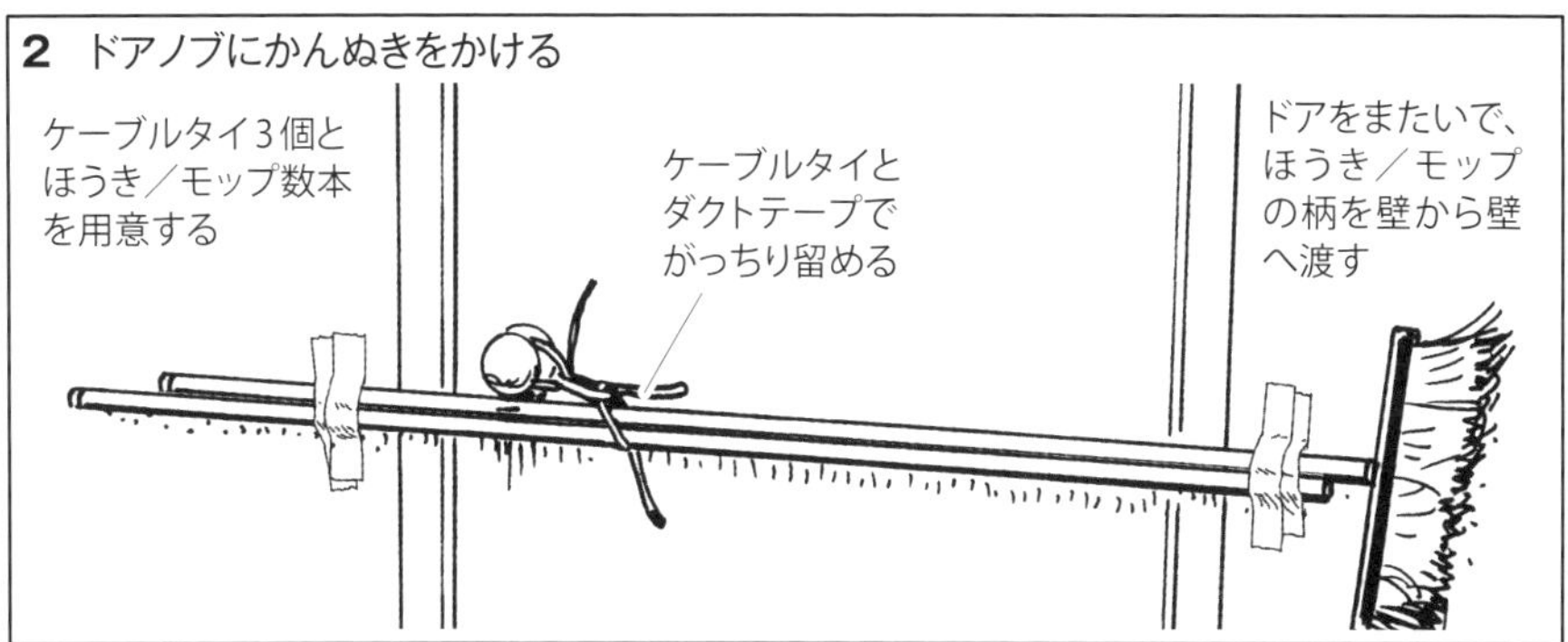
2　ドアノブにかんぬきをかける
ケーブルタイ3個と
ほうき／モップ数本
を用意する
ケーブルタイと
ダクトテープで
がっちり留める
ドアをまたいで、
ほうき／モップ
の柄を壁から壁
へ渡す

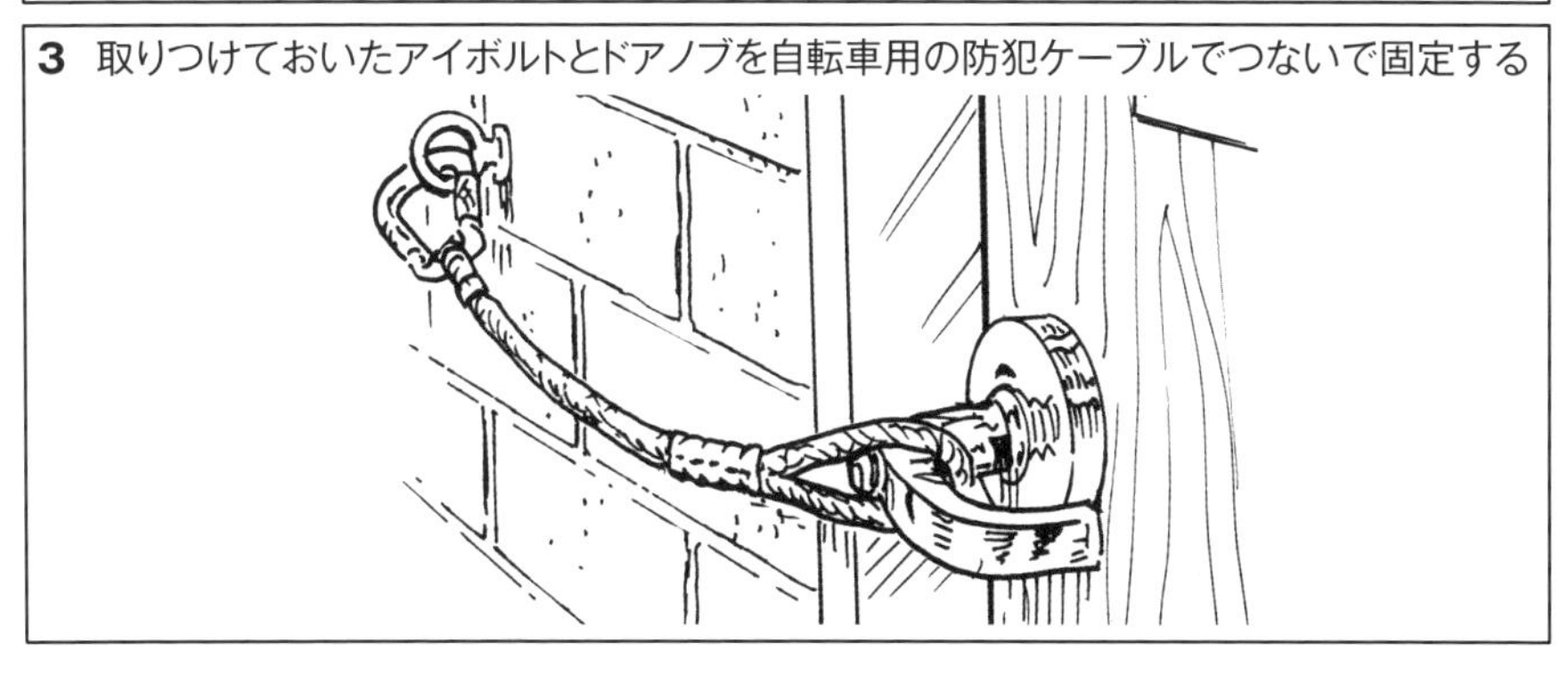
3　取りつけておいたアイボルトとドアノブを自転車用の防犯ケーブルでつないで固定する

爆破予告に対処する

「オフィスに爆弾を仕掛けた」という脅迫電話はたいがい嘘であり、会社に無駄な金を支払わせたり、騒ぎを起こしたいだけの愉快犯である。

とはいえ、「本当に仕掛けた」という前提で対処しなければならないのがつらいところだ。

脅迫が電子メールや手紙で送られてくれば、すぐに上層部に送られて警察に転送されるだろう。ここで取り上げるのは、最も件数が多い電話による脅迫だ。


万が一自分が脅迫電話を受けたら、とにかく冷静を保つこと。

職場でSOSの合図をあらかじめ決めておけば、それを使って近くの同僚に緊急事態だと伝えることができる。SOSの合図は、頭を叩くとかVサインを出すとか簡単なものがいい。

合図を受け取った同僚は警察に電話をかける。それと同時に、電話のやり取りに耳を傾けて、できるだけ多くの手がかりを集める。

脅迫電話を受けている者は、相手の言っていることを逐一復唱し、すべて書き留める。そうすれば、周りの同僚全員がリアルタイムで情報を共有できる。

そして質問する。できるだけ多くの情報を得るとともに、警察が到着するまでの時間を稼ぐためである。

例えばこんな質問だ――爆弾はどこか。爆弾はいつ爆発するのか。爆弾の威力はどの程度か。タイマーで起爆するのか、遠隔操作で爆発するのか。どんな種類の爆弾か。爆弾を爆発させないために何をしてほしいのか。

さらに時間を稼ぐために、電話の声が聞こえないふりをして、もう一度くり返すように要求する。クラクションや人の話し声など、電話の向こうから聞こえる背景音に耳を澄ます。電話の主の性別、声、方言、その他警察の役に立ちそうな情報をメモする。

電話の主は余計な情報を渡したくないはずだが、うっかり誘いに乗って口を滑らすかもしれない。テロを起こすような人間は自己顕示欲のかたまりなので、犯行を自慢したい心をくすぐってやればよいのだ。

1　爆破予告の電話を受けた際の対応
• 平静を保つ
• 同僚に警察に電話するよう合図する
• 電話主に通話を切らせない
• 電話主の番号をメモする
• 電話主に発言をくり返すように頼む
• いつ、どこで、どのような方法かを尋ねる
• 電話主の声、言葉づかい、性別、おおよその年齢を把握する

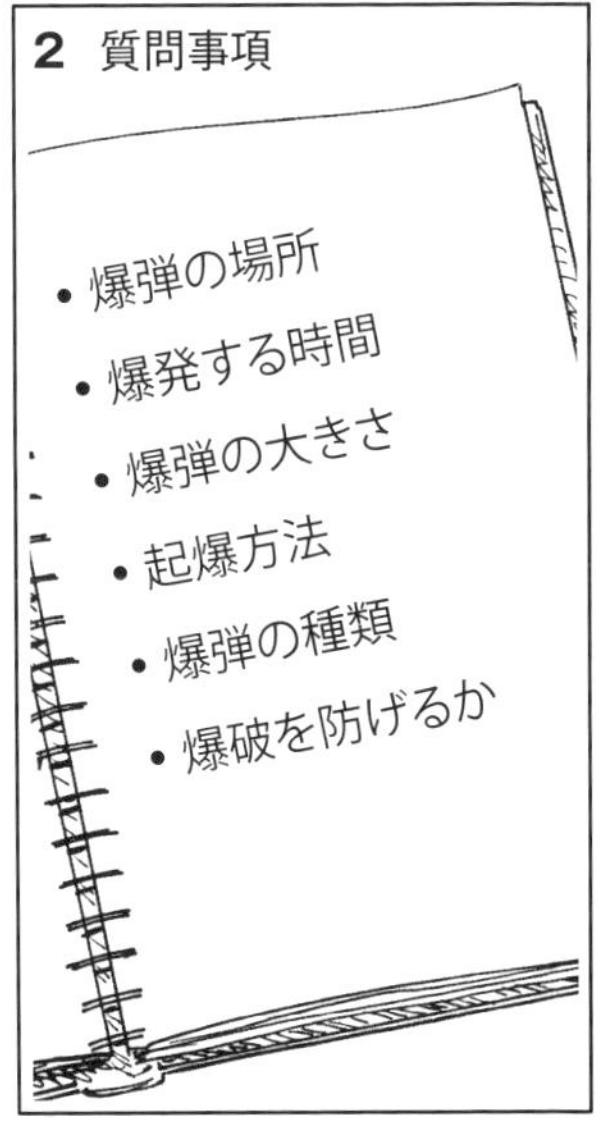
2　質問事項
• 爆弾の場所
• 爆発する時間
• 爆弾の大きさ
• 起爆方法
• 爆弾の種類
• 爆破を防げるか

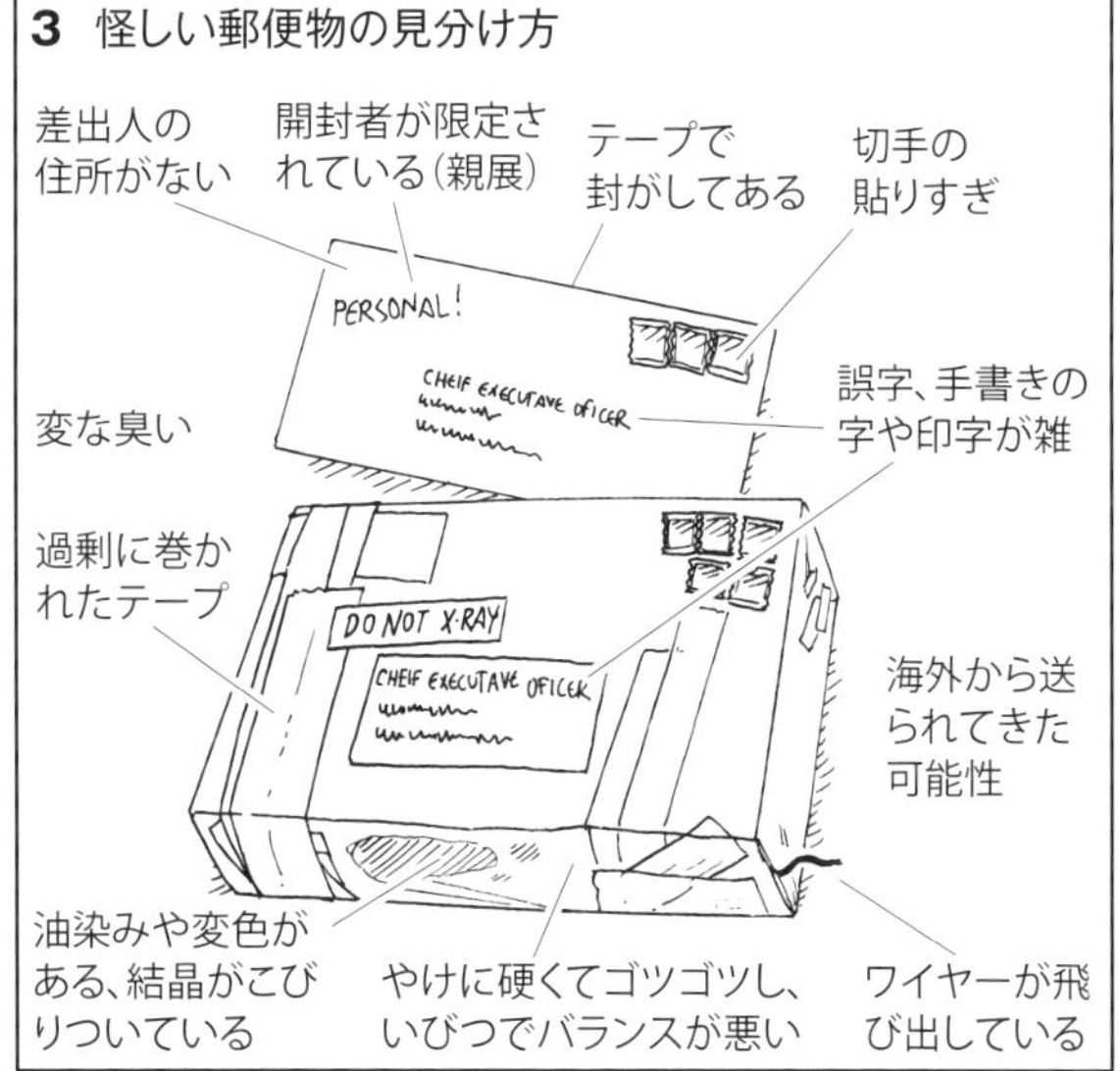
3　怪しい郵便物の見分け方
差出人の住所がない
開封者が限定されている（親展）
テープで封がしてある
切手の貼りすぎ
PERSONAL!
CHEIF EXECUTAVE OFICER
変な臭い
誤字、手書きの字や印字が雑
過剰に巻かれたテープ
DO NOT X-RAY
CHEIF EXECUTAVE OFICER
海外から送られてきた可能性
油染みや変色がある、結晶がこびりついている
やけに硬くてゴツゴツし、いびつでバランスが悪い
ワイヤーが飛び出している

サイバー攻撃を回避する

かつてサイバー犯罪は、ハッカーたちの主張のようなものだった。ところが今では、インフラや通信網を脅かす大規模なサイバーテロから、無辜の市民から少額の金を巻き上げるものまで、さまざまな様相を呈している。

各種のファイヤーウォールによるセキュリティーでは不十分で、感染力の高い攻撃を防げない。そうしたサイバー攻撃の多くは、何気ない「クリック」が引き金となる。

ランサムウェア（身代金要求型ウイルス）の攻撃はこのクリックを待ち構えていて、コンピューターを停止させてデータを暗号化するウイルスをばらまく。

攻撃者は電子メールやデータ保管庫を人質に取り、暗号データの復元と解放のために身代金を要求する。身代金は従業員個人を狙ったものなら少額なこともあるが、組織全体の運営に支障をきたす場合には高額となるだろう。

身代金を払うしかない状況に陥る前に、ランサムウェアの攻撃を防がねばならない。

セキュリティーの抜け穴を塞ぐために定期的にプログラムを更新し、３２１ルールに従って外付けハードディスクなどにデータを保存する。

怪しげなメールは絶対に開かず、覚えのないリンクはクリックしない。とにかく用心し、家族や同僚とのあいだで、メールが偽物でないと証明できるテンプレートを作成する。

スパムメールは、従業員のメールアドレスに酷似したアドレスで組織に侵入してくる。送信者の文面に違和感を覚えたら、必ずメールアドレスを確認すること。偽メールはユーザー名に誤字があったり、ドメイン名が微妙に違ったりする（.net や .co といったサフィックスが変わっている）のが一般的だ。

もし怪しいリンクをクリックしたり、ニセの添付ファイルを開いてしまったら、即座にコンピューターをＷｉ－Ｆｉから遮断し、イーサネットケーブルを抜いて電源を切る。自分のパソコンの感染を防ぐのは無理だとしても、悪質なソフトウェアの拡大を阻止できる可能性はある。

1　ランサムウェアとは何か

クリックで起動する悪意のあるウイルスで、データを暗号化し、
身代金を支払わないとデータを復元しない

2　予防策

321ルール：
3カ所に2種類の方法で、そのうち1つは違う場所に保存

知らないメール
は開かない

知らないリンクは
クリックしない

定期的に
アップグレードする

3　対応

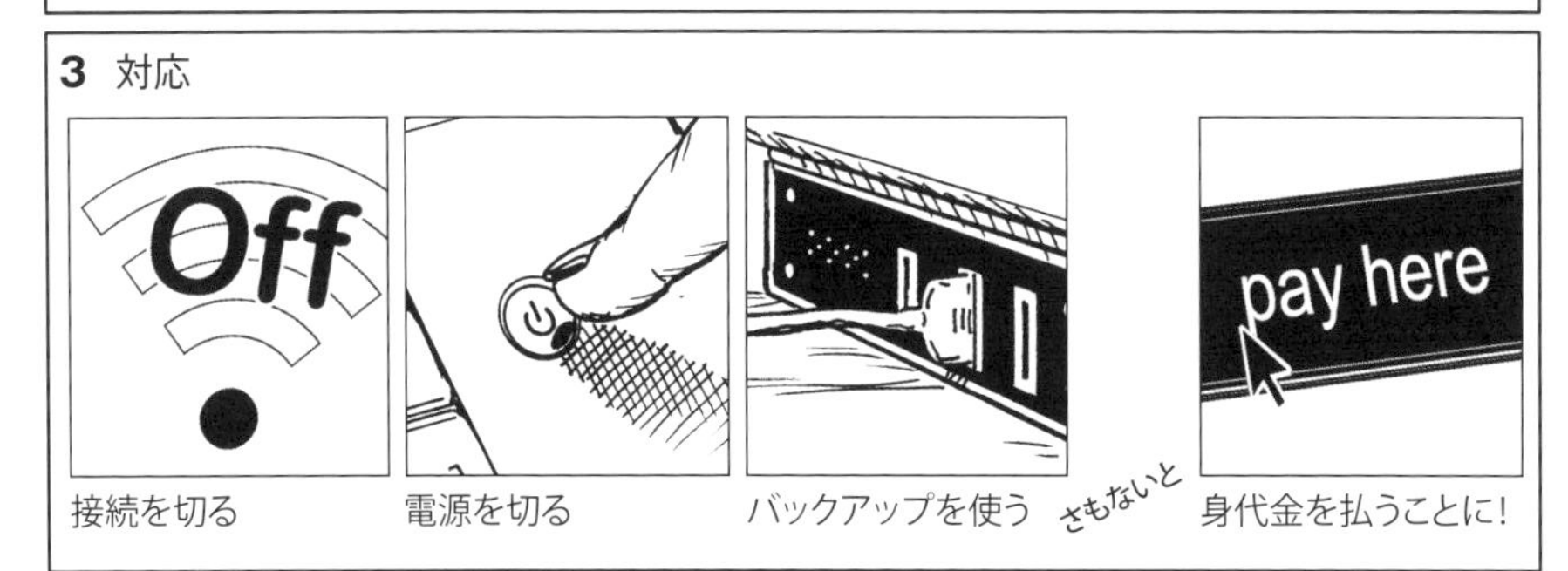

接続を切る　電源を切る　バックアップを使う　さもないと　身代金を払うことに！

テロリストは誰だ

世界全体が不安定になっているこの時代、一般市民が周囲に目を光らせているかどうかが、テロを許すか阻止するかの分かれ道になることもある。市民の英雄的な行為は、同僚のモニターを盗み見ることから始まる。

銃乱射事件には、激情に駆られた人物が衝動的に行なうものがある。だが、それが思想によるテロなら、必ず周到に計画され、おそらく長い時間をかけて洗脳された結果と見なすべきだろう。ということは、家族や友人、同僚が目を光らせることで、テロリストを見つけたり、テロを未然に阻止することができるはずだ。

大規模なテロが起こったあと、捜査員によってぞっとするような一連の事実が明かされることがある。それは高度な科学捜査ではなく、SNSへの投稿や友人、家族、同僚との会話を総合した結果として明かされた事実なのだ。

最悪の事態が迫っている兆候は、普通に接していては露見せず、往々にして見過ごされる。「そのときは変だなと感じたが、別に何とも思わなかった」というセリフを、我々は何度聞かされたことか。

インターネットでの兆候

オンラインでの言動は、過激化の可能性を示す強力な指標となる。

自分たちの宗教や思想を広めたい活動家たちは、時代の変化に目ざとく対応し、オンライン上でよく練られた感化活動を展開している。

洗脳した見習いのテロリストに仲間を勧誘させたり、地元の有力者との絆を構築したりする一方、急激に人気を集めはじめた思想をインターネット上にばらまき、新たな支持者を獲得する活動も頻繁に行なわれている。

洗脳は、こうした大げさなプロパガンダに純粋に興味を持つところから始まることがある。プロパガンダはウェブで簡単に閲覧でき、関心を持った者はそこからもっと悪意のある検索に誘導され、最終的にテロリストと直接話すことになり、遠く離れた戦場の話に魅了されて、さらに深くのめり込んでいくことになる。

1　インターネットでの兆候（こんな行動は危ない）

SNSやメールの実名アカウントを削除する

暗号化されたアプリを使う

暴力的な過激派のホームページを検索する

SNSにニセのアカウントやアバターアカウントをつくる

2　会話に現われる兆候

3　行動に現われる兆候

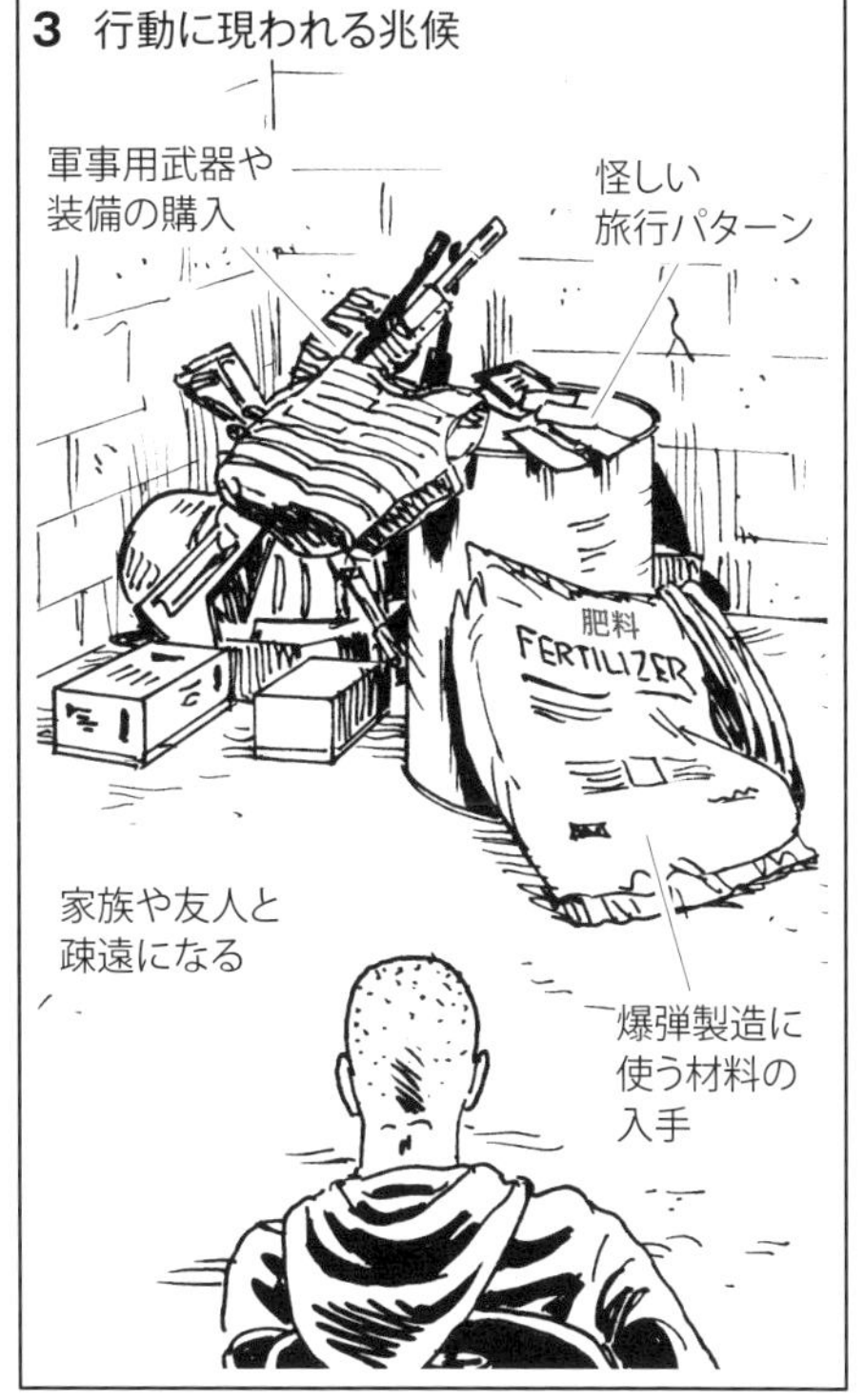

もちろん、さまざまな情報源を閲覧して、テロに関するニュースを深く知りたいと思うこと——そのことだけで過激化の兆候と見ることはできない。

それ以外のネット上における言動の変化と組み合わさることで、もっと複雑な何かが起こっていると示唆（しさ）されるのである。

例えば、暗号化された通信アプリを使いはじめ、SNSの実名アカウントを削除する。これは、同僚や友人との関係を絶ち、警察に疑いを持たれそうな会話をごまかそうとしている証拠かもしれない。

発言や行動に現われる兆候

ひと晩で思想に染まるなどということはまずない。必ずそのプロセスがあるはずだし、感化された兆候を一切出さないわけでもない。

恐ろしいテロ攻撃の実行犯は、思想の変化について一連の証拠を残しがちだ。急激に信条が変化しつつある人間は、周りの人間を巻き込んだり、過激化させたりしたいという欲求を隠そうとしながらも、こうした変化を誰かに知ってほしいというサインを不意に発することがある。

彼らが発する手がかりに耳を傾けよう。攻撃を伴う過激な妄想、暴力的な極論への支持、成功したテロ攻撃の賛美を口にしたら、軽く流してはならない。

ある過激な思想から別の過激な思想へ転向するということは、精神が危険なほど不安定だったり、感化されやすかったりすることの現われかもしれない。

突然、軍事に興味を持ったり、武器や装備を手に入れはじめたら心配したほうがいい。それに伴って反社会的言動が増え、家族や友人と疎遠になりはじめたら、ますます要注意だ。

何の理由もなく肥料など窒素分の多い製品や火薬を調達したら、重大な懸念を持たねばならない。軍隊を模したトレーニングや射撃訓練を始めたら、それは何か犯罪にかかわる準備を示すサインだ。

紛争地帯へ旅をしたいとか、理由もなく不自然な旅行をくり返すようになったら、海外のテロ組織とのつながりを疑うべきだろう。

兆候を見抜く

こうした兆候は、それ自体では何の意味もなさないかもしれない。しかし兆候が多く集まると、それは大きな懸念材料となる。

テロの専門家は「戦闘年齢」という用語をよく口にする。15歳から25歳までの感情的に不安定な思春期や青年期を指す言葉で、この世代の若者は暴力的な過激思想への勧誘にきわめてひっかかりやすいのだ。ただし、10代は羽目を外すのがある意味当たり前なので、過激化を察知するのは難しいかもしれない。

疎外感を抱く若者と疎外感を抱いて武器を取る若者の差は何だろうか。答えは思ったほど簡単ではない。とにかく、言動の思いがけない急変に注意するしかないだろう。

引きこもりもまた10代にありがちな傾向だ。引きこもりや爆発物への突然の興味は、完全に消せるものではない。疎外感を抱いている若者は過激な集団や思想に操られやすく、自分の疎外感を過激思想の世界観と重ね合わせてしまうのだ。

063

銃撃犯を待ち伏せ攻撃する

「銃撃犯には銃でしか対抗できない」という考えが広く流布している。丸腰の市民は何十人集まっても、たった1人の銃撃犯に太刀打ちできないということだ。

だが、最近起きたいくつかの事件は、通りすがりの勇敢な2~3人の行為が銃乱射事件を未然に阻止し、大惨事を防ぐことを証明している。丸腰のコンビニ店オーナーが強盗犯を追い払った事例も、枚挙にいとまがない。人の命を救うのに軍隊経験は必要ないのだ。

覚えておいてほしい。銃撃犯は、こちらが武器を怖がり、臆することを当てにしている。まさかこちらが勇気を出して力で抵抗してくるとは思ってもいないのだ。

背後から銃撃犯に飛びかかる

銃撃犯と同等以上の体重・体格であることは、必須条件ではない。スピードと不意打ち、そして適切なテクニックを用いれば、男女を問わず誰でも凶暴な犯罪者をねじ伏せられる。

できればチームを2つか3つ編成して、銃撃犯を数で圧倒するのが望ましい。銃は一度にひとつの方向にしか撃てないからだ。

銃撃犯が1人なら、こちらが1人でも相手を無力化することが可能である。

銃撃犯に背後から襲いかかるチャンスが生まれたら、勢いをつけ、適切な体勢でタックルしてねじ伏せる(左図参照)。決してひるまず、勇猛果敢に襲いかかること。

自分の肩を相手の腰のくびれに入れて、前へ体重をかけると同時に、両腕を骨盤のあたりに回し、思いっきり後ろへ引っ張る。片脚を前に持っていき、相手の脚を払ってバランスを崩せば、2人とも前に倒れる。

相手を組み敷いたら、武器をつかみ、自分の骨盤の重みを使って相手の動きを封じる。片腕が自由になるなら、後頭部に肘鉄を食らわせる。それが無理なら、ただ圧力を加えて相手に主導権を奪われないようにする。

どんな力の強い乱暴な相手でも、地べたに伏して押さえつけられれば、驚くほど無力になってしまうものだ。

1 背後から襲う

背後から銃撃犯にタックルして抱きつく

銃撃犯の脚を払って床に倒す

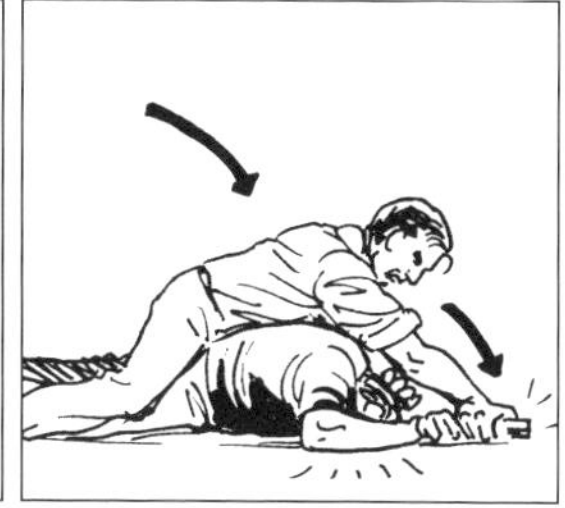

武器をつかんで奪う

2 ドアの陰から襲う

ドアのノブ側の壁に背中をつけて隠れる

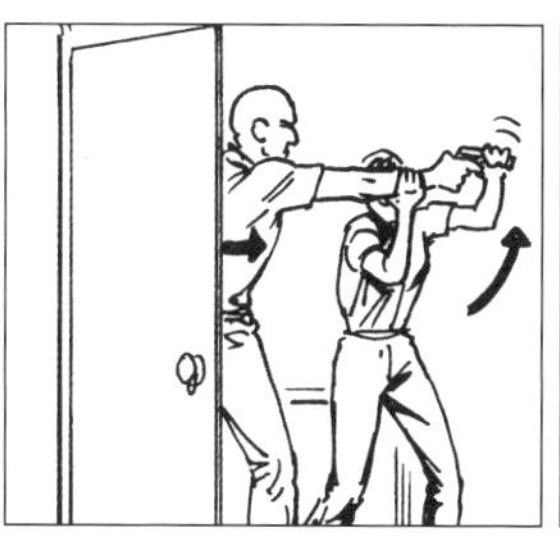

武器が見えたら、握っている腕ごとつかむ

床へ倒し、武器を床に落とす

3 チームで襲う

2人1組になって廊下の両側に1人ずつ立つ

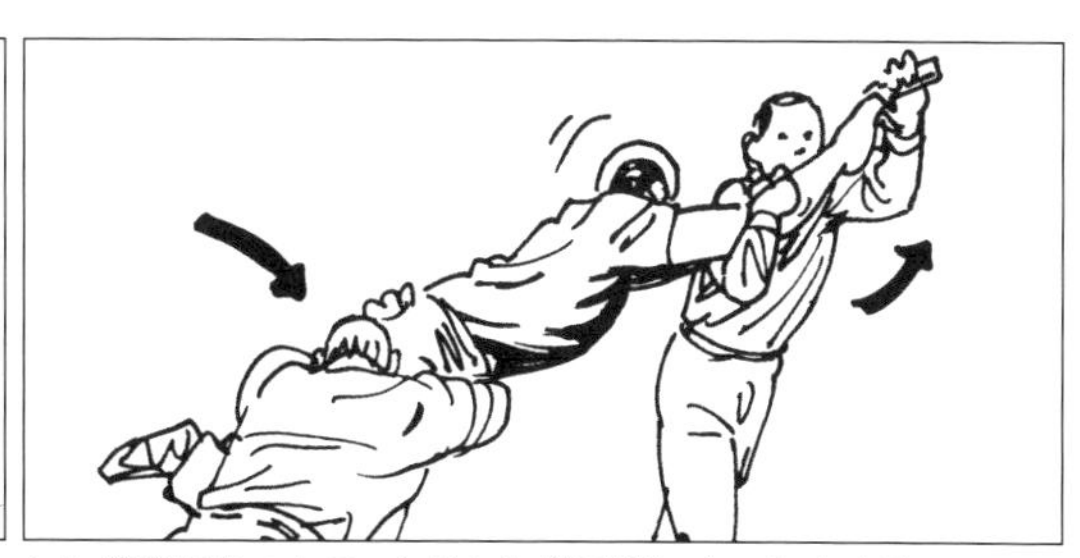

1人が武器をつかみ、もう1人が両脚にタックルする

ドア口を通る銃撃犯に飛びかかる

ドアの背後（あるいは廊下の曲がり角）に隠れているときに、銃撃犯が近づいてくるのが聞こえたら、反撃のときだ！

ドア口のドアノブ側の壁に背中をつけて攻撃態勢をとる。銃撃犯の銃が部屋に入ってくるのが見えたら、両手を使って横から相手の銃と腕をつかみ、全体重をかけて床に倒れ込み、相手の武器を強引にはたき落とす。

理想をいえば片手で銃を、片手で相手の腕をつかみ、膝から倒れて銃口が床を向くように前へ屈む。そこまで計算どおりにいかなくても、武器をつかまえて下へ向けているなら、相手は武器を奪われまいとしてバランスを崩し、一緒に床に倒れてしまう可能性が高い。

これで、ほかの人が銃撃犯から完全に武器を取り上げて拘束できるチャンスも生まれる。

チームとして連携できる場合は、1人が武器をつかみ、もう1人が銃撃犯の両脚のバランスを崩す。3人目がいれば、頭を狙うこともできる。

銃撃犯が近づいてきたら、ドア口の両側に1人ずつ立つ。こうすれば、1人が銃撃犯に見つかったとしても、残りのメンバーで不意打ちできる。

銃撃犯を倒すのに最初に動く人間を増やしすぎてはならない。参加する人間が多すぎると、お互いに邪魔してしまう恐れがあるからだ。

こうした対抗策に即席の武器を持ち込んでも、もちろん構わない。即席の首絞め具（180ページ参照）を用意すれば、1人が銃を奪いに向かうと同時に、もう1人が襲撃犯の首を締めることができる。

ドアに障害物を置き、ドアの守りをしっかり固めれば（118ページ参照）、あとは銃撃犯を倒すだけだ。銃撃犯の不意打ちに成功したら、威圧的な口調で命令し（132ページ参照）、捕らえた銃撃犯の自由を奪い（134ページ参照）、警察が到着するまで拘束しておく。

PART 6
NEUTRALIZING PUBLIC SAFETY THREATS

犯罪・テロから身を守る

スリを出し抜く

アメリカ都市部におけるスリの件数は劇的に減少しているが、スマートフォンの盗難はかえって増加している。「リモート・キルスイッチ（遠隔制御でスイッチを切る仕組み）」の導入によって増加の勢いは落ちているものの、根絶には至っていない。世界的にも財布やスマートフォンの盗難は依然として多い。

用心のために旅行の際は軽装を心がけ、持ち歩く貴重品はできるだけ減らそう。特に観光地、空港、バスや鉄道のターミナルといった混雑した場所は、よりいっそうの注意が必要だ。感覚が鈍くなって、ちょっと触られたくらいではまったく気にならなくなっている。

スリやひったくりは、常に観光客に狙いを定めている。観光客は土地に不案内で周りを警戒する余裕がなく、しかもそれなりの額の現金を持っている可能性が高いからだ。

店の買い物客の列やATMから離れるときは、特に用心しよう。そこにいるだけで、あなたは現金やクレジットカードを持ち、どこに財布をしまっているかをスリに教えているようなものだからだ。

物乞いの子供が集団で押し寄せてきたり、露店のおやじがやけにしつこく品物を売り込んでくるときは注意しよう。それは、こちらの気をそらす陽動作戦かもしれない。スリが偶然を装って液体をこぼし、「拭いてあげましょう」と体に触れてくることもある。

財布をハンドバッグや後ろポケットに入れると、当然ながらあっけなく盗まれてしまう（168ページ参照）。危険な地域に入ったら、女性は貴重品を前ポケットに移しておこう。

どうしても後ろポケットに財布を入れたいなら、櫛（くし）を財布に差し込んでおく。スリが財布を引き抜こうとポケットに手を入れると、櫛が引っかかって、財布が盗まれそうなことを教えてくれるのだ（左図参照）。

財布を服の上から触って確認するのもやめよう。知らず知らずのうちに、貴重品のありかを教えることになる。こうしたしぐさをスリは決して見逃さないのである。

1 人混みの中では
用心する

2 ATMを離れるときは
気をつける

3 気をそらそうとする
小芝居に用心する

4 ポケットを選ぶ
×
×
×
○
ズボンの
前ポケット

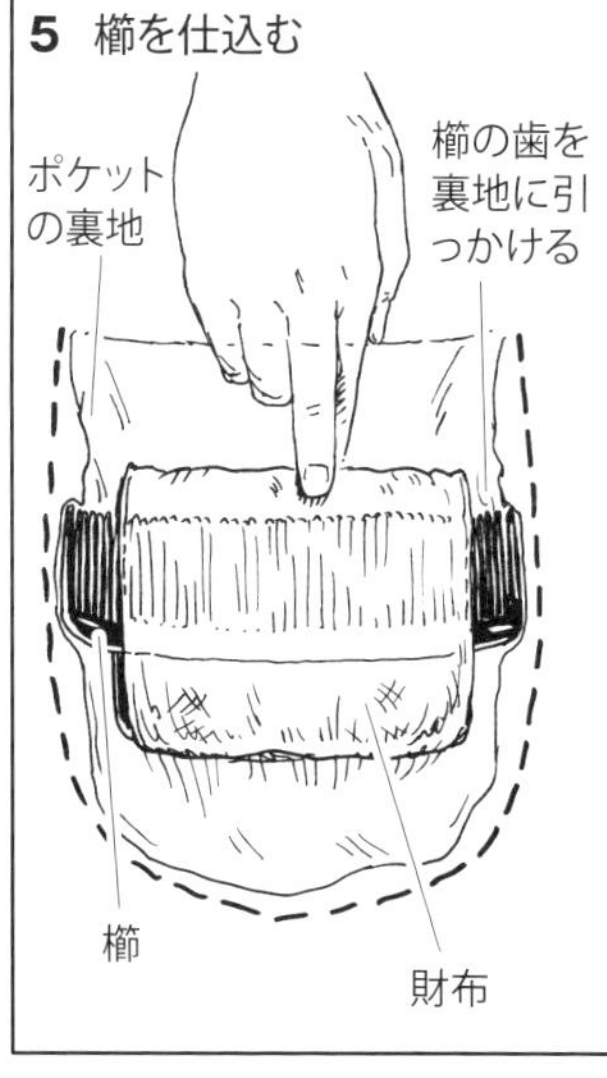
5 櫛を仕込む
ポケット
の裏地
櫛の歯を
裏地に引
っかける
櫛
財布

6 人前で財布を
確認しない

ハンドバッグのひったくりを防ぐ

女性はハンドバッグが大好きだ。それはひったくり犯も同じ。ひったくり犯にとってハンドバッグは、財布やスマートフォンなどの貴重品が一度に手に入るコンビニのようなものだ。

ハンドバッグのひったくりを防ぐ最善の方法は、ハンドバッグを持ち歩かないことだ。どうしても持っていくときは、ショルダーストラップが短く、控えめな色の小さなものを選ぶ。

高級バッグはひったくり犯の大好物だ。バッグそのものに価値があるので、ひったくりが無駄に終わることがない。

ショルダーストラップが長いと、ストラップを切られてひったくられやすい。バッグが大きいと目立つうえ、持ち物を探してバッグの中を引っかき回す時間も増えてしまうだろう。周りを警戒できない時間が長くなれば、それだけひったくり犯の餌食になりやすい。

それでもハンドバッグを手放せないというなら、バッグは道路から離れた側に提げ、建物にぴったりと張り付くように歩く。一般的なひったくり犯はモペット（ペダルつきバイク）に乗ったままハンドバッグを奪って逃げるか、徒歩でバッグを奪って逃走する。彼らに与えるチャンスは最小限にしなければならない。

危険な場所や交通量が多い地域を通るときは、ハンドバッグを脇に挟み、体の前側に抱える。ストラップの長いハンドバッグは、たすき掛けにする。ただし、暗い道や人気のない駐車場を歩く場合は別だ。こういうところでは、長いストラップは誘拐犯に首紐のように握られて逃げられなくなる（174ページ参照）。

テラスで食事をするときはハンドバッグを膝に置き、イスの背もたれや地面に置くのは避ける。ヨーロッパの街をうろつく窃盗団は、カフェテラスの客を狙うのが一般的だ。

絶好のカモにならないよう、常に用心しよう。歩きながら携帯で話したり、メッセージを打ったり、地図を見たりしていると、突然の襲撃に無防備になり、とっさの対応ができにくくなる。飲食中も同じく、気を抜いてはならない。

そもそもハンドバッグ
を持って外出しない
短いショル
ダーストラ
ップを使う
混雑したところで
はハンドバッグを
体から離さない
たすき掛け
にする
道路の反対側
に提げる
歩道の建物側
を歩く

嘘の誘拐を見抜く

SNSを利用して現金をせしめる新手の都市型犯罪が増えている。

こうした犯罪を行なう者は、ネット上に公開されている投稿から、ある特定の子供の具体的な情報（名前、生活パターン、人間関係）を集める。そして、子供の家族に連絡して架空の誘拐をでっち上げ、豊富な情報を武器に、愛する子供が誘拐されたと家族に信じ込ませるのだ。

ときには、その場にいる別の子供に悲鳴を上げさせる。もちろん演技だが、これはパニックに陥った両親の判断力を一瞬にして失わせる。

「誘拐した」という犯人の言い分がどんなものであれ、まずは真剣に受け止めなければならない。だが、誘拐が本当か嘘かを見分けるいくつかの指標があるので、参考にしてほしい。

本物の誘拐犯なら、手短に要求を伝えて電話を切る。自分の携帯電話が三角測量によって位置を特定されたり、固定電話なら逆探知されるのを防ぐためだ。

一方、架空の誘拐犯はできるだけ電話を長引かせる。誘拐された（とされる）本人に連絡する時間を相手に与えれば、ハッタリがすぐにばれてしまうからだ。本物の誘拐犯なら、誘拐した本人の携帯から電話をするかもしれない。

本物の誘拐犯は多額の身代金を要求し、金を集める時間を与える。架空の誘拐犯は、嘘がばれる前に身代金を奪おうとするため、要求は少額で、即時の支払いを求める。

電話をかけてきた犯人が本物か偽物か判断するためには、犯人の電話に対応しながら、誘拐された本人に連絡を試みる。

次に生きている証拠を求める。誘拐犯が生きている証拠を出せず、その理由をつらつらと述べたとしても、それで架空の誘拐だと結論づける証拠とはならない。しかし、ほかの指標を組み合わせれば、確信を持つことができる。

架空の誘拐事件を未然に防ぐには、SNSに旅行計画を投降したり、自分がいた場所をタグづけしたりしないこと。ニセの誘拐犯に悪用されないように、子供に関するすべての情報にアクセスできないようにする必要もある。

1　架空誘拐とは何か

個人情報を利用して家族や恋人を誘拐したと信じ込ませ、身代金を巻き上げる詐欺

2　本物の誘拐と架空誘拐の違い

本物：短い（逆探知を防ぐため）　架空：長い（本人に連絡されないようにするため）

本物：誘拐された本人の携帯からかけてくる　架空：知らない番号やニセの番号から、または非通知でかけてくる

本物：多額　架空：少額

生きている証拠と本人の特徴を求める
「本人と話せるか？
何を着ている？」

本物：生きている証拠を示す　架空：実際は誘拐していないので生きている証拠はない

本物：本人からの応答がない　架空：本人からの応答がある

3　インターネット上での予防策

旅行計画を投稿しない

現在地を投稿しない

場所タグづけサービスをオフにする

定期的に家族と連絡を取る

旅行中の誘拐を防ぎ、生き延びる

昔の誘拐事件は大金持ちやその子息がもっぱらの対象だったが、最近の誘拐ではその対象が拡大し、デビットカード（またはキャッシュカード）を持った一般人の旅行者が第一目標となっている。ただし、誘拐犯に拘束される時間は、数分から数時間、長くても数日で終わる。

この「特急誘拐」は南アメリカ、中央アメリカ、東南アジアでよく起こり、ATMや車の中から始まることが多い。誘拐犯は通常、車を奪うことに興味がなく、もっと扱いやすいものを求めている。それは現金だ。

危険な国をレンタカーで移動するときは、ドアをロックし、窓を閉じて車を乗っ取られないようにしよう。露店主や見知らぬ人間が近づいてきても窓を開けない。話すときは大声で窓越しにする。

レンタカーを使わないのであれば、現地大使館や外務省が推薦するタクシーを利用するか、ホテルのシャトルバスや公共交通機関を使う。ATMを使うときは用心し、道に面したATMは避ける。

旅行の荷物は軽くし、現地の住民に紛れられる格好をし、派手な服や高級な服、宝石類を身につけることは控える。

特急誘拐が多発する地域に行くなら、「ニセの財布」を持ち歩くことも考えよう。ニセの財布を渡すことで、犯人にこちらがすべてを差し出したと思わせ、ほかの貴重品を守るのだ。

このニセの財布には、少額の現金とともに身分証明書とクレジットカードをひとつずつ入れておき、パスポートやデビットカードは家に置いておくか、体の別の場所に隠しておく。

デビットカードがあるとわかると、特急誘拐犯は被害者に銃を突きつけながら、ATMからATMへと車で連れ回し、デビットカードの1日の上限額まで現金を引き出させる。それが終われば特急で解放だ。

しかし、特急誘拐はますます暴力的になる一方である。そのため、犯人に協力の意思を示しても、無事に解放されるとはかぎらない。命の危機を感じたら、脱出を試みよう。

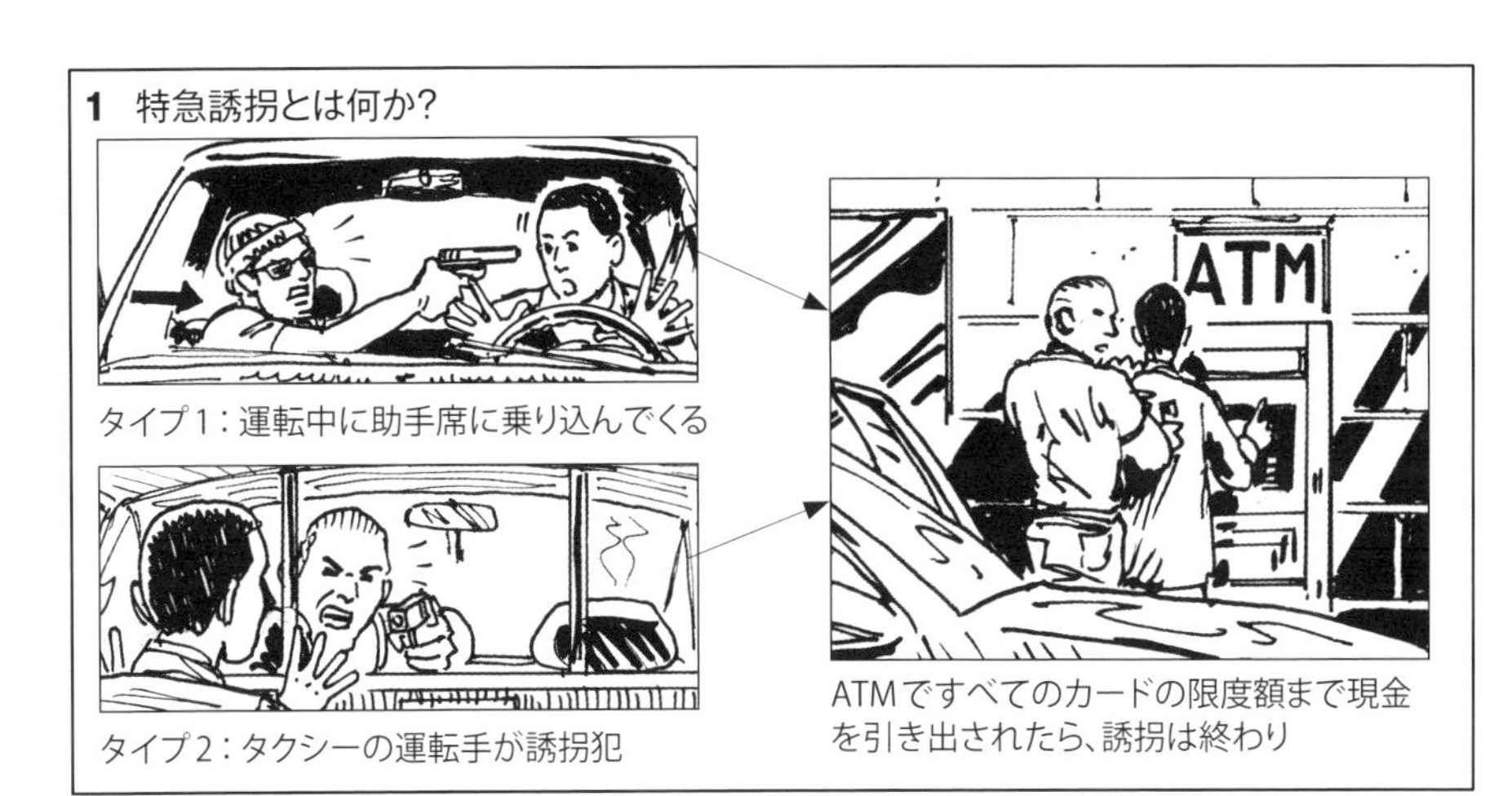
1　特急誘拐とは何か?
ATM
タイプ1：運転中に助手席に乗り込んでくる
タイプ2：タクシーの運転手が誘拐犯
ATMですべてのカードの限度額まで現金を引き出されたら、誘拐は終わり

2　予防策
ドアを常時ロックする
ATMはショッピングモールや銀行、ホテル内のものを使う
タクシーよりも公共交通機関やホテルのシャトルバスを使う
知らない人に話しかけたり、乗せたりしない

3　捕まったときの対応
落ち着く
「ニセの財布」を差し出して早期解放させる
常に脱出のチャンスをうかがう
「ニセの財布」に少額の現金と最低限の身分証明書を入れておく
パスポートとキャッシュカードと現金を隠しておく

誘拐に抵抗する

運悪く誘拐されても、簡単に犯人の言いなりになってはならない。

窃盗犯と違って、誘拐犯は捕らえた人間を相当痛めつけるまで満足しない傾向がある。最悪を想定し、それを前提に行動する。つまり、犯人の好き勝手にさせてはならないということだ。

犯人にすきがあったら、携帯から警察に連絡し、つないだまますぐにミュート状態にして体に隠す。電話がかけられないなら、まずは何とか電話をミュートにする。

そうすれば、誘拐された場所から別の場所へ連れていかれるとしても、警察が携帯を追跡システム代わりにして、位置を特定してくれる可能性が生まれる。

とはいえ、誘拐犯に従うだけで、別の場所へ連行されるのは避けたい。そこはおそらく、監禁にもってこいの人気のない場所なので、状況の好転は期待できない。

誘拐されそうになったら、まずは大声を出して暴れよう。誘拐犯は抵抗しなさそうな簡単な獲物を探している。大声を出せば周りの人が気づき、警察に通報してくれるかもしれない。

メース（催涙スプレー）を持っていればそれで攻撃し、なければ鍵やペン、ハンドバッグのショルダーストラップ、充電コードなど即席の武器でダメージを与える（180ページ参照）。

もし誘拐犯が武器を見せびらかして、こちらの抵抗しようとする意欲をねじ伏せようとするなら、戦わずにいったん降伏しよう。意識を失って完全に抵抗不能になったら、元も子もない。

犯人に縛られるときは、深呼吸してわずかに手足、指、手首を広げる。そうすれば、紐が緩みやすくなり、脱出のチャンスが生まれる。

後ろ手に縛られると、緩ませるのが難しくなるので、縛られるときは自分で手首を体の前に出す。何も考えていない犯人なら、その状態で縛ってくれるかもしれない。

できるだけ早いうちに脱出を試みる。移動中ならまだ脱出の見込みが高いが、別の場所に連れていかれたあとではかなり低くなる。

1 携帯からミュート状態で警察に電話し、つないだまま体に隠す

2 大声を出して逃げる

3 即席の武器で抵抗する

4 一時的に降伏する

5 なるべく早く逃げる

隠し持ったピストルを見つける

職業としてピストルを携帯する人間は、近くに武器を隠し持っている人間がいると、すぐに気がつく。彼らは、ピストル携帯者に特有のしぐさを熟知しているのだ。

その特徴がわかれば、一般市民でも隠しピストルの有無を見分けられるようになる。武器を隠し持っていそうで、さらに行動も怪しげな人間がいれば、用心するに越したことはない。

しぐさ――ピストル携帯者が無意識に行なうしぐさから武器の位置がわかる。彼らは無意識にピストルを触って、安全にホルスターに収まっているのを確認する。また、立ったり座ったりする前にピストルの位置をわずかに直す。偶然武器に触れられたり、武器を奪われたりしないように、近くに人がいないほうに体の重心を置く。

非対称――服が左右非対称になっている。ピストルは重くてかさばるので、注意して見れば一目瞭然だ。ズボンの外側に提げるウェストホルスターだと、腰のシルエットが膨れることがあり、足首に提げるアンクルホルスターだと、ズボンの裾（すそ）が膨らんだり、引っ張られたりする。ピストルをジャケットのポケットに入れておくと、重みで片側だけ垂れる。

気候・天候――暑い日や雨の日には隠した武器を見つけやすい。雨、風、汗のせいで、ピストルの輪郭が服の上からわかってしまうからである。反対に、寒い時期は重ね着した下にピストルを入れられるので、一般的に隠しやすい。

不注意――ちょっとした気の緩みで、隠していたピストルをあらわにしてしまったり、ちらっと見せてしまったり、財布を取ろうとしてうっかり落としてしまうことがよくある。特にありがちなのは、公衆便所の小便器にピストルを落としてしまうことだ。ピストルの扱いに不慣れだと、用を足すときにチャックを完全に降ろしてしまい、そのせいでホルスターが緩んでピストルが落ちてしまうのだ。

1 無意識のしぐさ

ピストルを確認する　ピストルの位置を直す　腰をずらす

2 非対称

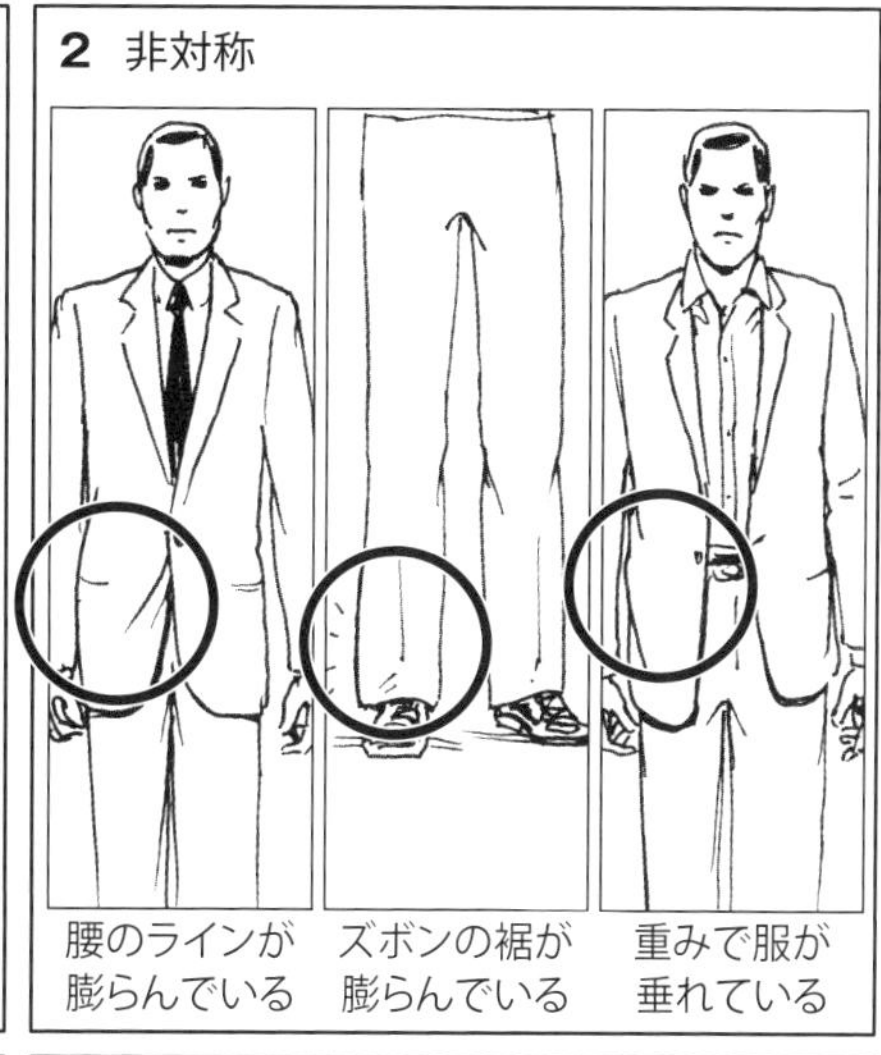

腰のラインが膨らんでいる　ズボンの裾が膨らんでいる　重みで服が垂れている

3 気候･天候

雨　風　暑さ

4 不注意

うっかり見える　見せびらかす　落とす

自爆テロ犯を見つける

銃撃犯なら、殺戮（さつりく）を始めてからでも武器を奪ったりして犯行を止められる。だが自爆テロ犯は、爆弾のスイッチを押してしまえばそれきりであり、しかも殺傷力がきわめて高い。

過激思想に傾倒したテロ犯は決意が固く、攻撃をやめさせることはほぼ不可能だ。彼らが犯行におよぶ前に爆弾を奪い、爆発を未然に防ぐ以外に対抗する手段はない。

勝負は、スイッチを押される前に爆弾を発見できるかどうかだ。空港のセキュリティーチェックが厳重なのは、そのためでもある。

もっとも、自爆テロ犯の脅威を察知するのにスキャナーは必須ではない。それはすでに何件かの事例で証明されている。

以前の爆弾は重くて、自爆テロ犯は大きなリュックに詰め込んでいたが、最近はベルトやベストに爆弾を取りつけて体に巻きつけることが多い。それでも爆弾はかさばり、何枚も重ね着しないと隠すことが難しい。

自爆テロ犯は犯行を前に神経質になっている。その証拠が顔に浮かぶ大量の汗や、虚ろな目、ゾンビのような表情だ。それでも犯人は雑踏の中を一心不乱に進む。あらかじめ下見をしていて、覚悟を決めているからだ。

とはいえ、自爆テロ犯を阻止しようとタックルするのは、命を失いかねない危険な行為である。自爆テロ犯は、体に巻いた爆弾のスイッチをいつでも押せるのだから。

狙うなら手だ。至近距離に相手がいるならすぐに飛びかかって手をつかみ、爆弾のスイッチを押せないようにする。その際、爆弾には触らないこと。

周りの人全員に携帯電話の電源を切らせ、あたり一帯をＮＥＲＦ（非電磁放射設備）地域やゼロＲＦ（無線周波数）地域にする。爆薬と携帯電話が連動していなくても、周波数によっては起爆装置が作動する恐れがあるのだ。

常に最悪を想定すること。電気雷管を仕込んだ軍隊仕様の爆薬は、Ｗｉ－Ｆｉ、携帯電話、衛星による通信機能によって起爆する可能性がある。

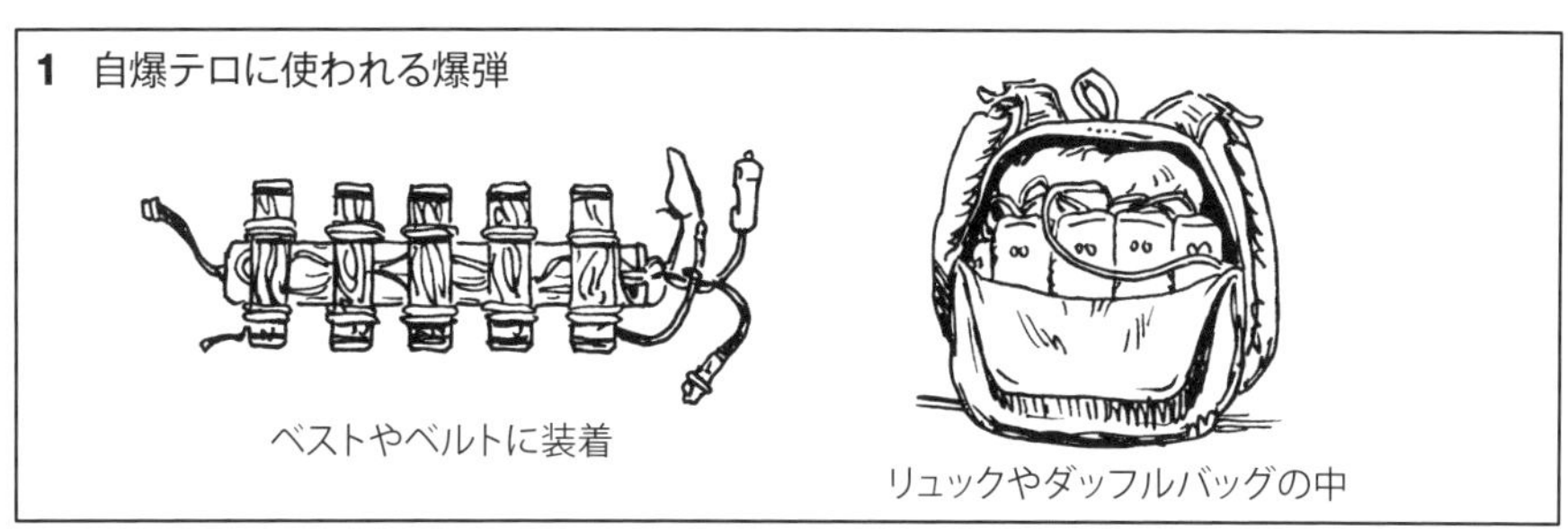
1 自爆テロに使われる爆弾
ベストやベルトに装着
リュックやダッフルバッグの中

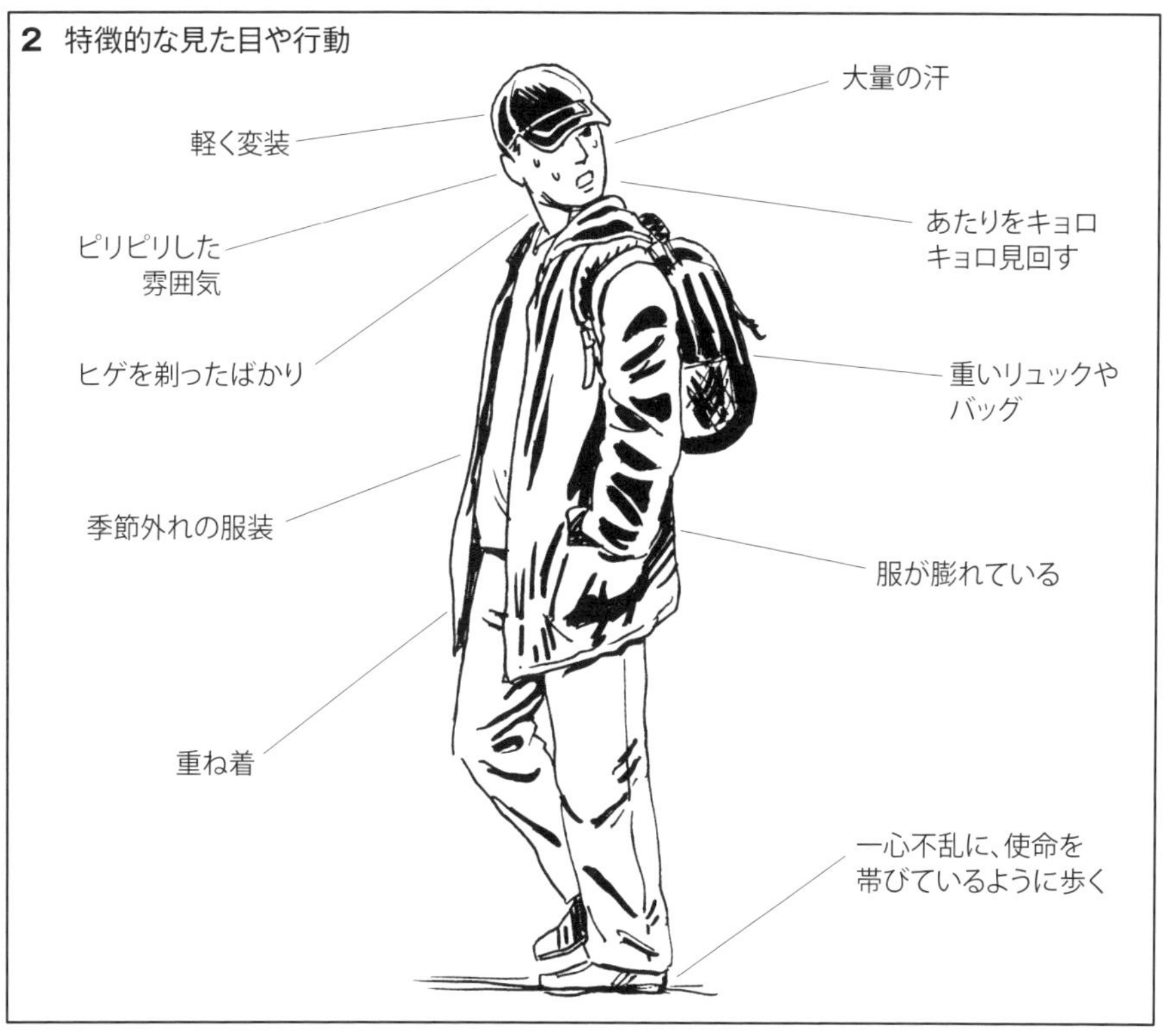
2 特徴的な見た目や行動
大量の汗
軽く変装
ピリピリした
雰囲気
あたりをキョロ
キョロ見回す
ヒゲを剃ったばかり
重いリュックや
バッグ
季節外れの服装
服が膨れている
重ね着
一心不乱に、使命を
帯びているように歩く

犯人の首を絞める

「首絞め」という技は、実は護身術のひとつでもある。

これなら格闘技の心得や腕力がなくても、凶暴な相手を倒すことができる。

無警戒に部屋に入ってきた凶暴犯を密かに襲う場合、首絞めは不意打ち効果もあって最適である。

銃乱射事件では、ほかの人間を撃つのに気を取られているすきに、背後から首を絞める。

首を絞めると、頸動脈から脳への血流が遮断され、ものの数秒で凶暴犯は意識を失う。

とはいえ、ヘッドロックで首を絞めるのはかなりの腕力が必要であり、成功するのは運次第というところもある。絞め方が悪いと呼吸しか止められず、息を止めるのが得意な凶悪犯が相手だと失敗しかねない。

しかし、即席の「首絞め具」を凶暴犯の首に回して絞めれば、気道と頸動脈を適切に圧迫できるので、確実に気絶させることができる。

即席の首絞め具は、2本のペンか鉛筆と首を絞めるワイヤーがあれば簡単につくれる。ワイヤーは靴紐（できればケブラー製）や携帯充電器のコード、あるいはIDカードホルダーに付いているケブラー製の紐でいい。

ワイヤーの両端にループ・ノット（二重止め結び）をつくり、そこにペンを差し込んで紐を引くハンドルにすれば、首絞め具の完成だ。このハンドルがなければ、首を適切な力で圧迫できない。

首を絞めるときは、凶暴犯の頭上で首絞め具のワイヤーを輪にしてから首にかけ、背後から両手で引っ張る。

できるだけ強く締めつけ、相手が倒れるまで力をかけ続ける。

数分で意識が戻るので、このすきに急いで安全なところへ逃げよう。

1 ワイヤーとハンドルになるものを用意する

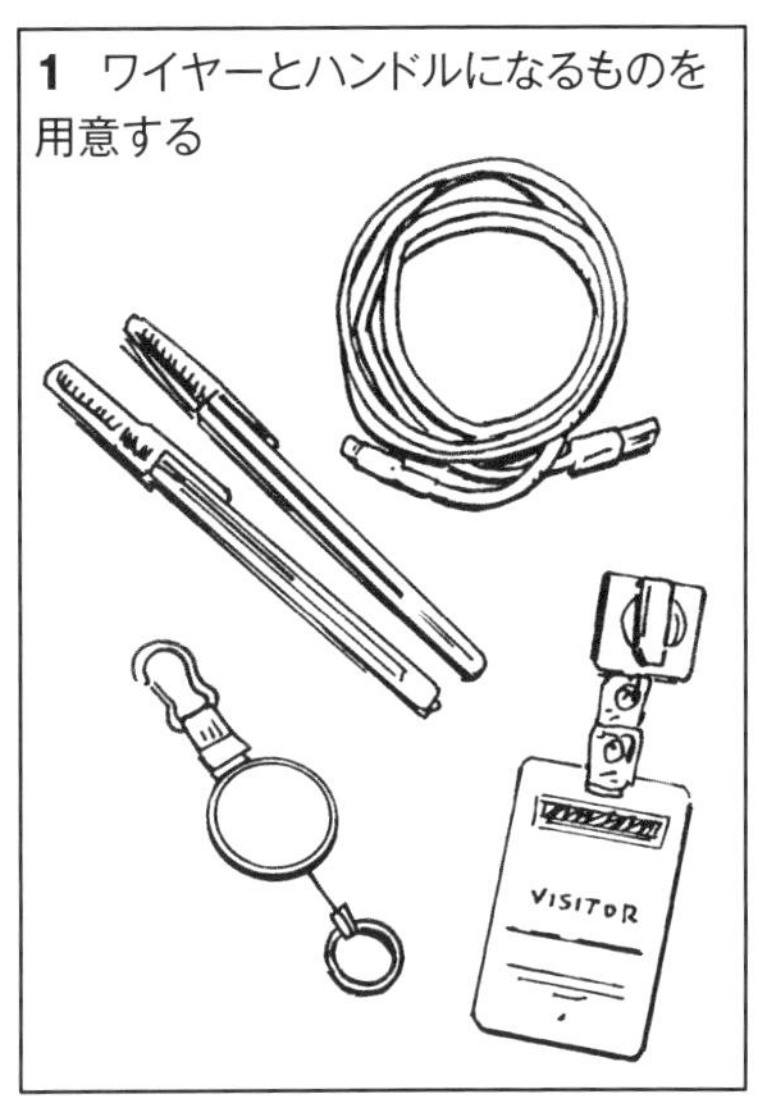

2 ワイヤーの両端に二重止め結びをつくる

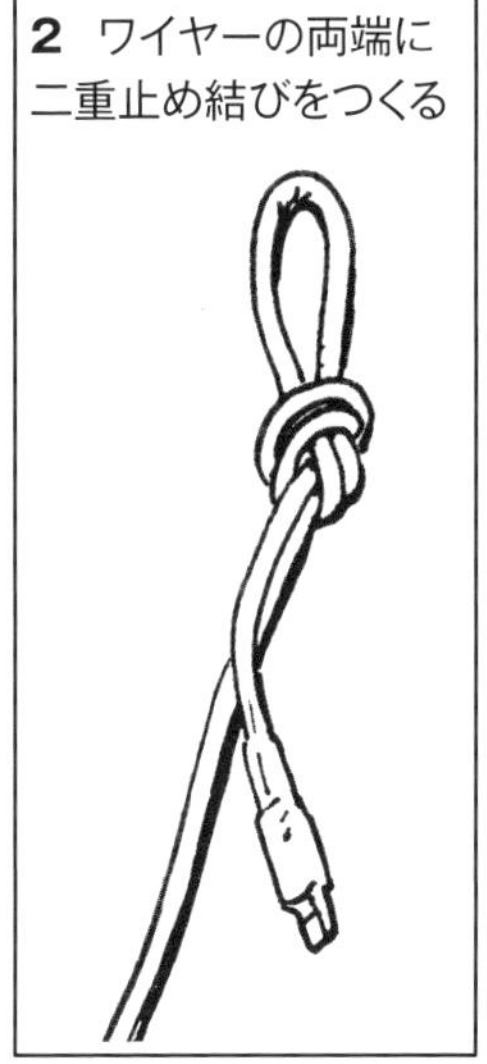

3 輪にペンを差し込む

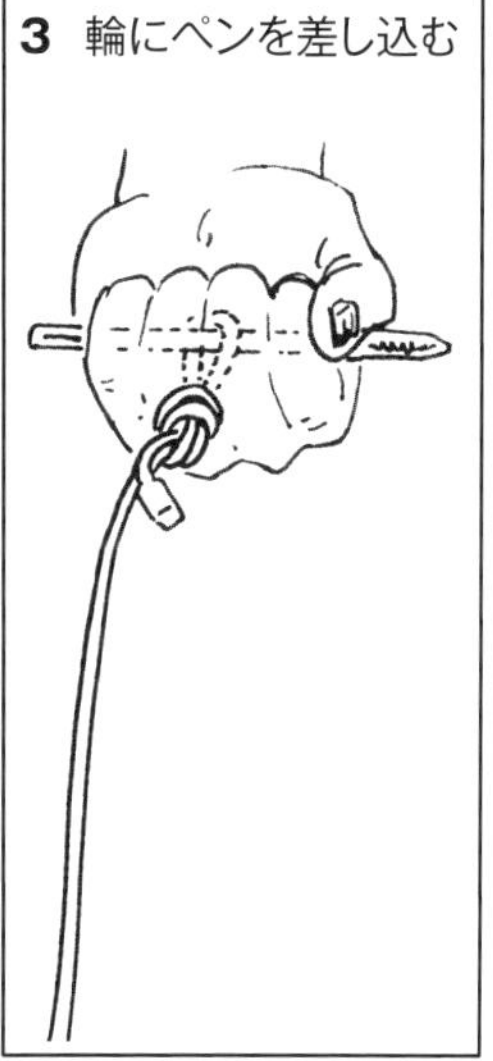

4 首を絞める！

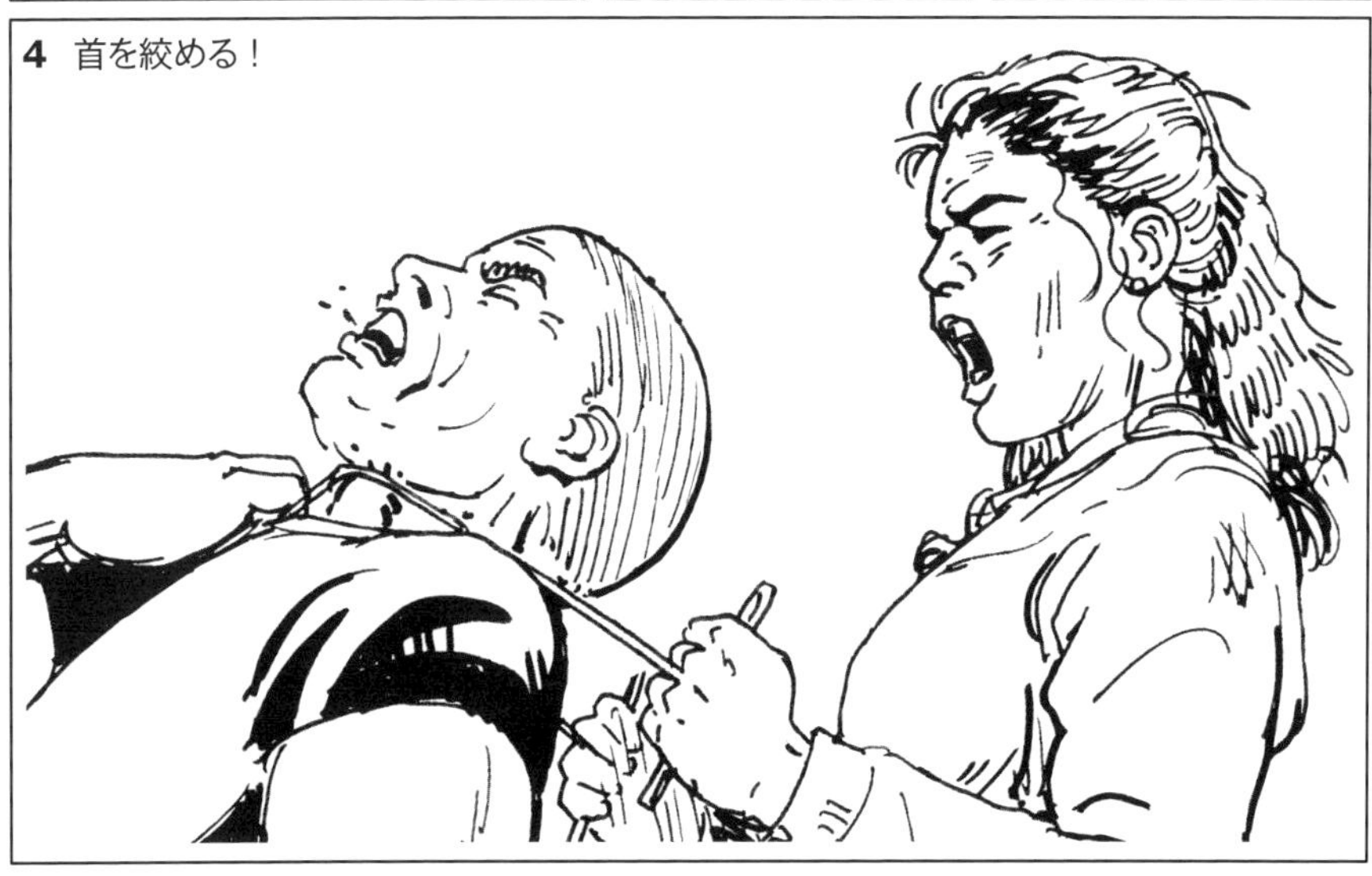

ハイジャック犯を倒す

昔のハイジャック犯は多くの場合、有名になることや個人的な要求を満たすことが目的だった。今から考えれば、かわいいものだったといえるかもしれない。

現代のハイジャック犯はそうではない。乗っ取った飛行機を使って政治的な目的を達成するのではなく、飛行機を物理的に使い、体当たりして大量虐殺を行なうのだ。

こうした自爆テロ犯に、すぐに実現できるような具体的な要求はない。正義のために命を捧げることに憧れ、それを遂行した者だけに約束されるあの世での至上の幸福を得る。それが究極の目標だ。

それはつまり、自分の乗る飛行機が乗っ取られたら、何らかの行動を自ら起こさないかぎり、ほぼ確実に死に至るということを示す。

自爆テロ犯にタックルするのは、怪我をしたり殺されたりするリスクが伴う。しかし抵抗しなければ、死傷することがリスクではなく現実になってしまうのである。

ハイジャック犯に対抗するためのガイドラインを以下に説明しよう。これを実行すれば、犯人を倒せる確率が高くなる。

たとえ機内の乗客の命を救えなかったとしても、アメリカ同時多発テロ事件におけるユナイテッド航空93便のように、乗客の勇気ある行動によって、さらなる惨事と犠牲を回避できた例もある。

1人で行動を起こさない——近くの乗客と協力して、犯人１人につき２人からなるチームをつくる。通路側の乗客同士で、犯人を襲う作戦を密かに立てる（窓際の乗客は通路へ出にくいので、迅速な行動を要する場合は役に立たない）。行動を起こすのは、自分と前後の席の２人、通路を挟んだ隣の席の１人、合わせて４人だ。軍隊や警備の経験がある人は、非常事態で迅速に動けるよう、常に通路側を選ぶのが望ましい。

武器を集める——機内から武器になるもの（熱いコーヒーが入ったポット、丸めた新聞）、盾になるもの（座席用クッション、トレイテーブル）、一時的な拘束具（電気コード、ハンドバッグのショルダーストラップ）を集める。

作戦を考える――犯人が通路を通るとき、通路側に座る数人の乗客で犯人を箱形に囲むことができる。人が多すぎて身動きが取れなくなるのを避けるため、通路に出るのは2人だけとし、残りの仲間は自分の席で立つ。それぞれの役割は1人につきひとつとする。真っ先に犯人に飛びかかれるグループは犯人の武器に飛びつき、第2グループと第3グループはそれぞれ犯人の頭と体を押さえる。頭を押さえたら、体の自由を奪ったのも同然だ。一刻も早く犯人のバランスを崩して床に倒し、一時的な拘束具をはめる。

行動を起こすタイミングを決める――例えば、「犯人が自分の脇の通路を通り過ぎたらすぐに行動を起こす」が、「犯人が2人で通路を見回っているときは待つ」といった具合に基準を定めておく。

拘束具を補強する――犯人を拘束したら、機内の救急バッグから医療用テープと絆創膏を取り出し、すでに犯人を縛っている拘束具の上に貼って補強する。

ハイジャック犯を隔離する――これからどうするか決めるあいだ、犯人を後部トイレに閉じ込めておく。トイレは客室乗務員が外側から鍵をかけられる。

ハイジャック犯を飛行機から放り出す――犯人を拘束しても安心はできない。体内に爆弾が埋め込まれている危険性があると、パイロットと保安当局が判断したら、「犯人を飛行機から放り出すしかない」という結論に達することもある。その場合は、客室を加圧する必要がない高度1万フィート（約3000メートル）まで飛行機を降下させ、犯人を主翼の後ろにある乗降ドアまで連れていく。決して主翼の前のドアから放り出してはならない。機外に出たハイジャック犯がそのままエンジンに吸い込まれて、最悪の結果を招きかねないからだ。

3 戦う

ありったけの力を使う

1人：武器を奪い、最初の一撃を食らわせる

2人：即席の武器と盾を使い、
犯人の頭と体を押さえる

4 拘束する

両手と両足首
を縛る

後部のトイレに
監禁する

5 ハイジャック犯を放り出す

高度1万フィート以下へ
の降下と客室の減圧を
パイロットに要請する

ドアを開ける

ハイジャック犯
を放り出す

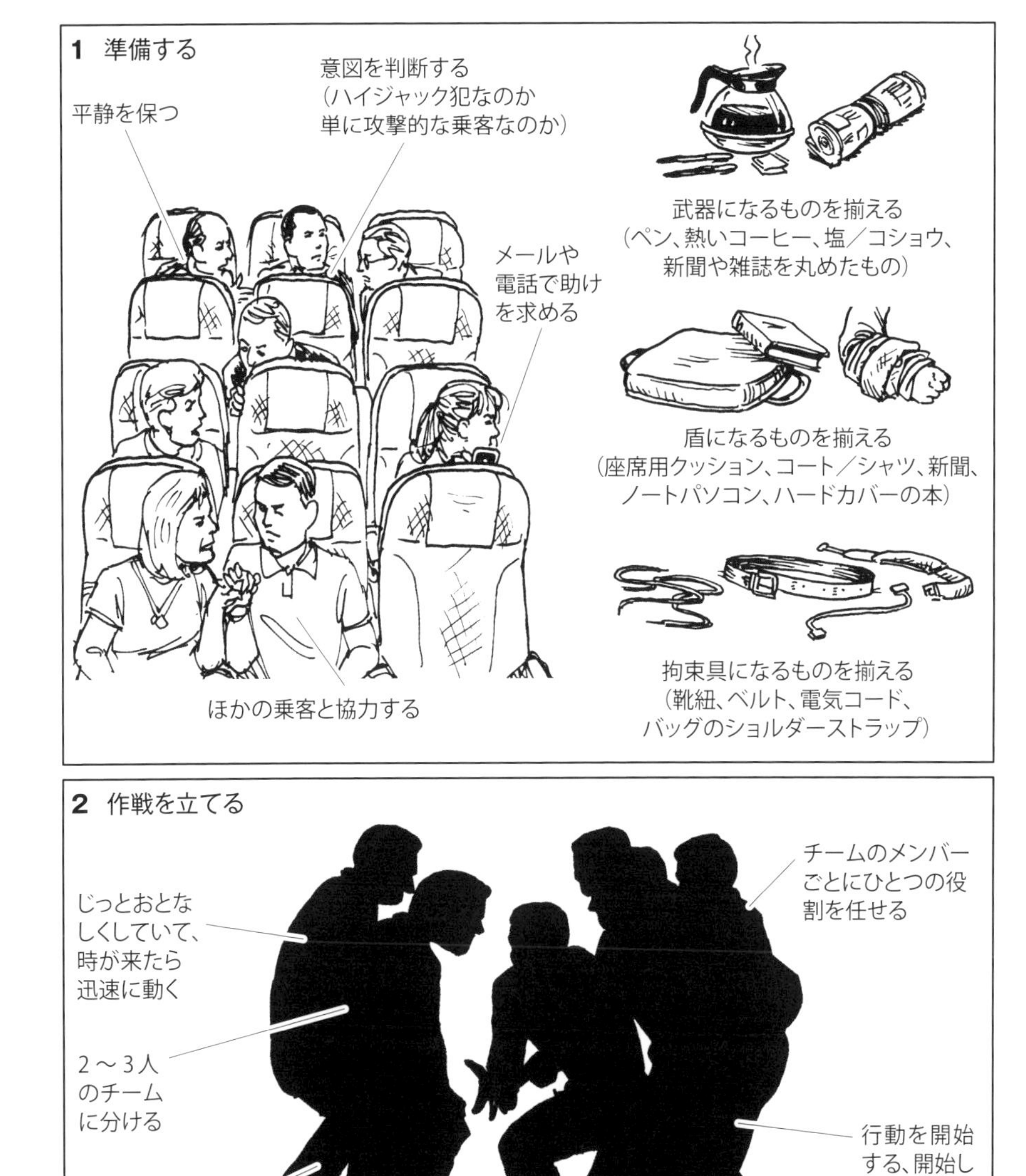
1 準備する
平静を保つ
意図を判断する
(ハイジャック犯なのか
単に攻撃的な乗客なのか)
メールや
電話で助け
を求める
ほかの乗客と協力する
武器になるものを揃える
(ペン、熱いコーヒー、塩/コショウ、
新聞や雑誌を丸めたもの)
盾になるものを揃える
(座席用クッション、コート/シャツ、新聞、
ノートパソコン、ハードカバーの本)
拘束具になるものを揃える
(靴紐、ベルト、電気コード、
バッグのショルダーストラップ)
2 作戦を立てる
じっとおとな
しくしていて、
時が来たら
迅速に動く
2～3人
のチーム
に分ける
チームごとに
ハイジャック犯
1人を割り当てる
チームのメンバー
ごとにひとつの役
割を任せる
行動を開始
する、開始し
ないの基準
を定める

PART 7

DISASTER SURVIVAL

災害を生き延びる

津波から逃れる

津波はほとんど前触れもなく襲いかかり、とてつもない被害をもたらす。恐るべきエネルギーと破壊力を持つこの波は、海底深くの断層に沿って起こる地震活動から始まる。また、火山の噴火でも津波が起こることがある。

荒ぶる洪水のような津波は時速800キロ以上で伝播（でんぱ）し、沿岸に近づくと数十メートルの高さにせり上がり、数発の核爆弾に匹敵するエネルギーを陸地に叩きつける。

太平洋やインド洋の沿岸では大小の津波が頻繁に起こるが、アメリカ北西部は過去1000年以上にわたって津波に襲われた記録がない。そのため、巨大な津波がいつ来てもおかしくないといわれ、津波への備えが重要視されている。

津波危険地域では避難経路のサインが出ていることもあるが、それに安心せず、前もって高台へ逃げる道を知っておく必要がある。

津波危険地域に住んでいたり訪れたりする場合は、海抜45メートル以上の高台や頑丈な建物、あるいは3キロ以上内陸まで逃げる計画を、徒歩と車の場合を考えて立てておく（車での移動は渋滞に巻き込まれる恐れがあるので要注意）。緊急避難場所の海抜は、住まいのある自治体によってまちまちなので、事前によく調べておくとよい。

津波から逃れようと木に登っても無駄である。木は津波に押し流される確率が高い。

一部の地域では、海底に設置したセンサーによって起動する「津波警報システム」が準備されている。警報システムがないなら、津波が来る前に起こる自然の変化に注意しよう。

いうまでもないが、沿岸地域で大地震に遭遇したら最大限の注意が必要である。また、潮が急激に沖へ引くとか、逆に潮が急激に上昇するとか、動物たちが妙な行動を取りはじめたときも同様だ。

地震の発生から津波が到達するまでの時間は、震源地から沿岸までの距離によるが、ほとんどの場合、高台に行くのに残された時間は20分もない。

すぐに動け！　津波は待ってはくれない。

1 津波の仕組みを理解する

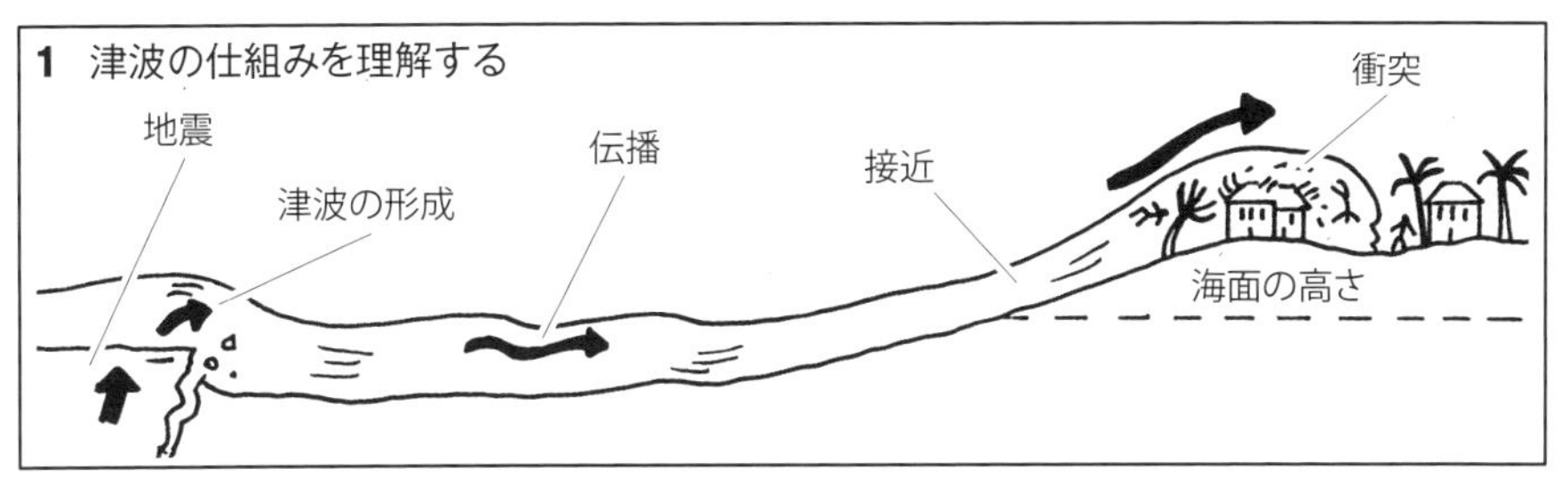

2 準備

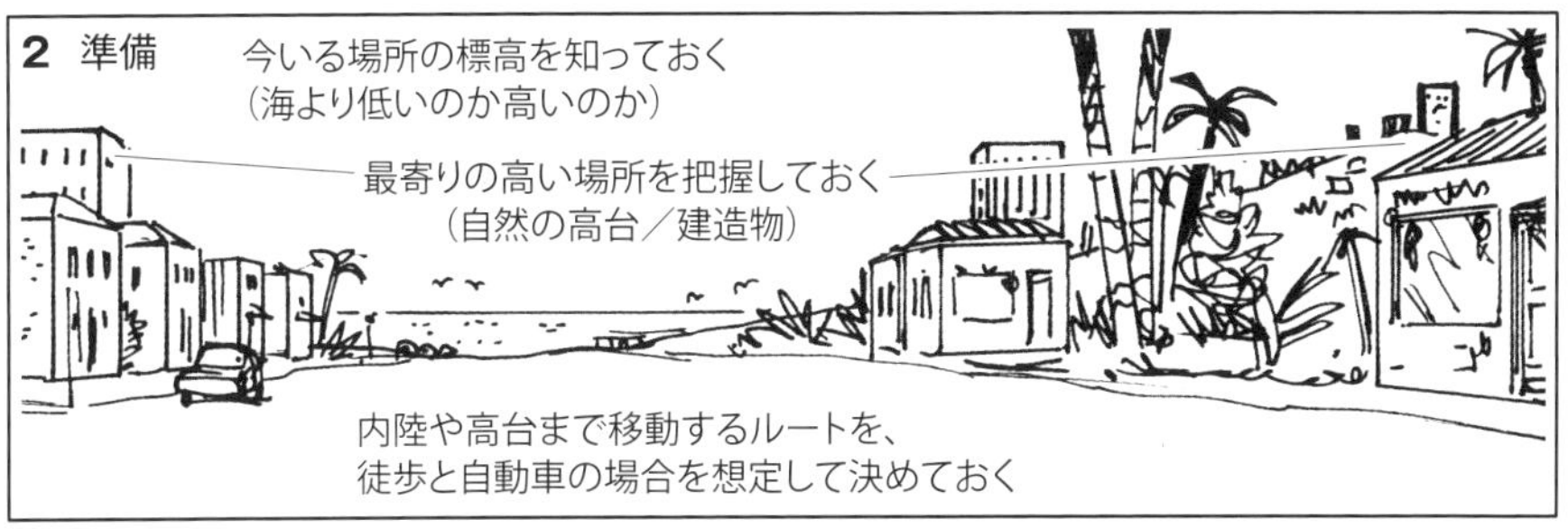

今いる場所の標高を知っておく
（海より低いのか高いのか）
最寄りの高い場所を把握しておく
（自然の高台／建造物）
内陸や高台まで移動するルートを、
徒歩と自動車の場合を想定して決めておく

3 兆候

沿岸地域である

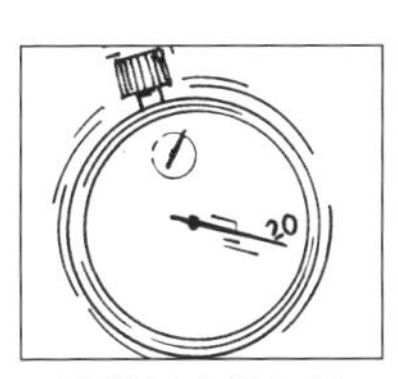

20秒以上揺れを
感じる地震

急激な引き潮
または上げ潮

動物の異常行動

4 対応

地震のあいだは、しゃがんで
頑丈なものの下に入り、耐える

内陸へ3キロ移動するか、海抜
45メートル以上のところへ登る

移動する時間がないときは最
寄りの一番高いところへ急げ！

雪崩を生き延びる

通常、雪崩が起こりそうな場所では、人が入る前にあらかじめ踏み固めるとか、発破で人工的に雪崩を起こすなどして、事故を未然に防いでいる。

　それでも雪崩による犠牲者はあとを絶たない。雪崩に巻き込まれて死亡する人は年間１５０人余りだ。死者の出ない雪崩はもっと多く起こっている。ただニュースになっていないだけだ。


　雪崩を避けるための最善の方法は、バックカントリーの斜面でスキーやスノーボード、ロッククライミングをしないことだ。特に、雪崩対策が講じられていない、パウダースノーが深く積もった場所に入ってはならない。

　現地の人と話して、雪崩が起こりやすい地区や、地域全体としての雪崩の起こりやすさを把握しておくのも大切だ。天候にも注意する。新雪が30センチ以上積もったら、雪崩が起こる危険性が出てくる。雨が降ったときも同様だ。

　それほど注意しても、雪崩に遭遇することはある。


　何もない急斜面で雪崩に遭った場合は、急いで脇に逃げる。雪崩は斜面の真ん中を中心に下っていくので、両脇は勢いが弱く、雪崩の量も少ない可能性がある。

　もし足下で雪崩が始まり、雪の表層にひび割れが見えたら、斜面の上方向へジャンプしてひび割れを飛び越える。

　すごい勢いで迫ってくる雪崩をよけられないときは、何か固定された頑丈な物（樹木、岩、電柱）につかまるか、下っていく雪の中に伏せて「泳ぐ」ことにより、雪崩の衝撃を垂直に受けないようにする。

　雪に埋まるのは砂に埋まるのと同じだ。雪崩が止まったら、動くことも息をすることもできなくなるかもしれない。そこで、体を動かせるうちに両手で顔を覆ってエアポケットをつくる。

　埋まったあとも体を動かせるなら、頭へ流れる血量の感じやライターの炎の向きを見て、どちらが上か判断し、上に向けて雪を拳で叩いて、表面への通気口を開く。そうすれば、救助隊が掘りはじめたときにいち早く完全に呼吸できるようになる。

1 備え

原因を知る：
30センチ以上の新雪、
降雨、発破、地震など
地元の住民
と話す
天候に注意する
常に仲間と
一緒に行動
する
ビーコン（雪
崩用のトラン
シーバー）を
携帯する

2 雪崩が起こったら

雪崩の中央部を避けて脇へ逃げる（スキーやスノーボードなら）

ひび割れが見えたら、上方向へジャンプする

頑丈なものにつかまる（樹木や岩）

装備を捨てる（スキー、ポール、リュック）

表層へと雪をかく（雪崩の表面に留まるようにする）

エアポケットを確保する（両手で顔を覆う）

どちらが上か見極める（頭への血流やライターの炎）

上に向けてパンチ（表層まで空洞をつくり、救助隊が掘りやすくする）

地震を生き延びる

毎年、地球で2000回もの地震が起こっており、そのうちの15回は大地震となる。

ところが、地震が多い地域に住んでいるのに、地震への備えに無関心という人が実に多い。防災の指針となる「安全ガイド」は更新されていることがあるので、必ず見直しておこう。

安全な場所を特定する

「地震が起こったら最寄りの出口に走る」という教えがあるが、それは19世紀ころに生まれた時代遅れの考え方だ。当時のカリフォルニアはアドベという日干しレンガを積んだだけの家が一般的で、一番頑丈なところが木の枠でできたドアだったのだ。

しかし出口は、何か物が飛んできても守ってくれない。それに、現代の家屋は大半が木材を骨組みにして建てられているので、日干しレンガの家よりはるかに頑丈である。

家の中で本当に一番安全な場所は、テーブルや机といった頑丈な家具の下、または部屋の角、壁といった構造的にしっかりしているところだ。

反対に、ガラス窓やガラス張りのところは割れる危険があるので、できるだけ離れよう。

耐震性を高める

家の中の耐震性を高めるために、大きな家具は家の土台に金具で固定する。

吊り下げ式の照明器具やシーリングファンは、張線を野縁（天井裏に入る骨組み）に取りつけて支え、額縁付きの絵画や写真は、額縁用の耐震壁掛けフックやパテを使って壁に固定する。

壁にかける大きな鏡やテレビは、壁掛け金具で間柱に固定し、さらにアイボルトでつるすのがよい。

避難に向けた準備をしておく

地震の多い地域では、本格的な「震災用セット」（各種道具、1人あたり1日4リットルの水、1週間分の食料）が住民向けに推奨されている。これに加えて、念のために「持ち出し袋」を用意しておいても損はない。

地震に続いてどんな非常事態が起こるのか、正確に予想することは難しい——建物の土台が崩壊するのか、洪水が起こるのか、火災が発生するのか、はたまた暴動が起こるのか。ともかく一番大切なのは、安全な場所へ脱出できる準備を整えておくことだ。

可能なら、同じ持ち出し袋をいくつかつくって、車内やメインの寝室、台所、リビングに置いておこう。

立ち止まってしゃがむ

地震が起こったら、「立ち止まってしゃがむ」「頑丈なものの下に隠れてじっとする」といった一般的な安全手順に従おう。、すぐにしゃがまないと、地震の揺れで転倒する恐れがある。

可能なら、体を守れるものや下に潜れるものを探し、体が転がるのを防いでくれるものにつかまる。

外には飛び出さない。外は木が倒れたり、電線が垂れたりしていて、きわめて危険だ。

ベッドで寝ているときに地震に襲われたら、動かずに枕を頭に当てて、飛んでくるものやガラスから身を守る。

車に乗っているときに地震に遭遇したら、アンダーパス（立体交差の掘り下げ式道路）や大きな木から離れたところまで進んで停止し、車の中に留まる。

助けを求める

がれきの下に埋まったり、地面に開いた穴に落ちてしまったときは、周りがこれ以上崩れないようにゆっくりと動く。

近くに持ち出し袋があるなら、中に入っている笛を吹いて助けを求める。パイプや鉄筋を叩いて大きな音を出してもいい。とにかく救助隊に気づいてもらうことだ。

沿岸部の場合は、地震の次に津波が押し寄せる恐れがあるので（１８８ページ参照）、揺れが収まったら一目散に高台へ上ろう。

2 地震が始まったら

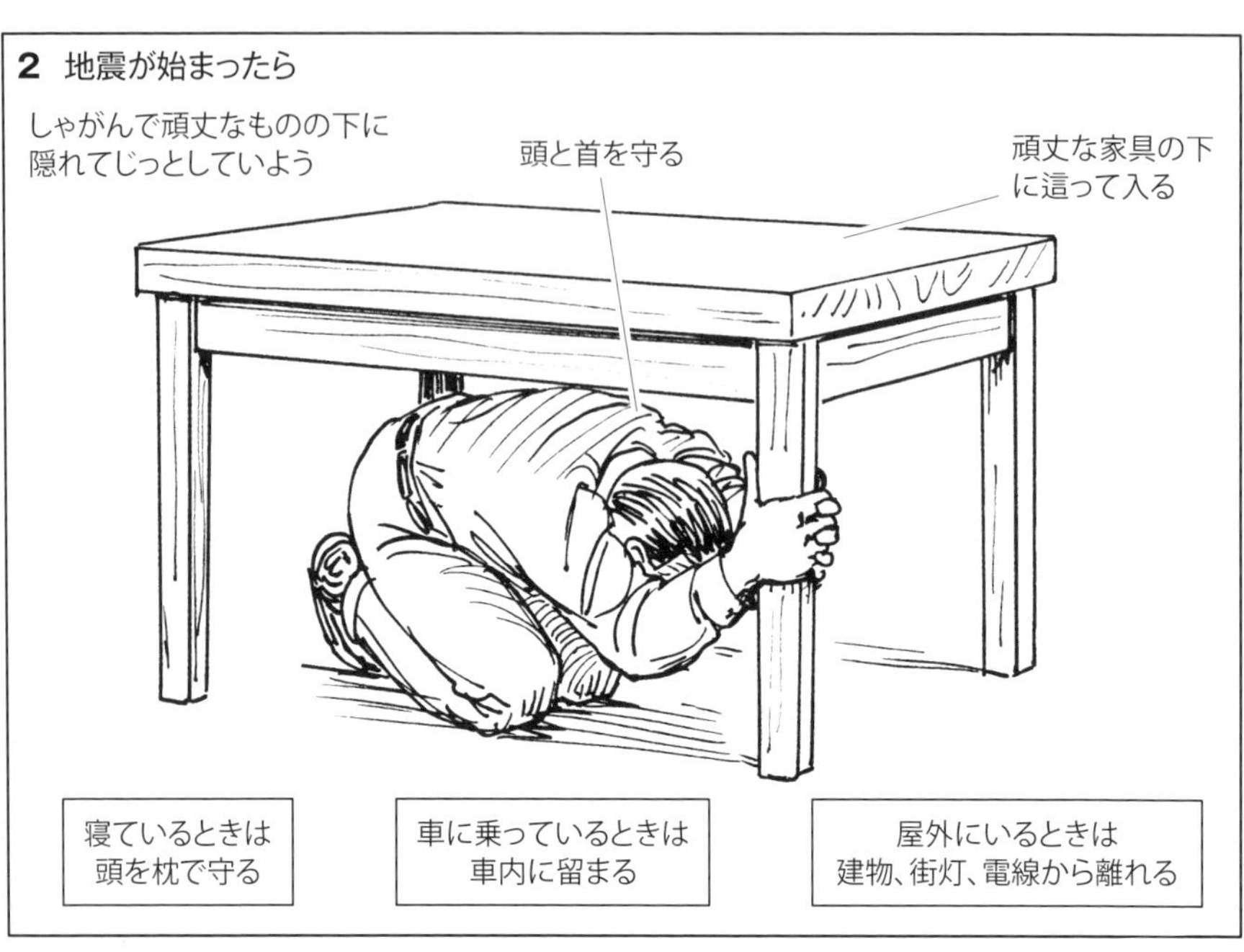
しゃがんで頑丈なものの下に
隠れてじっとしていよう
頭と首を守る
頑丈な家具の下
に這って入る

寝ているときは
頭を枕で守る

車に乗っているときは
車内に留まる

屋外にいるときは
建物、街灯、電線から離れる

3 地震が収まったら

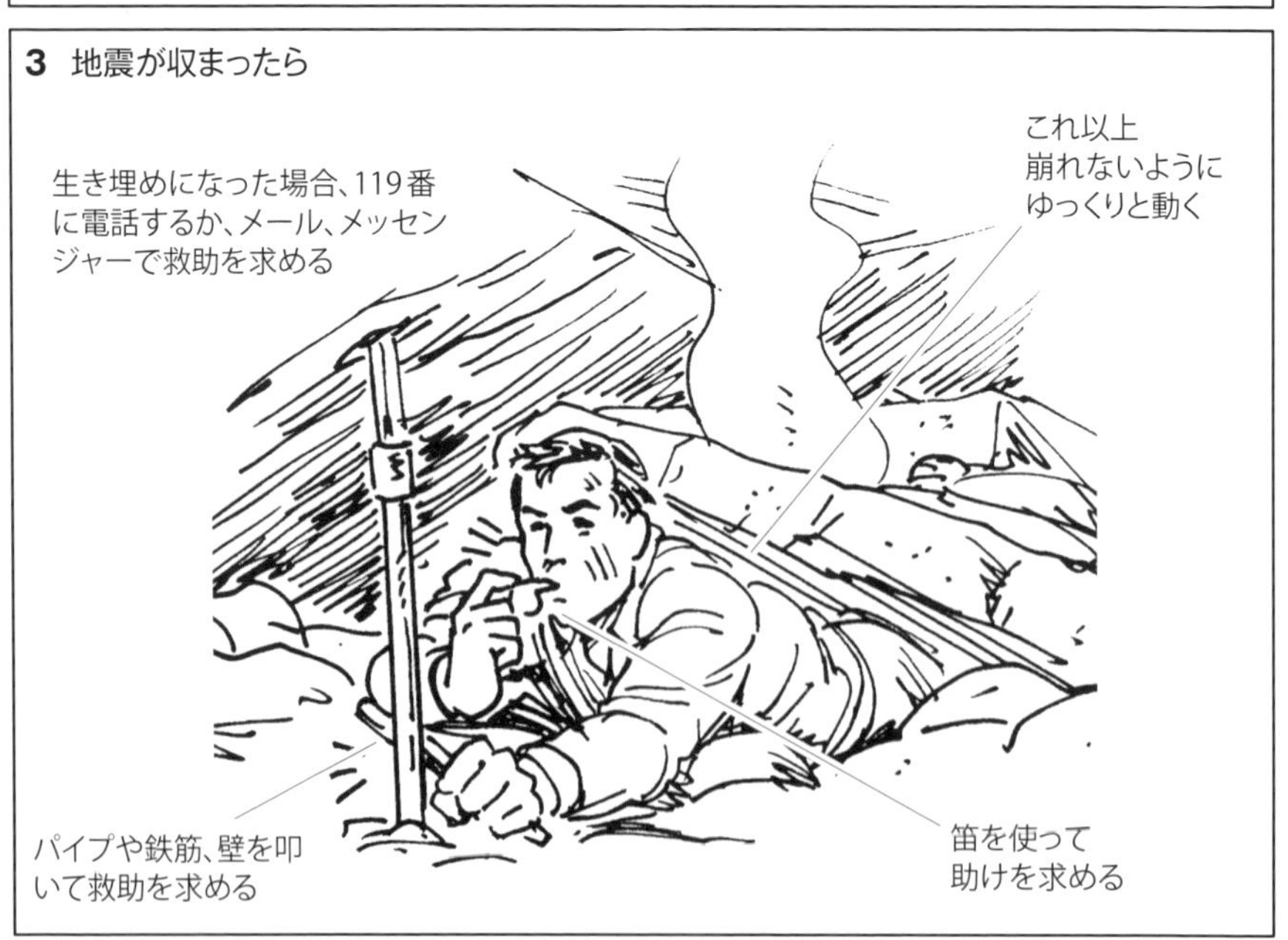
生き埋めになった場合、119番
に電話するか、メール、メッセン
ジャーで救助を求める
これ以上
崩れないように
ゆっくりと動く
パイプや鉄筋、壁を叩
いて救助を求める
笛を使って
助けを求める

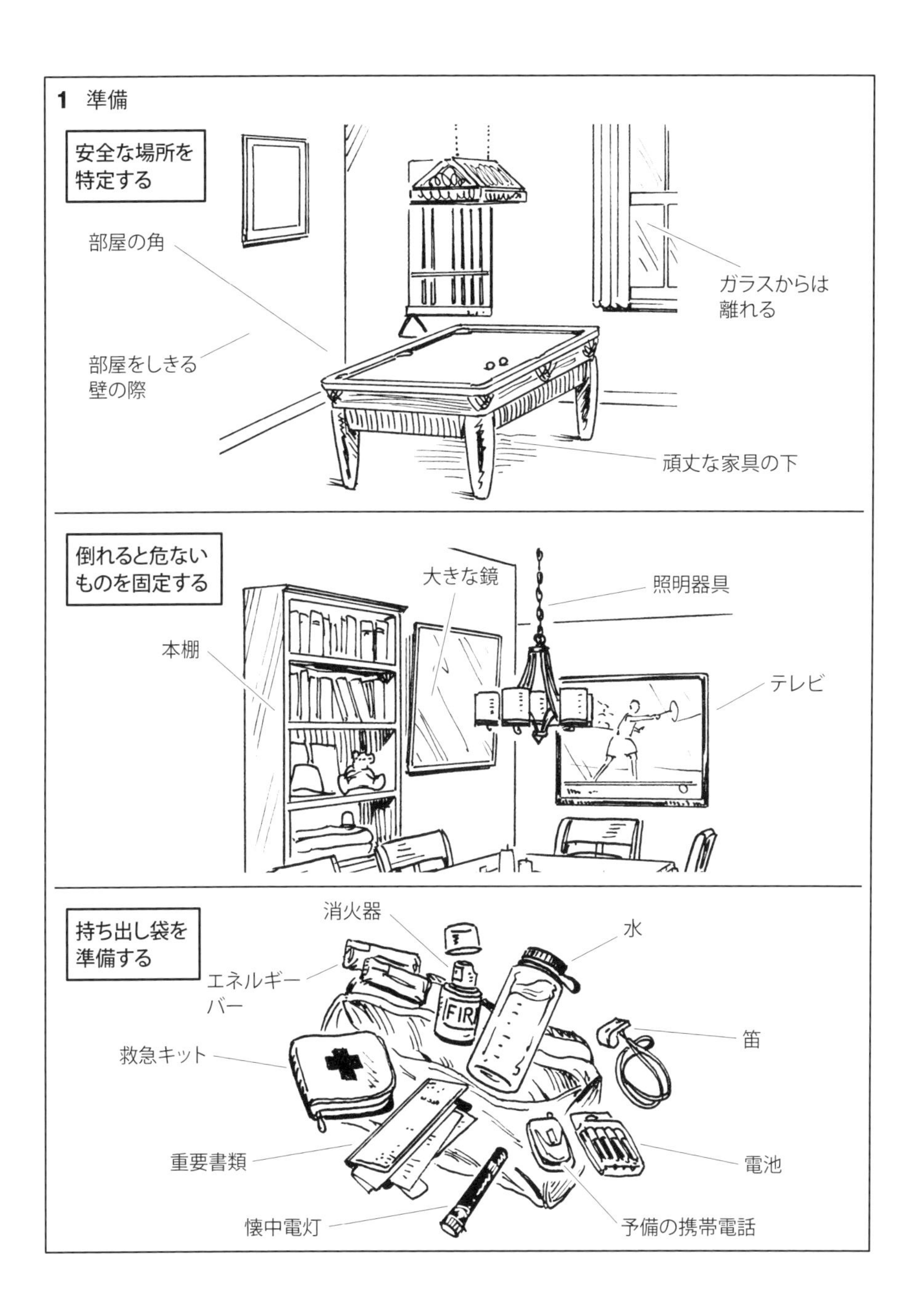
1 準備
安全な場所を特定する
部屋の角
部屋をしきる壁の際
ガラスからは離れる
頑丈な家具の下
倒れると危ないものを固定する
大きな鏡
照明器具
本棚
テレビ
持ち出し袋を準備する
消火器
水
エネルギーバー
笛
救急キット
重要書類
電池
懐中電灯
予備の携帯電話

暴風雪や雷雪の中を生き延びる

冬になるとよく起こる暴風雪や、滅多に起こらない雷雪（寒冷前線が上昇し暖かく湿った空気にぶつかって起こる雷を伴った雪）に遭遇した場合に備えて、これだけしておけば安心という画期的な対策などない。昔からある対策の積み重ねが大切だ。

家と車を寒冷地対応にする

冬が厳しい地域では、寒冷な気候に備えていろいろと準備しておく必要がある。

融雪用の岩塩、滑り止めの砂、雪かき用のスコップ、薪、防寒具を、家とクローゼットに用意しておく。車のトランクには、非常用の毛布、毛糸の帽子、カイロを入れておく。

車も寒冷地対応にしないといけない。

まずは排気システムに漏れやパイプのへこみがないか、整備士に確認してもらう。さらに、エアフィルターの交換、ブレーキの摩耗とブレーキオイルの量の確認、トレッドも含めて良好な状態の冬用タイヤの装着、オイルの確認、ヒーターとデフロスターとサーモスタットの動作確認、不凍液の確認、バッテリーと点火プラグの手入れと確認、摩耗したワイパーの交換、そしてすべてのライトの点灯確認も行なわなければならない。

適切な行動をとる

暴風雪の中を運転するときは、道の真ん中で立ち往生するようなことがないよう、慎重すぎるくらい慎重になる必要がある。

除雪されていない道は避けること。見たところ問題がありそうな道路は、おそらく問題があるのだ。

視界不良によって起きた死亡事故の例を見ると、ちょっとしたことで回避できたものがほとんどである。そのちょっとしたこととは「人間の判断」だ。

運転している途中で天候が急速に悪化してきたら、無理をして先を急ぐべきではない。

緊急事態に直面すると闘争・逃走本能が働いて、一刻も早く嵐を突っ切るか、あるいは嵐から逃れようと焦って車を走らせてしまいがちだ。だが、場合によっては「何もしない」、つまり路肩に車を止めて嵐が過ぎるのを待つのが最も安全ということもある。

嵐が過ぎるのを待つ

人里離れたところで立ち往生してしまったときは、そのあたりの土地勘があって適切な防寒具（防寒具の詳細については49ページ参照）を持っている場合は別として、むやみに徒歩で避難せず、車の中でじっとしていよう。

暴風雪の中を歩いたところで、視界はほとんど利かず、極寒の中で迷子になってしまうのが関の山である。

車内に留まる場合は、エンジンをかけてヒーターを使う時間を1時間あたり10分だけにする。一酸化炭素中毒を防止するためと、バッテリーを節約するためだ。

防寒具や毛布を十分に積んでいない場合は、体の上に座席のカバーやフロアマットを重ねて寒さをしのぐ。

夜になったら、ほかの車からこちらが見えるように室内灯をつけておく。ハザードランプはバッテリーを消耗してしまうので、つけないほうがいい。

低体温症の兆候を感じはじめたら、緊急時のために取っておいたカイロを使って、体幹を温める（58ページ参照）。体温が一定のレベル以下に低下した状態で指先や足を先に温めてしまうと、冷えた血液が一気に心臓に戻ってきて、かえって危険なことになりかねない。

3　車に留まるか離れるか

留まる条件

①道路で立ち往生し、救助が見込める
②安全な場所が近くにないか見えない
③車外に出るのに適切な防寒具がない
④救助を呼ぶすべがない

離れる条件

①徒歩で行ける範囲で助けが求められる
②視界が利き、車外の状況が安全
③適切な防寒具がある

4　車内に留まる場合

路肩に
車を寄せる

座席カバーやフロアマット
で寒さをしのぐ

夜間は室内灯を
つけておく

バッテリーを
節約する

エンジンとヒーターは
1時間に10分だけ動かす

車から出ない

1　家での準備

玄関までの通路に
まく融雪用岩塩
滑り止めの砂
雪かき用の
スコップ
暖炉や
ストーブ用の薪
防寒具

2　車の準備

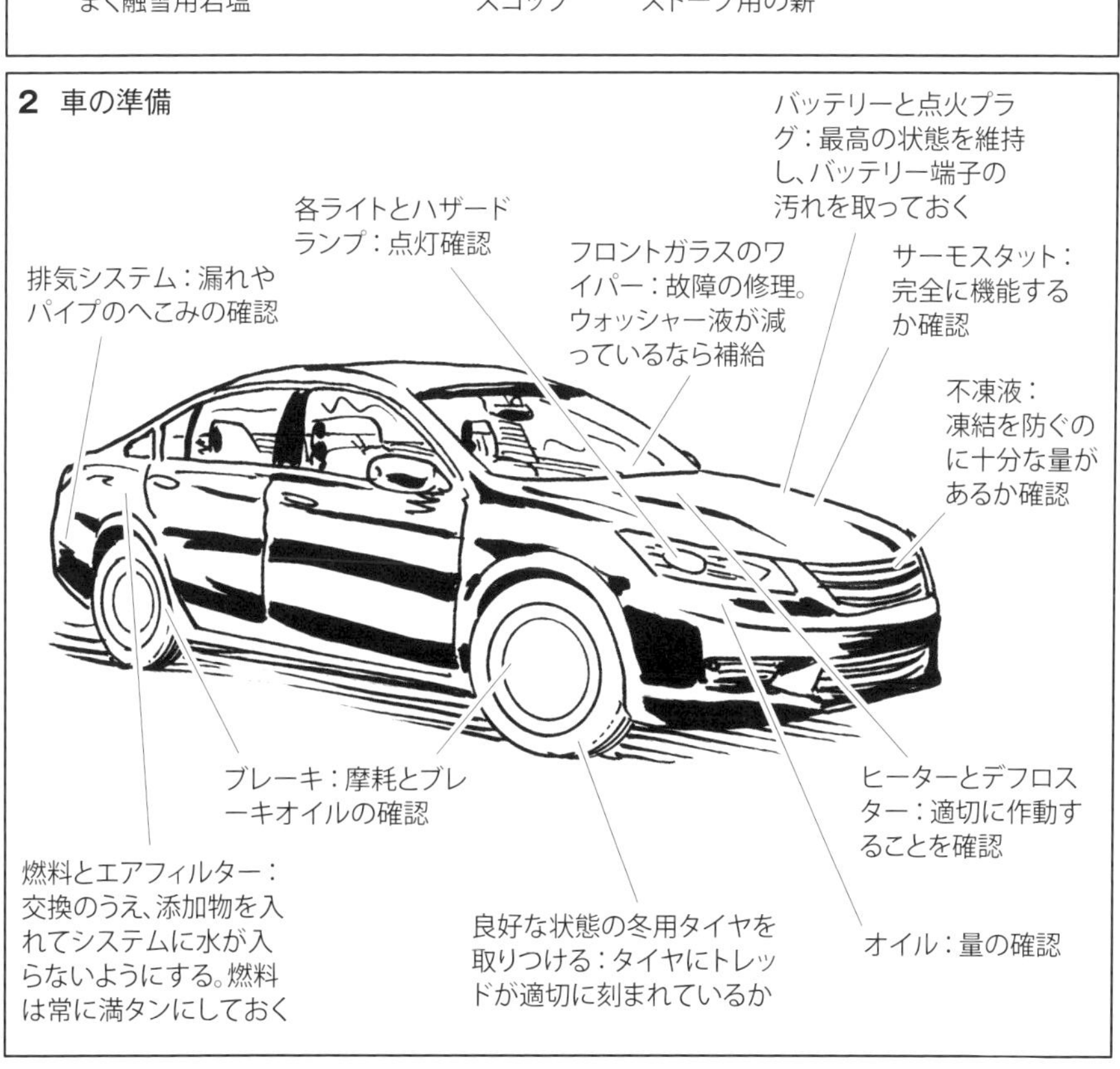
バッテリーと点火プラグ：最高の状態を維持し、バッテリー端子の汚れを取っておく
各ライトとハザードランプ：点灯確認
フロントガラスのワイパー：故障の修理。ウォッシャー液が減っているなら補給
サーモスタット：完全に機能するか確認
排気システム：漏れやパイプのへこみの確認
不凍液：凍結を防ぐのに十分な量があるか確認
ブレーキ：摩耗とブレーキオイルの確認
ヒーターとデフロスター：適切に作動することを確認
燃料とエアフィルター：交換のうえ、添加物を入れてシステムに水が入らないようにする。燃料は常に満タンにしておく
良好な状態の冬用タイヤを取りつける：タイヤにトレッドが適切に刻まれているか
オイル：量の確認

竜巻やハリケーンを生き延びる

ハリケーンや台風は、実際に接近してくる何日も前から警告がくり返される。

予測できるのはありがたいことだが、「甚大な被害が起こる」という予告は一般市民にとってこのうえない恐怖だろう。しかし、ハリケーンの避難警報に注意しておくことがいかに重要かは、歴史が証明している。

一方、竜巻は何の予告もなく襲ってくるので、ハリケーンよりも深刻な被害を招きやすい。

毎年ハリケーンは約10回ほど発生するが、竜巻はアメリカだけで毎年約１０００回発生しており、特にアメリカ中西部は世界有数の竜巻発生地帯として有名だ。

大型のハリケーンが多くの犠牲者を出すことは、誰もが知っている。一方、竜巻はハリケーンほど広範囲におよばないため、甘く見られがちだ。

しかし、突然襲いかかる竜巻の破壊力は凄まじく、平均的なものでもハリケーンより多くの犠牲者を出している。竜巻は気象界の一匹狼なのだ。

ハリケーンは洋上でゆっくり成長して力を蓄えるので、人工衛星によって簡単に発見できる。したがって注意報や警報を発する余裕がある。

しかし竜巻は、大気の条件が整えばものの数分で発生するため、避難できる時間は無きに等しい。そして突然襲いかかる凄まじい強風は、

避難警報に注意する

ハリケーンがもたらす一番の脅威は、風ではなく洪水だ。だからこそ、遅れずに避難することが重要になる。

いつでも避難できるように、非常用物資セットを用意すること（２０３ページ参照）。レンチやペンチも一緒に入れておこう。そうすれば、ガスや水道が漏れても元栓を確実に閉められる。

ハリケーンがよく襲ってくる地域の住民は、避難警報を聞いても平然としている。警報が出ても無事だったという長年の経験がそうさせるのだろうが、本当は侮ってはならない。一度でも大洪水に見舞われれば、地域全体のインフラが流されてしまうのだ。

ハリケーン以上の犠牲者を生み出す。
竜巻は見えている部分がすべてだと思われがちだが、実際には違っていて、被災地域は漏斗（ろうと）状の雲から1マイル（1・6キロ）にもおよぶ。

その場に合わせた対応手順に従う

竜巻への対応手順は、自分がどこにいるかで違ってくる。

安全な建物に避難する――屋外で竜巻に遭遇したら、プレハブの建物やトレーラーハウスに避難してはならない。そうした建物に留まると、しっかりと地面に固定されていないかぎり、命を危険にさらすことになる。助かりたければ頑丈な建物を見つけ、中に入ってしゃがむことだ。

一番低い階の中央へ移動する――屋内にいるときは、窓やドアから離れ、建物の一番低い階の中央へ向かう。ドアと窓は閉めておく。「建物の内部が真空になって壊れるのを防ぐために窓を開けておく」というのは時代遅れの風習で、実際に窓を開けておくと、強い風によって屋根が家の基礎から持ち上げられて剝がれる恐れがある。

シートベルトをする――屋外で竜巻が迫ってきたら、車の中に避難するのが最も安全だろう。車の窓ガラスは家の窓と違って、衝撃に耐えられるようにつくられている。竜巻によって車が吹き飛ばされたときに備えて、シートベルトを締めておく。

竜巻から逃げ切れると思うな――竜巻が持つエネルギーは無限だが、人間の力には限界がある。しかも竜巻の進む方向は予想不可能だ。限られた時間内に、可能なかぎり安全な態勢でしゃがむしかない。周りより低い場所、例えば溝や穴を探して、その場に伏せる。その場に留まれば、強風で飛んできた物体から身を守れることもある。

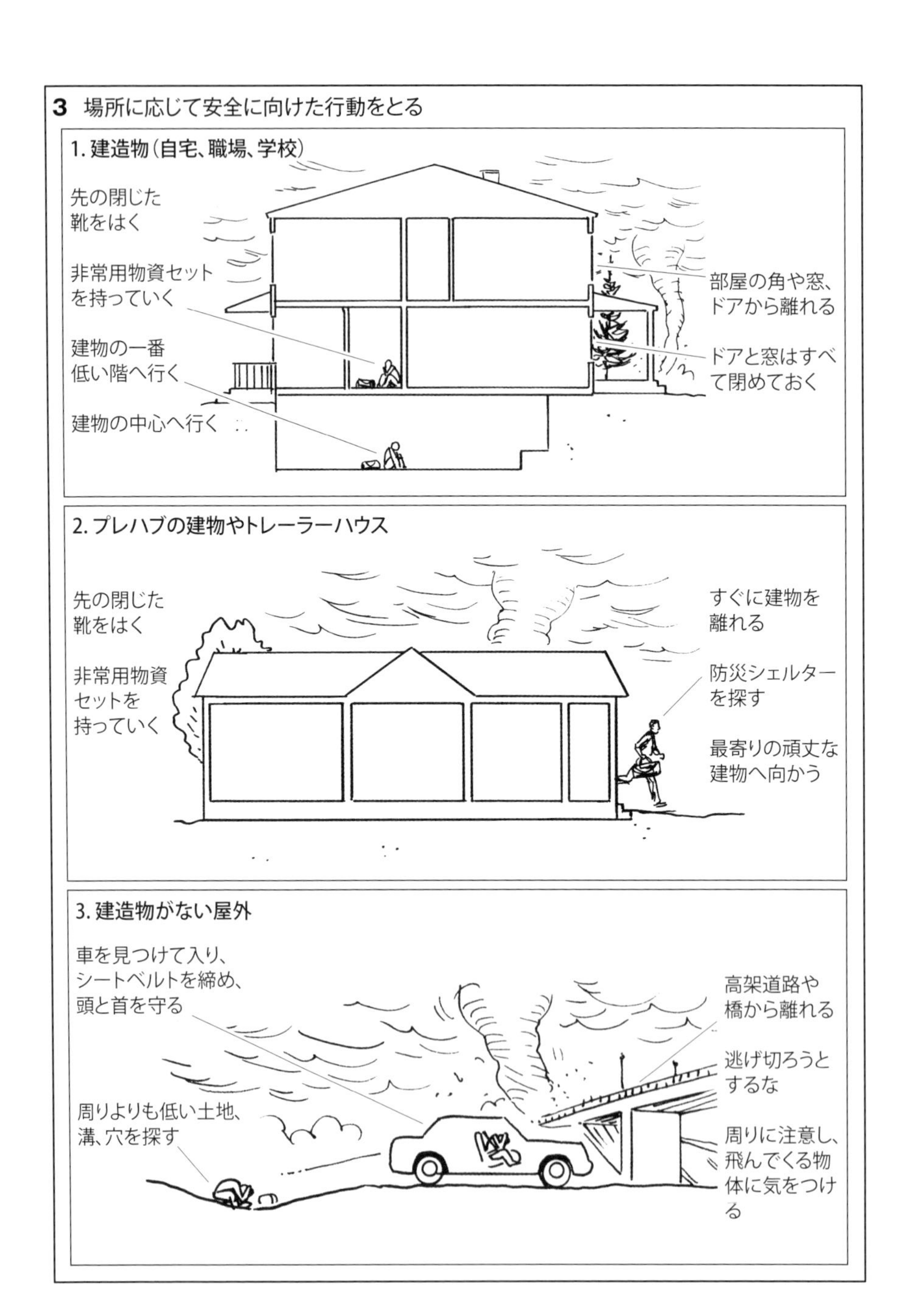
3 場所に応じて安全に向けた行動をとる
1. 建造物（自宅、職場、学校）
先の閉じた
靴をはく
非常用物資セット
を持っていく
建物の一番
低い階へ行く
建物の中心へ行く
部屋の角や窓、
ドアから離れる
ドアと窓はすべ
て閉めておく
2. プレハブの建物やトレーラーハウス
先の閉じた
靴をはく
非常用物資
セットを
持っていく
すぐに建物を
離れる
防災シェルター
を探す
最寄りの頑丈な
建物へ向かう
3. 建造物がない屋外
車を見つけて入り、
シートベルトを締め、
頭と首を守る
周りよりも低い土地、
溝、穴を探す
高架道路や
橋から離れる
逃げ切ろうと
するな
周りに注意し、
飛んでくる物
体に気をつけ
る

1 ハリケーンと竜巻

ハリケーン
発生場所:海上
規模:幅数百キロ
持続時間:3週間
風速:時速180マイル(秒速80メートル)
頻度:年10回
事前警告:数日前

竜巻
発生場所:陸上
規模:幅400メートル
持続時間:1時間以内
風速:時速300マイル(秒速134メートル)
頻度:年800～1,000回
事前警告:15分から30分前

2 非常用物資セットを用意する

水
食料
ラジオ
懐中電灯
電池
笛

防塵マスク
ダクトテープ
ウェットティッシュ
レンチ/ペンチ
缶切り

GPS
携帯電話
処方薬
着替え
防寒用レインジャケット

陥没した穴から脱出する

非常用物資セットの一部として笛を持ち歩くのに抵抗があるかもしれないが、そんなためらいは捨てたほうがいい。

　理由は山ほどある。例えば、老朽化した構造物が崩れて生き埋めになったとき、居場所を知らせる手段がなければ、救助隊が来ても助けてもらえないかもしれない。


　本当の意味でいえば、都市部にしっかりとした地面など、どこにも存在しない。

　岩のように堅固な舗装道路の上を車で走り、見上げれば高層ビルがそびえ立つ——そんなものは、多かれ少なかれ幻想だ。表層を一皮めくれば、下には地下鉄が張り巡らされ、上下水道の本管が通っている。

　我々の足下には大きな空洞が開いているのが現実である。地表に圧力がかかりすぎたり、構造物が老朽化して上下水道の本管が破裂したりすると、地面が大規模に陥没する恐れがある。

　一般市民がそうした陥没を予期するのは不可能だ。硬いはずの地面が足下から崩れたら、落ちるのを防ぐ術はない。問題はどうやって生き延びるかだ。

　車を運転中に穴へ落ちたら、車が完全に停止するまで外に出ないこと。車は衝撃に耐えられるようにつくられているので、シートベルトを締めたまま待つほうが、生き延びる可能性が高いだろう。

　車のドアが壊れて開かなくなったときの脱出法は206ページを参照してほしい。


　歩いているときに陥没が起こって穴に落ちたときは、パラシュート着地技法（ＰＬＦ）を実践して骨折を防ぐ。

　左図のように両腕を折りたたんで、両脚とともに真ん中でぴったりくっつけ、膝を曲げる。着地したら横に倒れる。そうすると、着地の衝撃が足首から膝、臀部（でんぶ）を通って、各関節と背骨に徐々に分散されていく。最後は体ごと後ろに転がる。関節を曲げずに真っ直ぐ立った状態で着地すると、足を骨折したり背骨を痛める恐れがある。

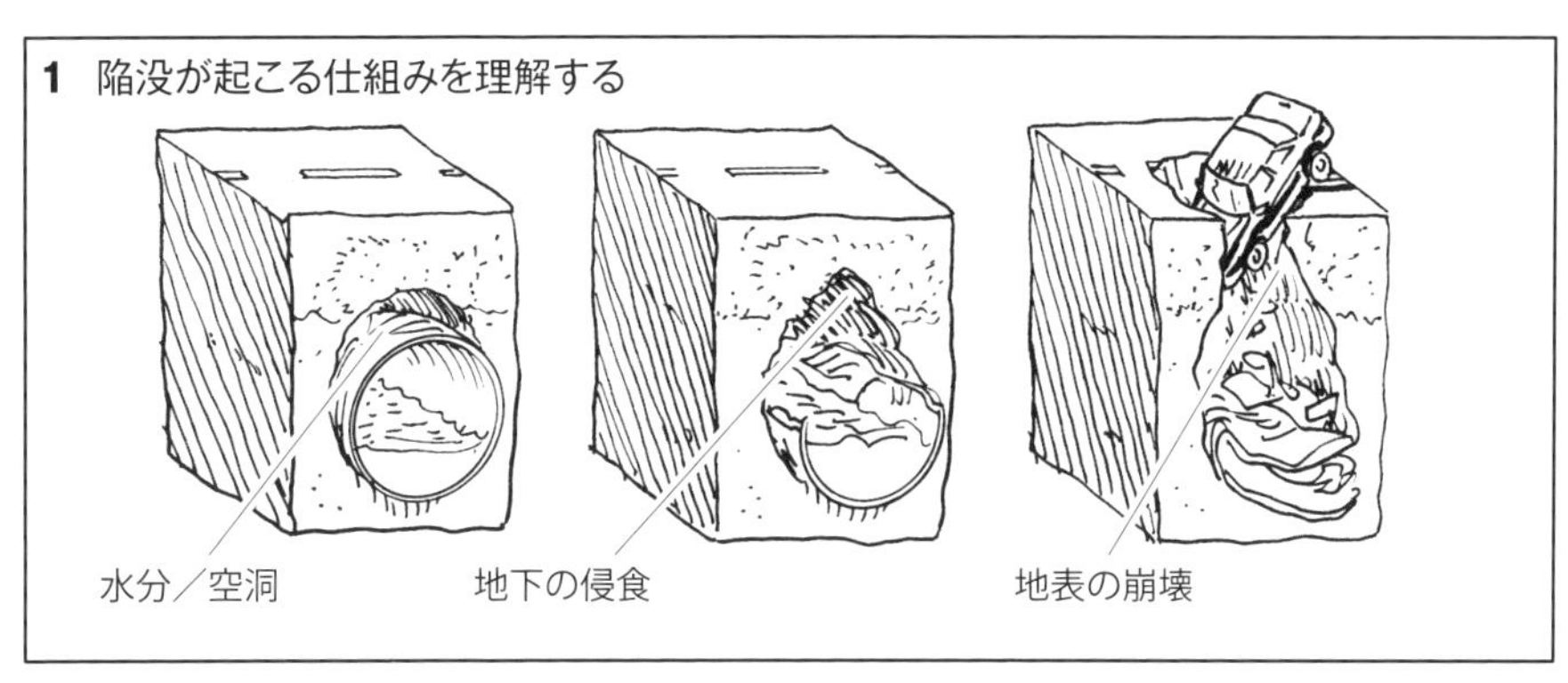
1 陥没が起こる仕組みを理解する
水分／空洞
地下の侵食
地表の崩壊

2 通信

いつも携帯電話を手元に置いておく
常に充電しておく
笛を携帯する

3 パラシュート着地技法（PLF）を練習する
両腕両脚
をつける
体を曲げる
足首、膝、
臀部の順序
で着地する
転がる
伏せろ!
首と頭を
守る

水没する車から脱出する

洪水になって道路が冠水し、車のマフラーに水が入ってくるほど水位が上がったら、運転しようなどと絶対に考えてはいけない。

これはドライバーの常識だ。もしも冠水した道を走ったら、エンジンが水浸しになって車が止まり、深刻なダメージを受ける恐れがある。

万が一運転中に洪水に流された場合、まだ時間的な余裕があるなら、窓を開け、ドアのロックを解除して、脱出に向けた準備をする。

車が水の中に沈めば、パワーウィンドウや電子ロックがまだ生きていたとしても、水圧で窓もドアも開かなくなる恐れがある。そうなったら、車内が水で満たされて外から水圧がかからなくなるまで、ドアは絶対に開かない。その前に逃げる準備をしておこう。

世の中の「安全ガイド」では、車が完全に止まるまでシートベルトを外してはならないと定めているが、それも状況によりけりだ。

洪水に流されたら、シートベルトはすぐに外そう。車が横転して上下逆さまになると、シートベルトに体重がかかってロック機能が働き、身動きが取れなくなる恐れがあるからだ。ロックがかかってしまった場合に、ベルトを切って脱出できるよう、車内にナイフやカミソリの刃を置いておこう。

フロントガラスを力ずくで壊そうとしても無理だ。フロントガラスは二重ガラスになっていて、強い衝撃にも耐えられるようにつくられている。

蹴るならフロントガラスでなく、サイドガラスだ。ただし、サイドガラスの下側は、ガラスをドアの中に下げる機構につながっていて頑丈なので、そこから最も離れたサイドガラスの一番上を狙って蹴る。

ガラスがなかなか割れないときは、ガラスとドアのあいだにヘッドレストのスポークやナイフを押し込もう。そこに力が集中して、ガラスが砕けるかもしれない。

緊急脱出用ハンマーを備えているなら、ガラスの角を狙って叩き割ろう。

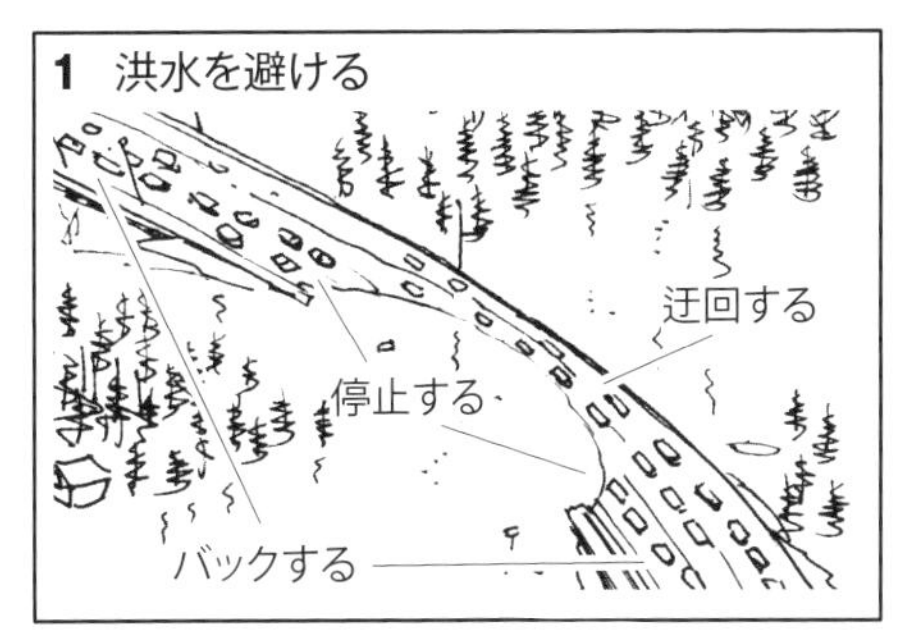
1 洪水を避ける
迂回する
停止する
バックする

2 出口を設ける
サンルーフを開ける
窓を下げる
ドアのロック
を解除する

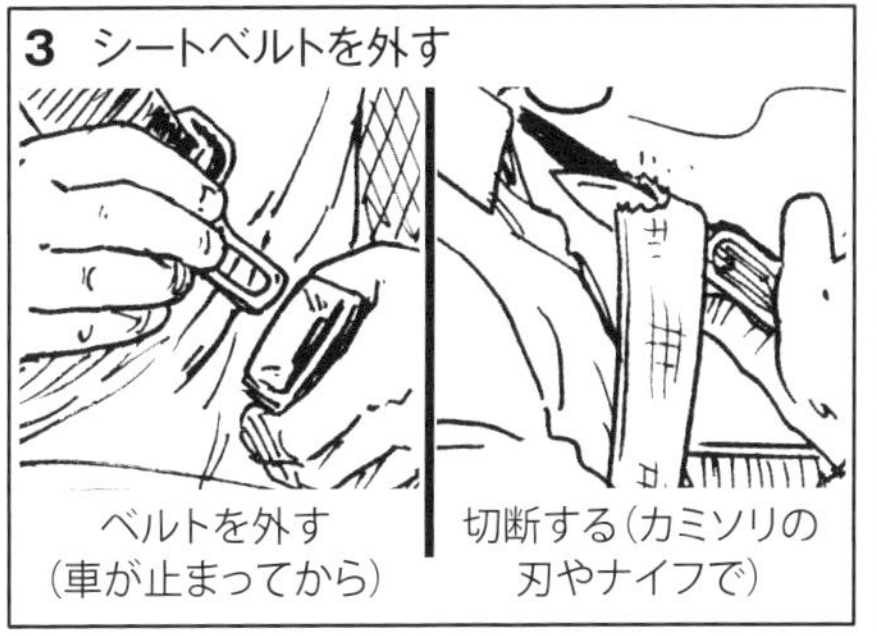
3 シートベルトを外す
ベルトを外す
（車が止まってから）
切断する（カミソリの
刃やナイフで）

4 急いで脱出する
サンルーフ
から脱出
窓を通って
脱出

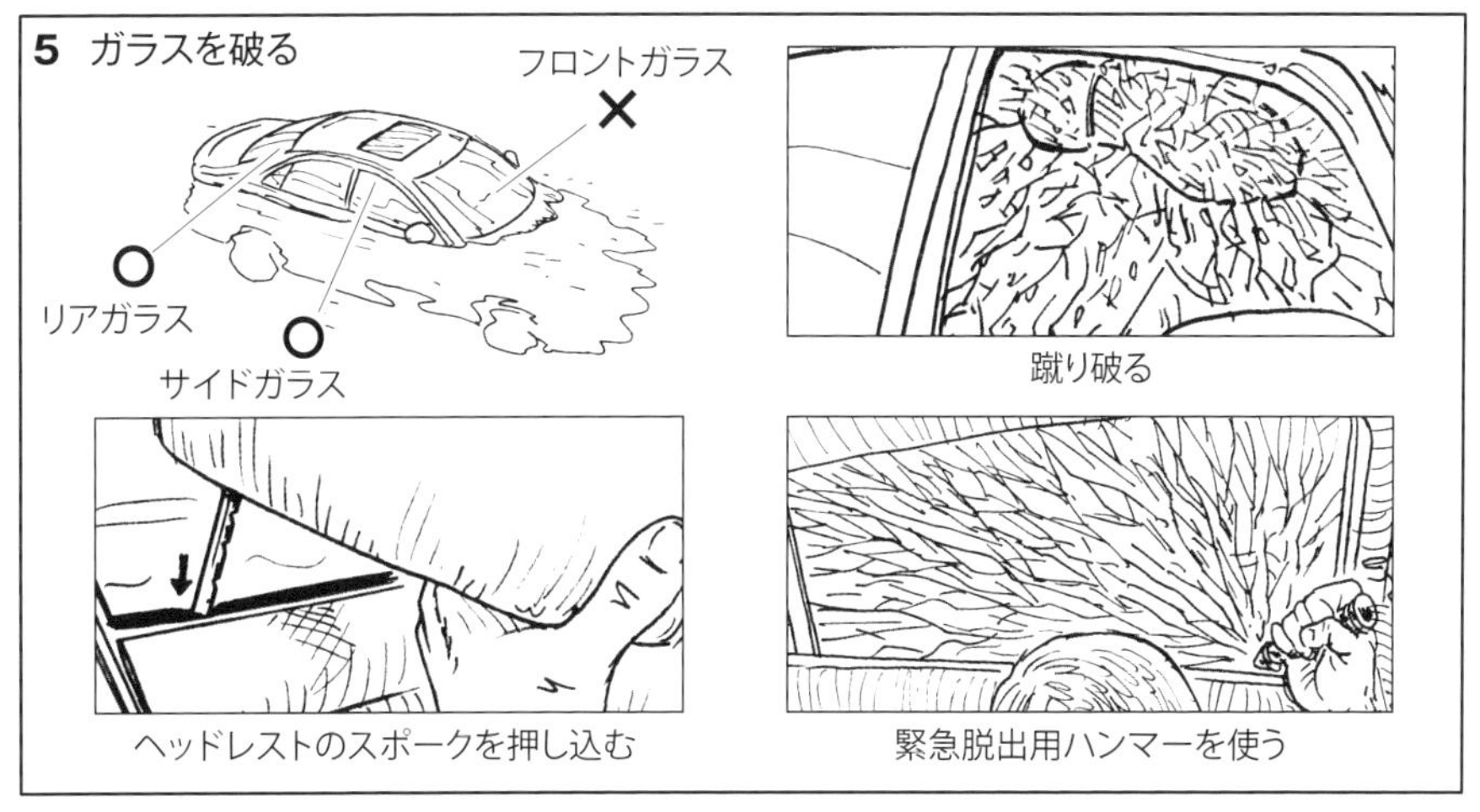
5 ガラスを破る
フロントガラス
×
○
リアガラス
○
サイドガラス
蹴り破る
ヘッドレストのスポークを押し込む
緊急脱出用ハンマーを使う

脱線事故から身を守る

脱線事故は発展途上国の劣悪な鉄道網で起こるものというイメージがあるが、近年の脱線事故はそうともかぎらないことを物語っている。

列車事故は人的ミスが原因の場合が多い。一瞬の気の緩みが、列車を線路から吹っ飛ばし、大惨事に発展することもあるのだ。

にもかかわらず、鉄道、バス、地下鉄などの公共交通機関は、乗客用のシートベルトを設置していない。世界中のほとんどどこでもそうである。これでは心配で仕方ない。

そこで、サバイバル意識の高い市民には携帯型の安全ベルトをおすすめしたい。この簡素なベルトは、文字どおり命綱になってくれる。

旅客機では、シートベルトを締めるか締めないかが運命を分けることもある。旅客機の墜落事故で、シートベルトを締めていなかった1人の乗客だけが死亡したという実例もある。

安全ベルトを自作する

材料はカラビナが1～2個、かばんのショルダーストラップかタイダウンストラップ（カーゴストラップ）、もしくは幅2・5センチのナイロンチューブのいずれかが1本（211ページの図参照）、以上である。ストラップをふじ結びにして滑りにくい輪をつくり、そこにカラビナを取りつけれる。たったこれだけで、車体から体が離れないように固定する安全ベルトのでき上がりだ。

列車やバスで移動するときは、この安全ベルトを使って体を座席に固定するのが、最も安全である。座席は車体にがっちり固定されているので、車が衝突しても、その勢いで座席から飛んでいくようなことはない。

座席が空いていないときは、ポール（手すり）に安全ベルトを結ぶ。硬い金属に体を縛りつけるのは危なそうな気がするが、それで怪我をしたとしても、ぶつかった勢いで列車から飛び出してしまう危険性に比べれば、大したことではない。

自動車事故で人を殺すのは、スピードではなく急停止だといわれる。確かにそうだ。車が停止しても、乗っている人は慣性の法則により、止まる前のスピードで動き続けるのだから。

安全ベルトを使った固定方法には、アンカーポイント（固定点）によっていくつかの種類がある。

1点アンカー――輪にしたベルトをガース・ヒッチでポールに縛りつけ、カラビナを自分のベルトのバックルやかばんのショルダーストラップにつなぐ。

シングルアンカー――ひとつのアンカーで座席用腰ベルトをつくるには、まず座席下の左右いずれかにある固定具にカラビナを引っかける（またはガース・ヒッチでベルトを結びつける）。次に腰の上に半円状に巻き、反対側の2つ目のアンカーポイントにカラビナを引っかける。2つ目のアンカーポイントがなければ、ベルトを腰と座席に巻くように1周させ、同じ固定具までベルトを戻してカラビナを引っかける。

ダブルアンカー――上下2つのアンカーが使える座席では胸ベルトを設ける。座席下の左右いずれかにある固定具にカラビナを引っかける（またはガース・ヒッチでベルトを結びつける）。ベルトがたすき掛けになるように、反対側の肩のあたりにある手すりや取っ手にカラビナを引っかける。

座席の固定具や手すりなどは、車種ごとに異なるので、それに合わせて縛るところを調整しよう。

自作の安全ベルトを、公共交通機関に持ち込むのは格好悪いと思うだろう。だが、それによって万が一事故に遭っても生き延びられる確率が高くなるのだ。周りから好奇の目で見られても、ひどい怪我をしたり死んだりするよりはずっとマシだろう。

4　シングルアンカー
（腰ベルト）

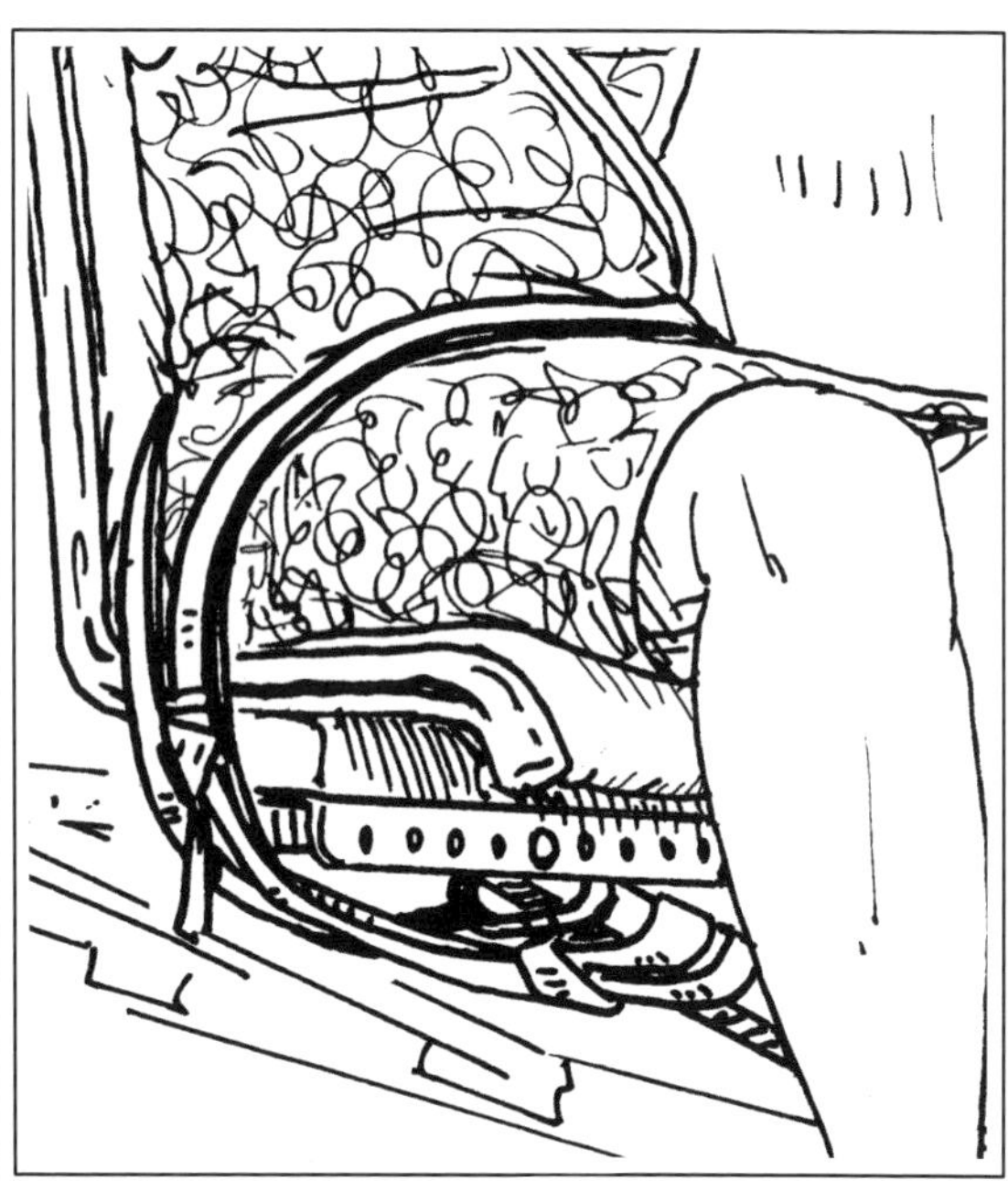

5　ダブルアンカー
（胸ベルト）

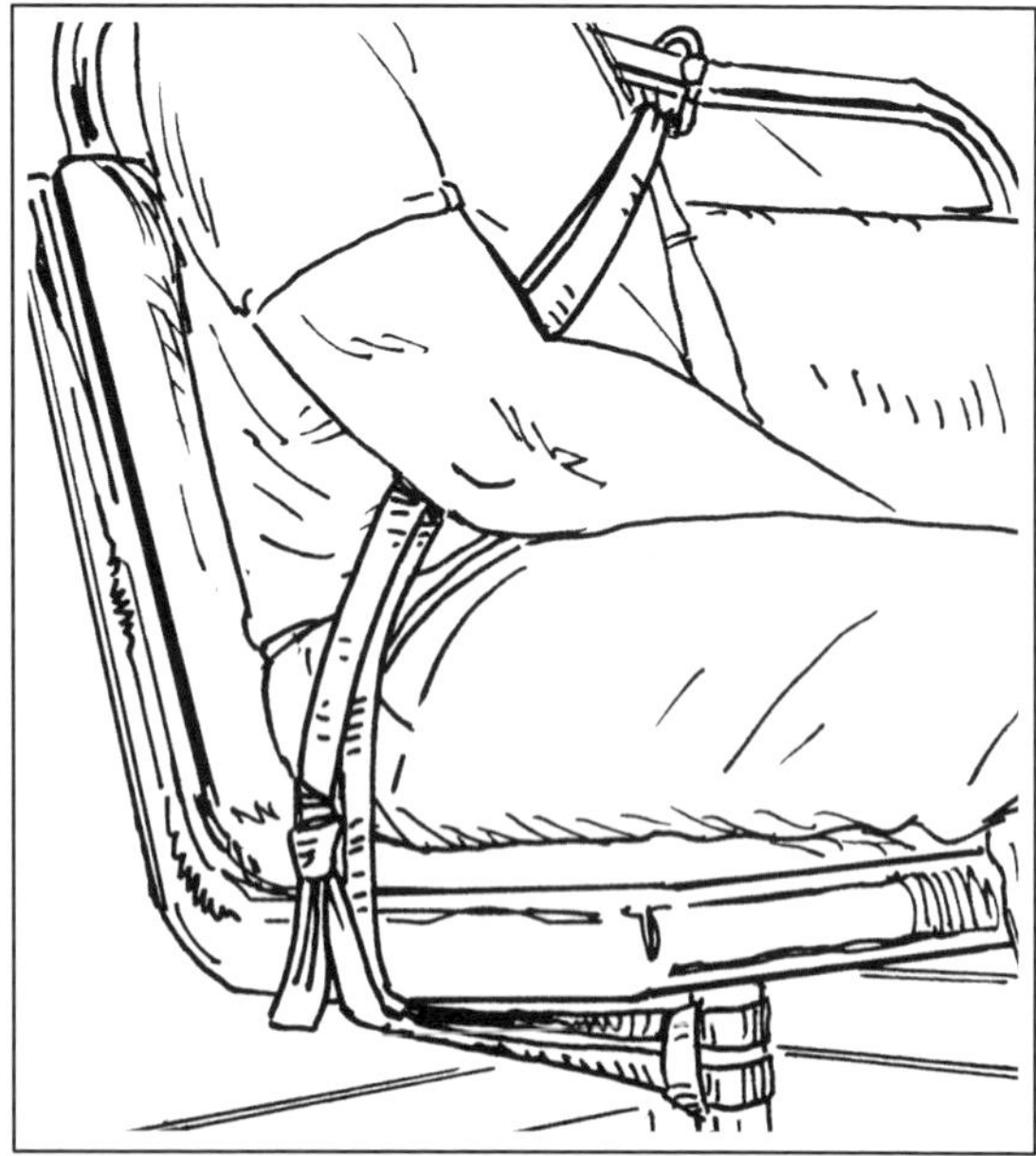

1 安全ベルトに代わる日用品

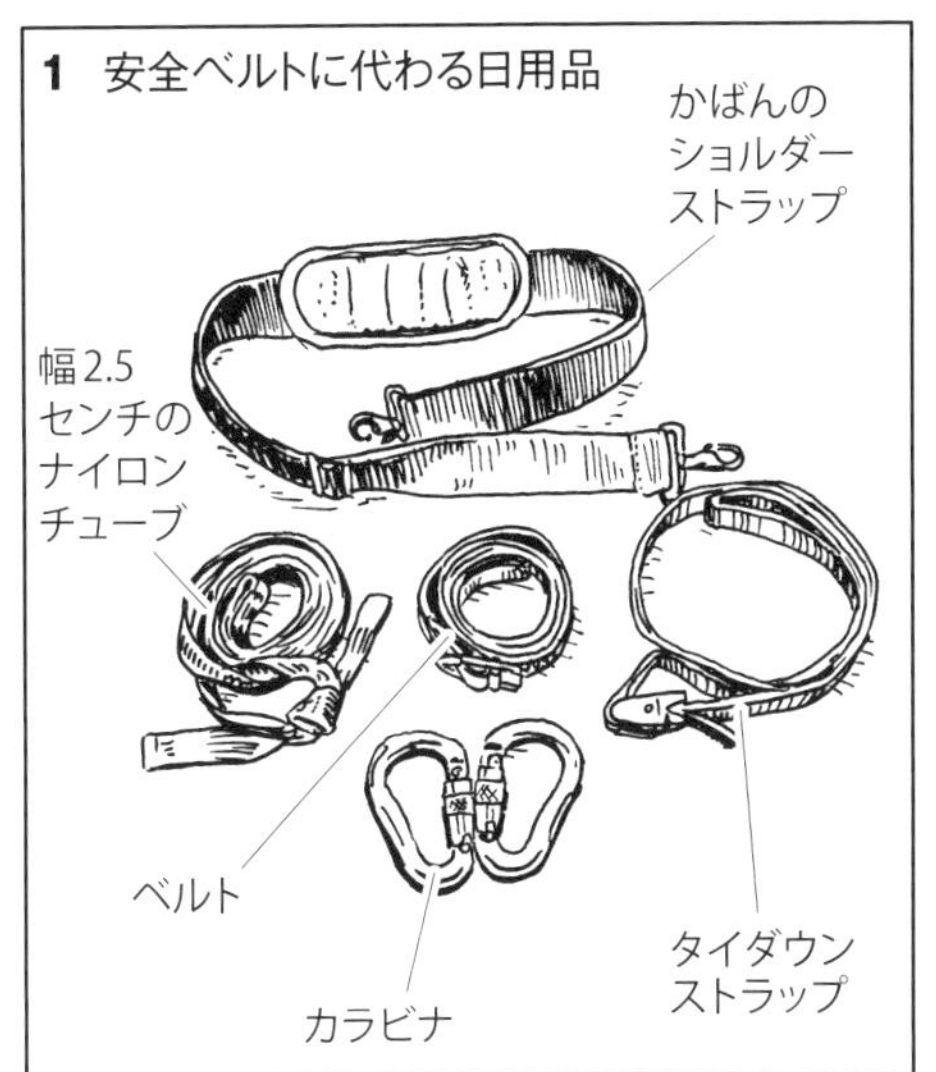

2 ふじ結びにする

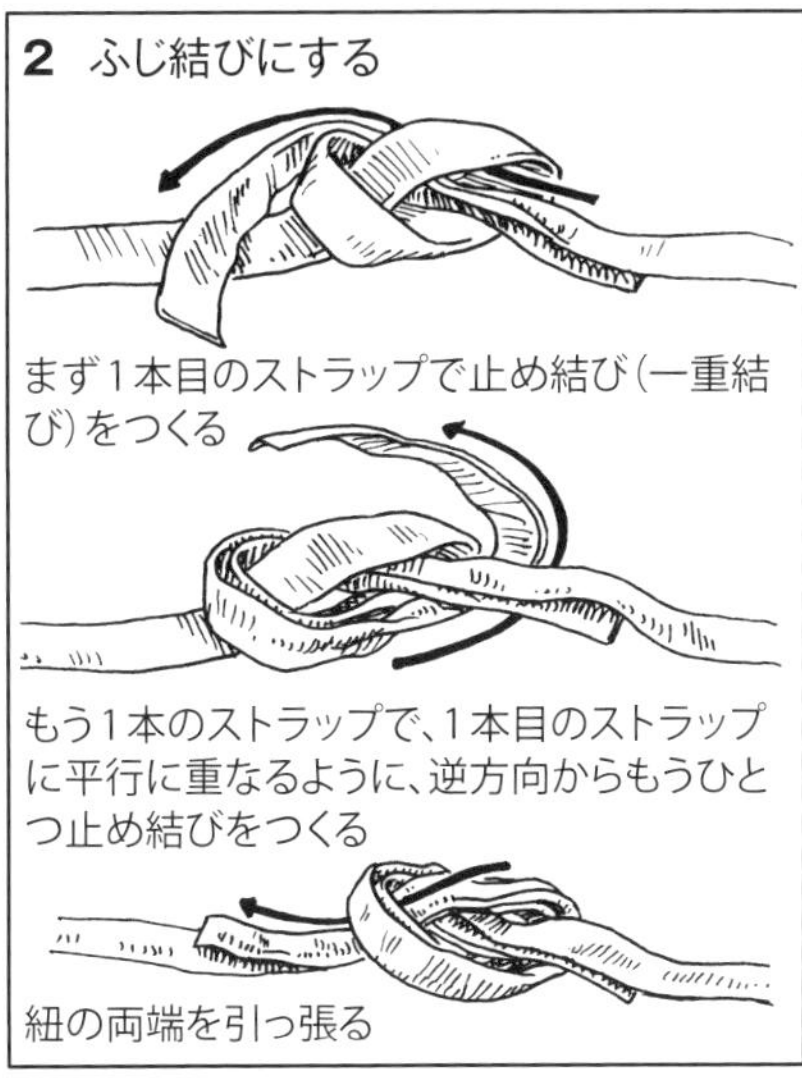

3 1点アンカー（ポール）

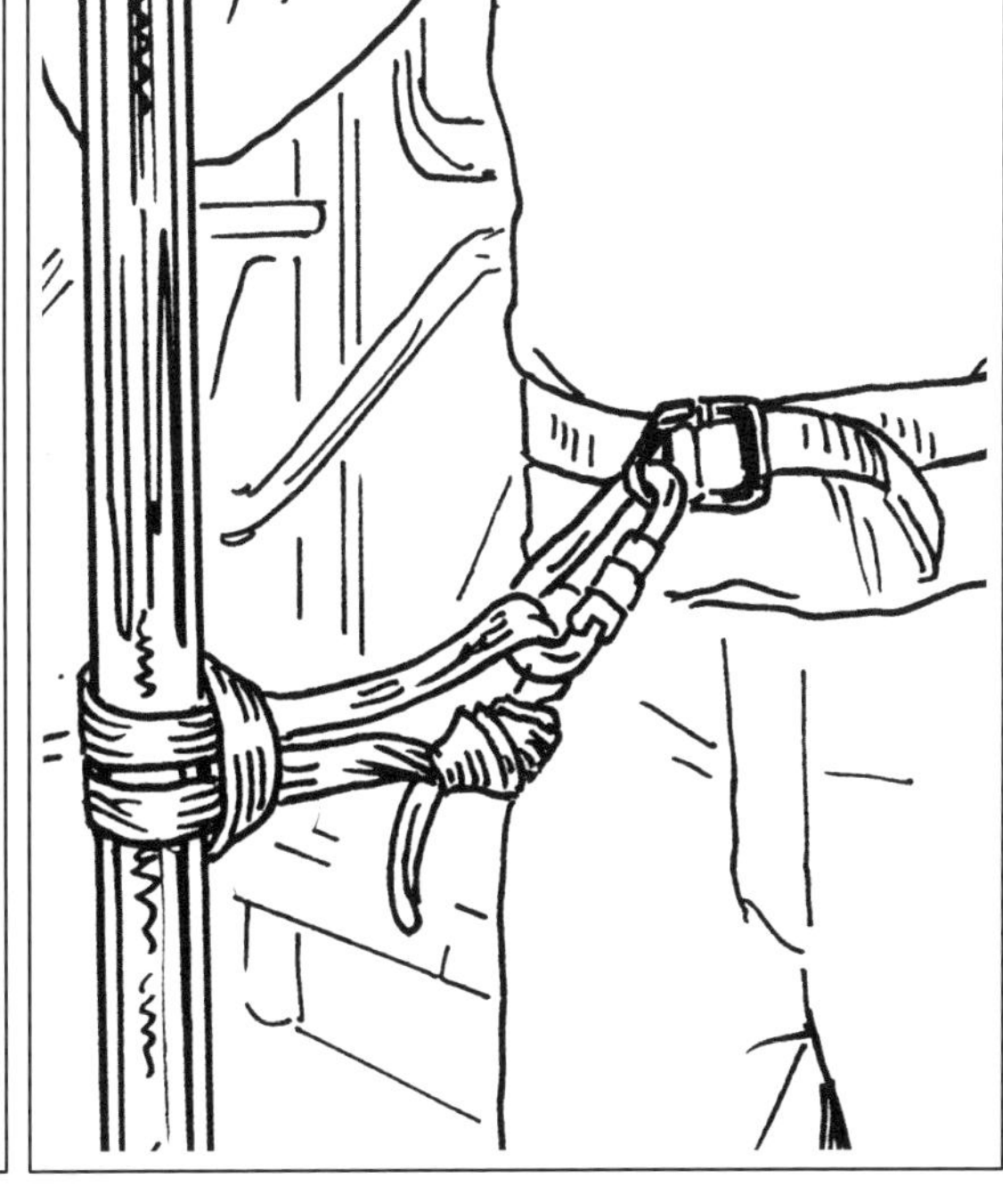

高層ビル火災から脱出する

高層ビルに勤めていれば火災時の避難訓練がある。だが多くの参加者は、「バカらしい」と口には出さないまでも、訓練のあいだじゅうブツブツと文句をいい、早く机に戻って仕事を終わらせたいと思っている。

だが、こうした「面倒くさい」避難訓練は、オフィス勤めの人が日頃から準備しておくべきことの、ほんの一部に過ぎない。

真剣に火災に備えようと思えば、非常用バッグの用意から緊急時の避難経路の確認、避難ガイドの作成まで、やるべきことは山ほどあるのだ。

非常用バッグをつくる――非常用バッグの用意は基本中の基本である。ところが、これを備えているオフィスはあまりにも少ない。

非常用バッグは従業員5人にひとつずつ配布しておく。中身としては、食料や水、数枚の防塵(ぼうじん)マスクとともに、視界を確保するため、そして信号を送るための懐中電灯や油性マーカー、ケミカルライト、笛などを入れておく。

避難経路を知っておく――避難経路の下見を行ない、自分がいる階の第1および第2避難経路を記憶するように努める。写真に撮って携帯電話に保存しておくのもよいだろう。

通常の階段は耐火基準に合わせてつくられておらず、可燃物で装飾されている可能性もあるので、避難経路としては要注意だ。それでもエレベーターよりはマシである。

一般的にエレベーターは、ビル内の火災報知器やセンサーが作動したら、自動的に1階まで降りて運行を停止するように設計されている。

それでも、絶対に乗ってはならない。火災の最中に熱い金属の箱に入るのは自殺行為だ。どこかの階で動かなくなれば、中の人間はそのまま蒸し焼きになるだろうし、1階に降りたら降りたで、炎の海に放り出される恐れもある。

使うべきは非常階段だ。非常階段は可燃物が使われていないし、火災の煙が入ってこないように換気が行なわれ、加圧もされている。

事前の準備は周到でなければならないが、緊急時には柔軟に対応する必要があると覚えておこう。炎に避難路を塞がれたら、フロアじゅうを迂回して非常階段まで逃れ、そこを下って脱出しよう。

お互いに協力する――脱出に向け、ほかの人とチームを組んで協力し合おう。使える目、耳、頭は多ければ多いほどいい。

　逃げるときに目印をつけていけば、駆けつけた消防隊員がその経路をたどっていける。同じチームの1~2人で、油性マーカーやケミカルライト、大きな付箋（ふせん）を使って目印をつけていく。煙を避けて廊下を這ってくる人がいるかもしれないので、目印は膝の高さより下にする。

　もうひとつ覚えておいてほしいことがある。平静心もパニックと同じように伝染する。パニックでなく平静心を広める人になろう。

炎の中を突破する――炎の中や近くを通ることが不可避になったら、ビルの中にある水を使う。フロアに設置された消火ホースに手が届くなら、放水して道を切り開こう。

　消火ホースがないなら最寄りのトイレに向かい、熱伝導率の高い貴金属類やアクセサリー、電子機器を外して、服と髪を完全に水で濡らす。袖を巻いていたら下ろし、ボタンは襟まで留めて、できるだけ衣類で体を守る。頭、顔、髪を濡れた服と防塵マスクで覆う。

　ドアにたどり着いたら、開ける前に熱いかどうか触って確かめる。猛烈に熱かったら、ドアの向こうは炎に包まれているということだ。

3　助けを求めて電話し、信号を送る

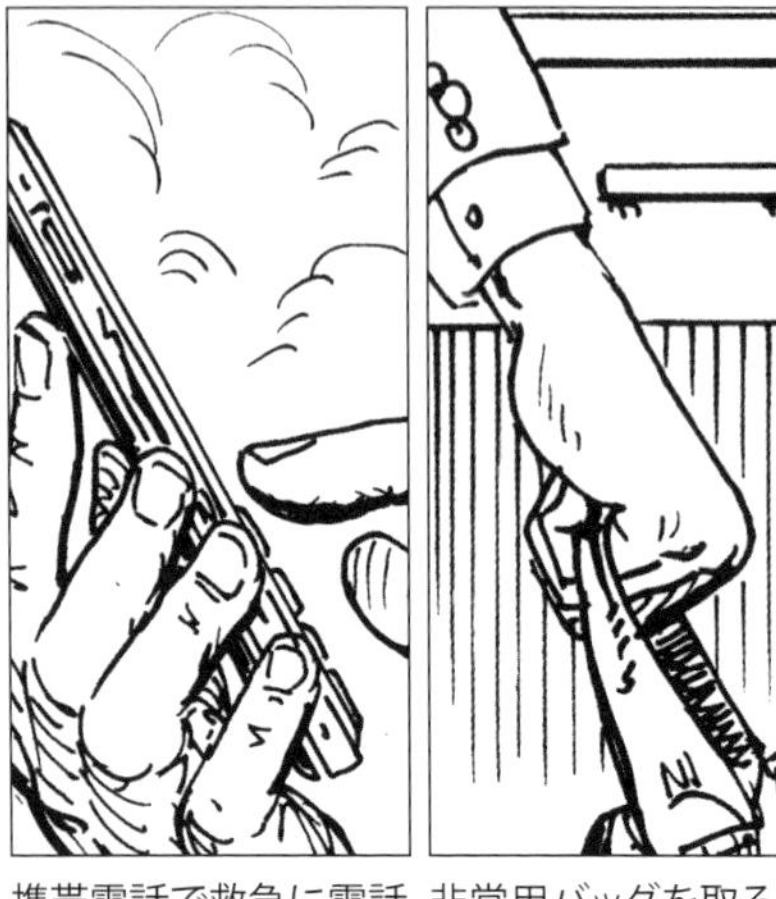

携帯電話で救急に電話する。誰かがしてくれると思うな

非常用バッグを取る

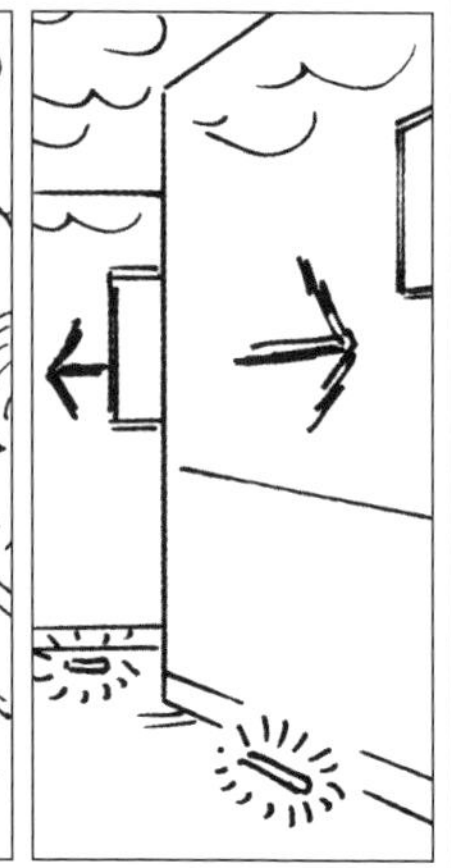

ほかの人と協力して一緒に行動する

離れ離れになったときは、壁に矢印をつけ、床にケミカルライトを落として移動した方向を示す

4　炎の中や近くを通る

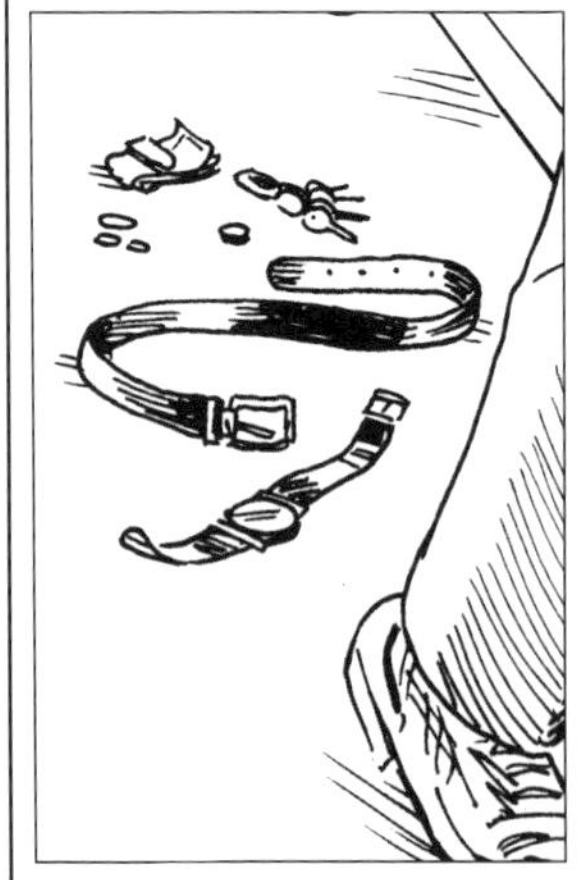

熱伝導率の高いものを外す：
- 腕時計
- リング
- ベルト
- ネックレス

トイレや水飲み場に立ち寄って、頭から足の先までずぶ濡れにする。まくっていた袖を下ろし、ボタンを襟まで留める。肌をすべて覆う

ドアを開ける前に熱いかどうか確認する。手の甲を使ってドアの上から下まで触ってみる。ノブに触るときは注意する。ドアを開けるときはゆっくりと、火や煙に気をつける

1　非常用バッグを用意しておく

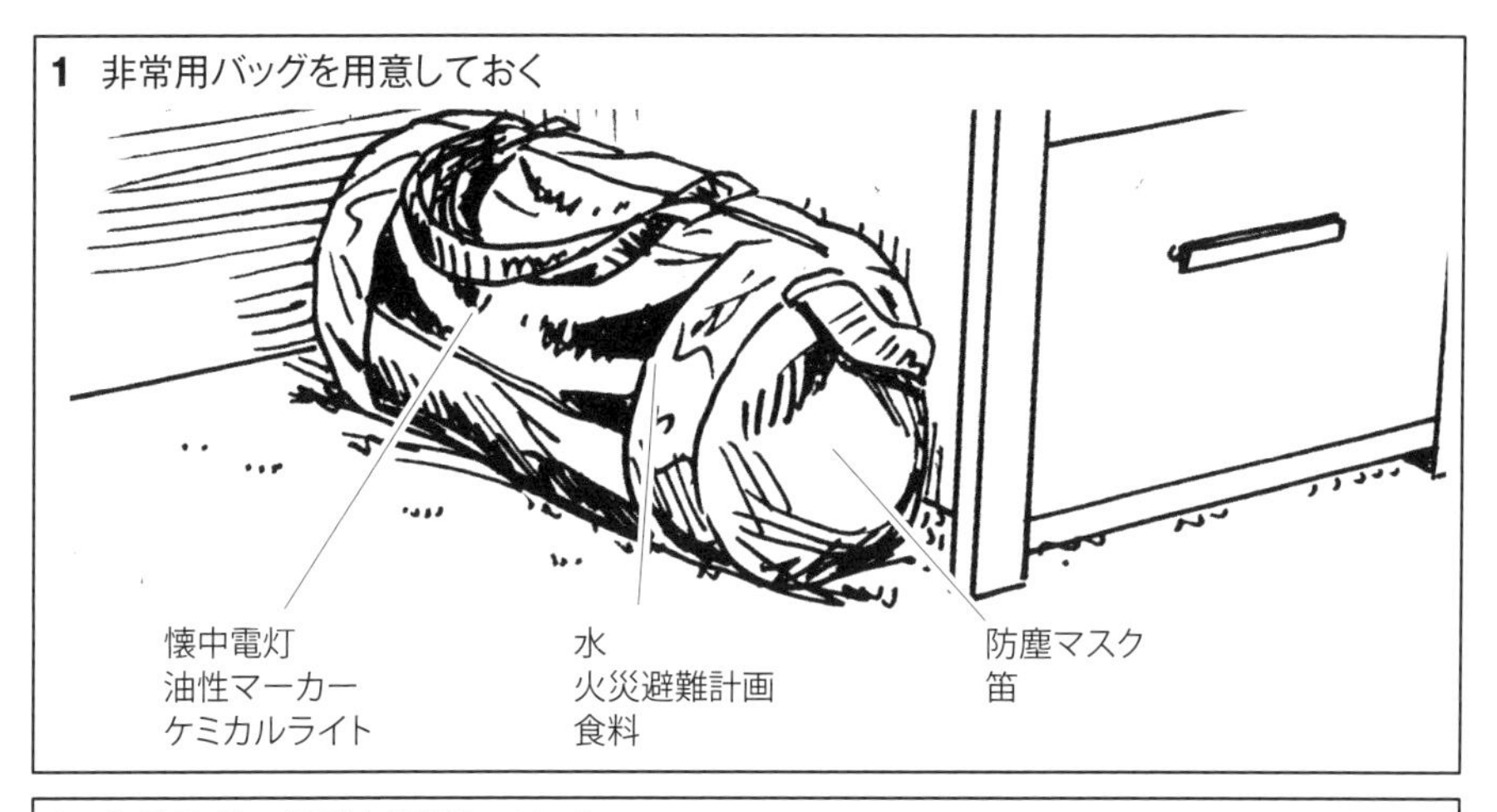

2　非常階段の場所を把握しておく

✕ 見栄えよく装飾が施された階段は非常階段ではない

✕ エレベーターを使うのは自殺行為だ。1階に降りるように設計されているが、階下が火事かもしれない

○ 非常階段はコンクリート製で、防火扉、消火ホース、壁に消火栓が取りつけられている

○ 第1経路が火事で塞がれたなら、すぐに2つ目の階段に移動。携帯電話で避難経路の写真を撮り、保存しておく

暴動から逃れる

抗議デモは民主主義の根幹であり、決して否定されるべきものではない。だが、いったん火がつくと、手がつけられなくなるのも事実だ。

プラカードを持って行なう小集団のデモが懸念材料となることはないが、感情的に高ぶった人々が大挙して集まると、結果的に暴動が始まることもある。

あなたがデモの参加者であれ、通りすがりの傍観者であれ、デモ隊の動きには絶えず目を光らせること。平和的な抗議行動の中に暴動の種が隠れていることもあるのだ。

暴動を沈静化させるのはきわめて難しい。というのも、群衆はいったん感情に火がつくと、暴力がみるみる感染していくからだ。

一番の安全策は、すでに暴徒化した集団はやり過ごし、これから暴徒化しそうな集団を事前に特定しておくことだ。さらに、にらみ合うデモ隊とデモ隊のあいだ、バリケードを築いてデモ隊が集まっている場所、デモ隊と警官隊の境目は危ないので、近づかないようにする。

図らずも暴動に巻き込まれたからといって、すぐに警察に助けを求めるのは早計だ。警官隊は守りに入って動けないか、あるいは接近してきた人間を誰彼構わず反射的に攻撃する恐れがある。

とりあえず群衆の外側に移動し、建物の内部か背後に避難しよう。または高台に移動する。大きな群衆に遭遇したら、その中を突っ切るのではなく迂回する。

あなたがデモを取材する報道関係者なら、群衆に紛れて、女性や平和的なデモ参加者が身を守るために集まっている避難場所を探すのがいい。人の流れに従っておくことだ。

群衆の中心は避けること。中心部は混乱がエスカレートしやすく、群衆が暴徒化しても気がつかない。

大規模なデモや集会には注意し、警戒を怠ってはならない。人がたくさん集まるところは、テロ組織の格好の標的となることも忘れないように。

1　抗議のタイプ
平和的
暴力的

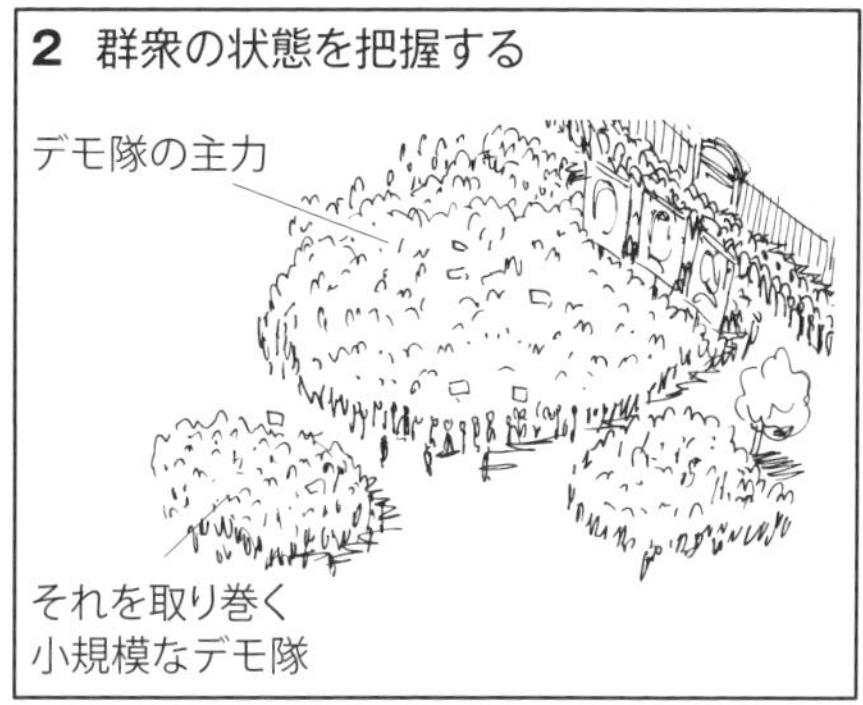
2　群衆の状態を把握する
デモ隊の主力
それを取り巻く
小規模なデモ隊

3　危険な地点を把握する

デモ隊とバリケードのあいだ

デモ隊が包囲している建物

デモ隊とデモ隊のあいだ

デモ隊と警官隊の境目

4　暴動に遭遇したら
建物の
中に入る
高台へ
向かう
群衆の中心か
ら離れて周辺
部に逃れる
危険な場所を
避ける
群衆に対して垂
直に移動し、群
衆とのあいだに
建物を挟む
投石、火炎瓶、
略奪者に注意する
警官隊を避ける

パンデミックを生き延びる

数世紀にわたる医学の進歩によって、感染症は過去のものになった——そんな認識が誤りであることに、世界は徐々に気づきはじめている。

医療現場や飼育場で抗生物質が広く使われ、グローバル化によって国境での検疫が空洞化した結果、強い感染力を持ったスーパーウイルスや薬剤耐性感染症が台頭してきている。

現代社会で暮らしていると、インフルエンザで死ぬことなどあり得ないと安心しがちだが、最近の感染症の流行はそうした考えが正しくないことを示している。

もちろん、1918年に4000万人の命を奪った「スペイン風邪」のような大規模なパンデミック（感染爆発）を想像するのは難しい。近年騒がれた感染症として「エボラ出血熱」があるが、それでも死者は1万人程度だ。

しかし、未知の変異型ウイルスが新たに登場して、ワクチンができる前に拡大すれば、最も高度な医療施設でさえ封じ込めができなくなるかもしれない。

本当のパンデミックが起こったら、とにかく人の集まるところに立ち入らないこと。それが感染を防ぐ最善策だ。

流行の初期段階では、感染力について誤った情報が流れることがよくある。十分注意するように。

食料と水は、品切れになる前に買いためておく。食事前と外出後、また外部の人と接触したあとは念入りに手を洗う。

公衆トイレは使わない。特にハンドドライヤーを備えたトイレは避ける。この一見衛生的な装置は、手を乾かすための風を送ることで、かえって細菌を空気中にまき散らしていることがわかっている。

感染症の流行がニュースで流れ、外科用マスクや防塵マスクが品切れになったら、シルクのネクタイやスカーフで代用できる。織り目の詰まった布でも、異物を遮断できる。

いざとなったら、どんな布でもいいから、濾（ろ）過（か）したきれいな水に浸せばマスクになる。

1　パンデミックが起こる前に2週間分の水と食料を用意する

2　パンデミックが起こったら

他人との接触を避ける

家から出ない

体温を測る

咳やくしゃみをするときは口を覆う

手を洗う

情報を確認する

殺到する群衆をかわす

「群衆の殺到」は悪夢である。それは、白熱したスポーツイベントでも起こりうるし、平和な巡礼の場でも起こりうる。

群衆の統制が効かなくなって「人雪崩（なだれ）」が起きると、下敷きになって胸部を圧迫され、窒息死に至る恐れもある。

周りの人々が激しく動きはじめたら、パニックにならないことだ。パニックになると、他人とのスペースを保てなくなる。

スペースを大きく取り、両膝を曲げて重心を低くする。すり足で重心を移していく「シャッフルステップ」で移動し、片足で立っている時間を少なくする。

地面に倒されるのだけは、何があっても絶対に避けよう。パニックに陥った群衆の激流の中で立ち上がるのはほぼ不可能だ。

そうならないために、両腕をファイティングポーズに構える。周りの人を殴るためではない。腕を盾にするのだ。ファイティングポーズをとっていれば、頭や胸を守りながら、呼吸するスペースを保つことができる。

群衆が出口に向かって行列をつくっているなら、すき間を見つけて滑り込もう。周りの人は逃げることに夢中で、周囲にできたすき間に気がつかないこともある。

すき間からすき間へ移り、とにかく動き続けること。一カ所に踏ん張ろうとしてはいけない。人が殺到してくる中で踏ん張るのはきわめて難しい。

バリケードや壁など、表面が硬いものは何としても避ける。それくらいなら、柔らかい人間の体に押しつけられるほうがずっとマシだ。

抵抗むなしく地面に倒れてしまったら、すぐに「トルネードポジション（竜巻姿勢）」をとる。膝を折り、背中を丸め、両手を首の後ろでしっかり組み、肘をしっかり閉めるのだ。

こうして頭と首を守りながら、空気が吸えるすき間を確保する。完全に地面にひれ伏してしまうと、簡単に踏みつけられてしまう。

1 ファイティングポーズをとる

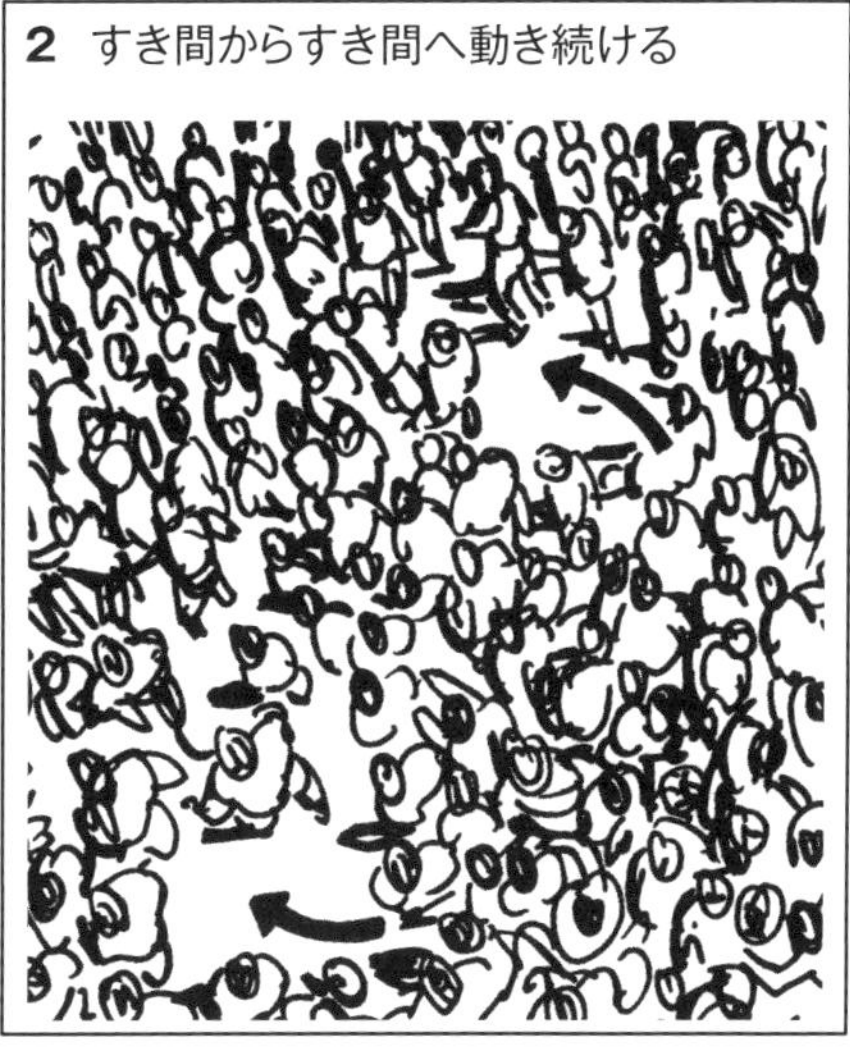
2 すき間からすき間へ動き続ける

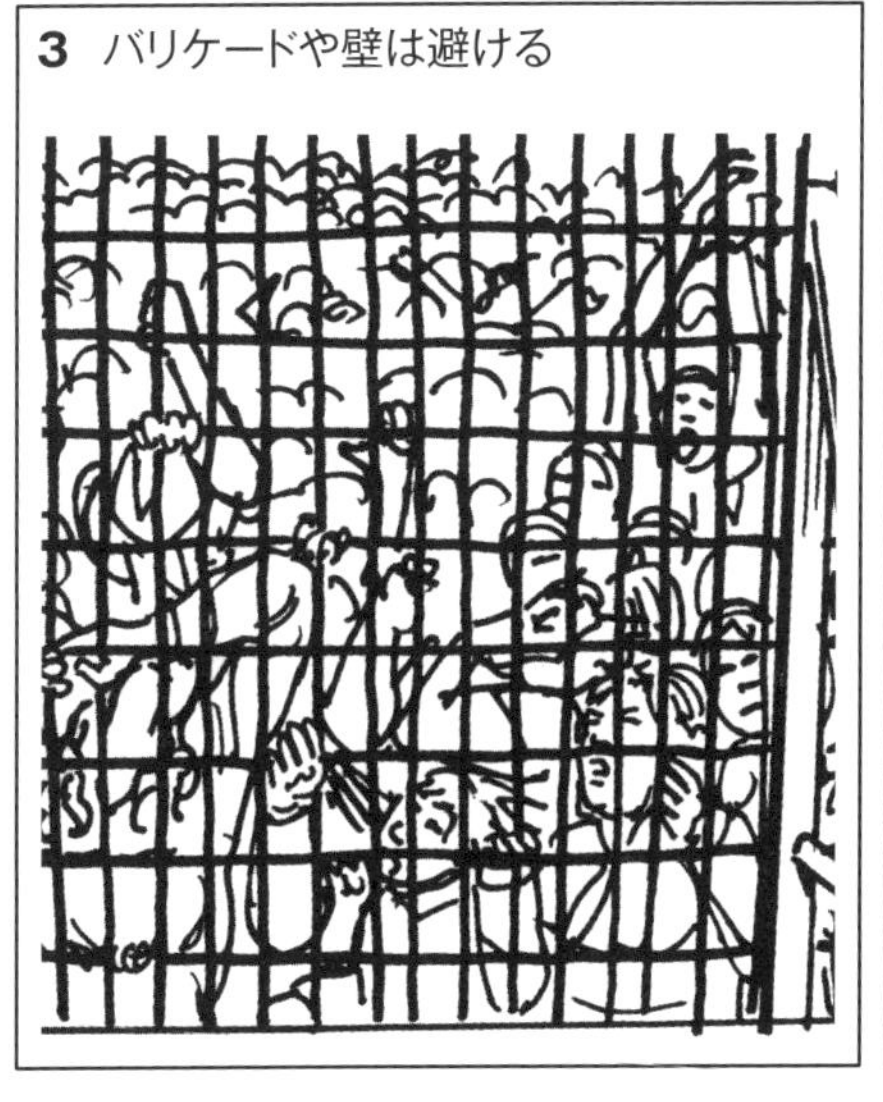
3 バリケードや壁は避ける

4 竜巻姿勢をとる

スタジアムや劇場での銃撃から逃れる

混雑した施設で起きる無差別銃撃事件は、死傷率がずば抜けて高い。しかも何の前触れもなく起こる。

スタジアムや劇場は非常時の避難方法がはっきりせず、逃げようとしても動線が狭くなってつかえてしまう。とにかく多くの人を殺したい銃撃犯にとって、その望みを叶えられる絶好の舞台なのだ。


非常事態におけるサバイバルは時の運もあるが、事前の準備と対応の良し悪しも大きく影響する。公共空間の保安レベルを高めることは個人には不可能だが、各々の準備や対応は個人の自由になることだ。

出口とチョークポイントを把握する

公共空間に入るときは、通常の出口と非常用の出口を確認しておく。スタジアムのバルコニーなども、いざというときの避難路として考慮に入れておく。

バルコニーから下の座席エリアや通路へ飛び降りると怪我をするかもしれないが、通常の通路が銃撃犯のライフルに狙われているのであれば、わざわざ銃の的になるよりマシだろう。

本能的に群衆の流れに従うよりも、チョークポイント（避難が滞る狭い場所）になりそうなところを把握して事前に別の避難経路を考えておけば、実際に事が起こったときにあれこれ悩まなくてすむ。

とはいえ、スタジアムから早く脱出しようとして、高いところから飛び降りるのは自殺行為だ。飛び降りる前によく考えよう。

銃撃を示す兆候があったら、動かずに身を屈める。そして、しゃがんだ姿勢で銃撃犯の方向を把握してから移動を始める。

銃声が聞こえたら、周りの人間は闘争・逃走本能に駆られてむやみに走り出すかもしれないが、こうした状況では即座に体を低くするのが適切な対応だ。

物陰に隠れて安全な場所へ這っていく

安全なところへ走り出す前に、スタジアムにいる銃撃犯の現在地を特定する。絶対に避けたいのは、わけもわからず襲撃犯に向かって走ってしまうことだ。
やみくもに非常口に向かうのもダメだ。銃撃犯が戸締まりのゆるい非常口を通って侵入しているかもしれない。

近くにある構造や設備を盾にしよう。劇場やスタジアムの座席は、姿を隠すのに好都合だし、座席の土台になっているコンクリートは、角度によっては命を守ってくれる防壁になる。
できるだけ身を低くして、座席の列のあいだを這っていこう。常に銃撃犯の位置を目で追いながら、銃撃犯に近づかないように脱出経路を変えていく。

目を開き、耳を澄ます

銃撃犯が弾倉を交換するときなど、銃撃がやんだ瞬間を利用して、一気に出口に向けて進もう。もし手を伸ばせる範囲に銃撃犯がいるなら、そのすきを突いて銃撃犯を倒そう（162ページ参照）。

トイレの個室のような行き止まりに隠れてはならない。自ら逃げ道を閉ざすことになる。もし周りを壁に囲まれた空間に逃げ込むなら、バリケードを築ける頑丈なドアのある場所が最適だ（150〜153ページ参照）。

死んだふりは有効か？　何ともいえない。五分五分といったところだろうか。
ともあれ、生き残りたいなら、降伏するよりも脱出するか銃撃犯にタックルすることを考えよう。勇気を奮い立たせよう。全力で果敢に襲いかかるのだ！

2 対応

銃撃犯の位置を特定する

上／背後　　下／前方

床にしゃがむ

イスを使って身を隠す

這って進む

座席の列のあいだを這って脱出口へ向かう

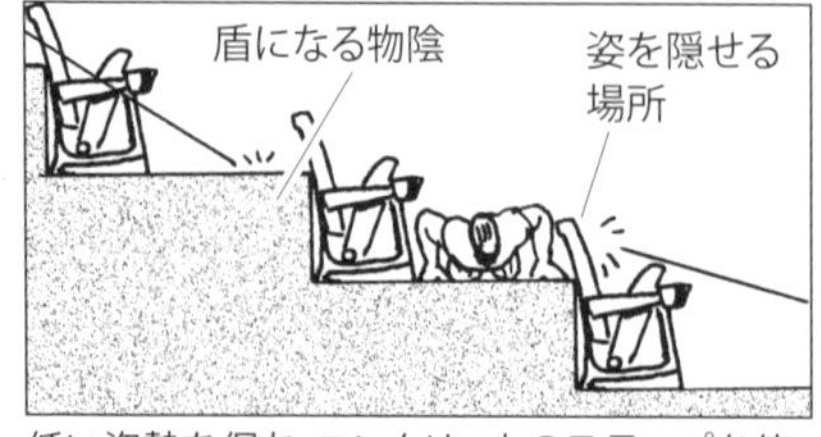

低い姿勢を保ち、コンクリートのステップを使って身を守る

常に銃撃犯を目で追う

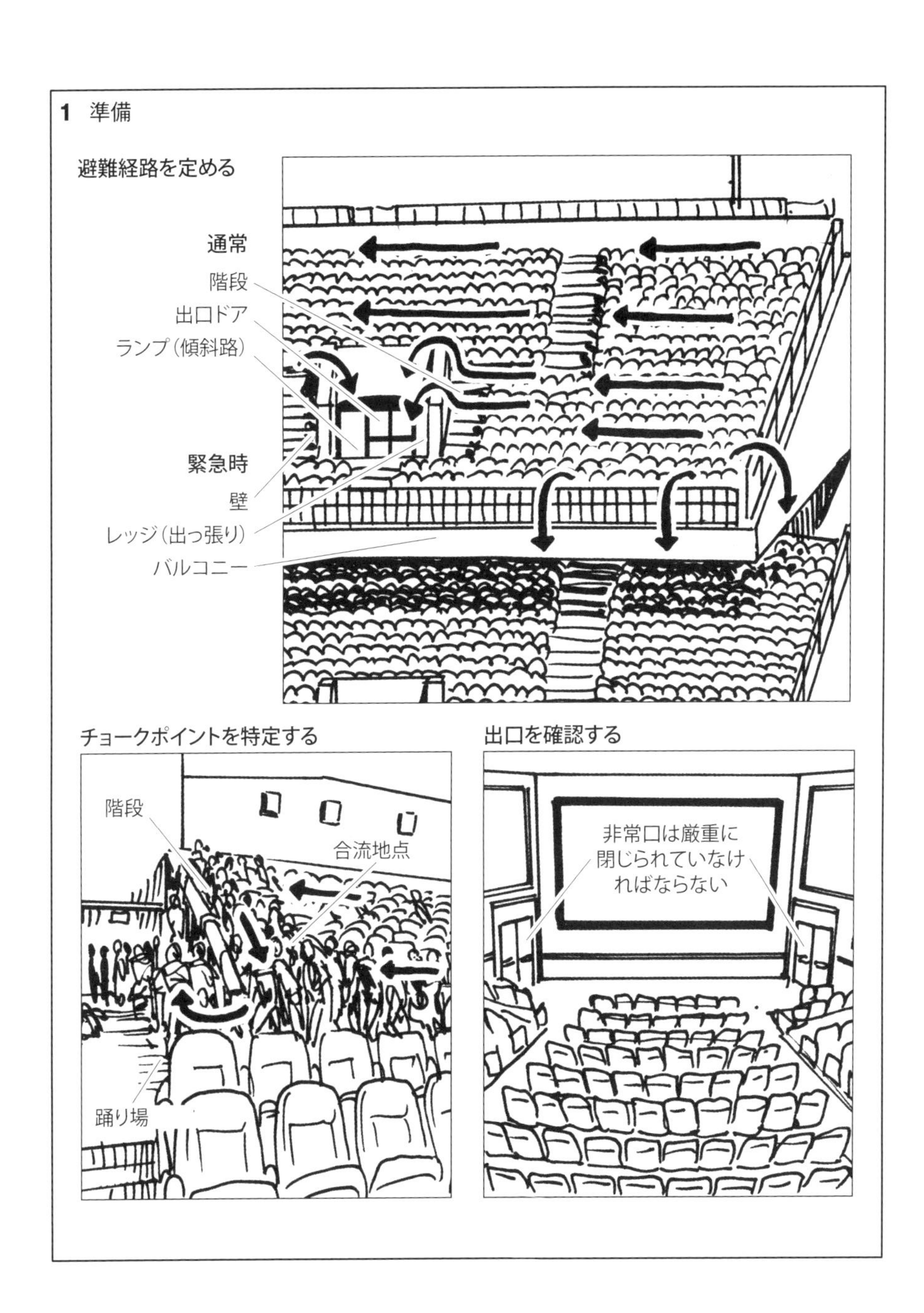
1　準備
避難経路を定める
通常
階段
出口ドア
ランプ（傾斜路）
緊急時
壁
レッジ（出っ張り）
バルコニー
チョークポイントを特定する
階段
合流地点
踊り場
出口を確認する
非常口は厳重に
閉じられていなけ
ればならない

テロ模倣犯から逃げる

テロリストによる攻撃はいつまで経ってもなくならないが、テロに触発された模倣犯罪もまたあとを絶たない。

こうした犯罪は、少なくともアメリカ国内においては、自爆ベストやパイプ爆弾より銃を使う傾向がいまだに強い。

もっとも銃乱射事件がテロ組織のプロパガンダに触発されたものであれ、個人の歪(ゆが)んだ妄想によるものであれ、結果はほとんど同じである。

一般市民が銃撃に巻き込まれたときは、逃げる→隠れる→戦うの順番で行なう。逃げるのが最優先で、戦うのは最後の最後だ。

銃撃の兆候があったら、逃げる前に身を屈めて物陰に隠れる。伏せるよりも、しゃがむか這って進むのがよい。銃弾は通路の床をつたって飛んでいくことが多いのだ。

間違って、飛んでくる銃弾に向かっていかないように、逃げるときは銃撃犯の方向を確かめる。そして物陰から物陰へ走って逃げる。

隠れる場所は、銃撃犯からどれだけ見えにくいかよりも、どれだけ銃撃を防げるかを優先する。銃弾を止めたり威力を削(そ)いでくれるのは、コンクリート、スチール、高密度の木材、花崗(かこう)岩でできた物体だ。

姿を隠せるものには、カーテン、石膏ボードでできた壁、アルミ製のゴミ箱などがある。こうしたもので銃弾を防ぐことはできないが、銃撃犯が興奮状態になって冷静な判断力を失っているなら、逃げるのに役立つ可能性はある。

身を隠す物がないところを逃げるときは、ジグザグに走る。犯人は銃の扱いに慣れていない可能性が高く、ジグザグに走ればなかなか狙いを定められないはずだ。

四方を囲まれた空間に隠れるときは、ドアに鍵をかけてバリケードを築こう（150〜153ページ参照）。「死の漏斗」は、銃弾が飛んできやすいところなので避ける（130ページ参照）。

どうやっても逃げられないときは戦うしかない。周りの人と協力して武器になりそうなものを手に取り、それぞれの役割を決める。

戦うときは、猛然と全力で襲いかかる。生きるか死ぬかが、この戦いにかかっているのだ。

1　床にしゃがむ、物陰に隠れる

2　どこから犯人が撃ってくるのか特定する

3　銃撃犯から逃げる

4　盾になる物の陰に隠れる

5　閉鎖空間に入ったら守りを固める

6　どうやっても逃げられないときは戦う

長期にわたる拘束に耐える

誘拐犯に拘束され、救助の手が届きそうもない地下の暗い独房に監禁されたら、大半の人間は精神をやられるだろう。

だが、長期間の監禁を生き延びた人々は、「正常な精神活動と精神バランスを保つ努力が実を結ぶこともある」と説く。想像を絶するような過酷な状況においても、健全な心と肉体の習慣を続けられれば、監禁生活を生き延びて脱出への道筋が開かれるのである。

監禁されれば当然、監禁する側を憎む感情が生まれるだろう。しかし、それは両者の人間関係のある側面でしかない。

賢い者なら自分に都合のいい関係を監禁者と育み、監禁者を操ることができる。たっぷり時間をかけて監禁者との信頼関係を築き、その中で最も共感してくれる者と個人的な絆を結ぶ。

たわいのない会話を通じて、監禁者に自分も血の通った人間だと認識させる。精神の安定を保つには、人との接触は不可欠だ。監禁者との貴重な会話の機会をできるかぎり活用しよう。外の世界の情報も入手できるかもしれない。

ひとつ覚えておいてほしいことがある。監禁する側も同じ人間なのだ。立場こそ違え、この監禁はお互いにとってつらいものかもしれない。監禁者からの共感が得られれば、生活改善の要求を受け入れてくれるかもしれない。

しかしそうした要求は、どのタイミングでどういう方法で伝えるか、じっくり考えてからにする。これは一種のマインドゲームだ。監禁者に「被監禁者に利用されているのではないか」と疑われたら元も子もない。

監禁者との文化背景が異なると、被監禁者を最低の劣等民族、邪悪な異教徒と見なす可能性もある。だから、粗暴でデタラメな行動をとると、監禁者の偏見を増長しかねない。

どんなに扱いが悪くても、丁寧かつ冷静な言動を維持するように最大限努力しよう。泣きわめいたり、めそめそしたり、怒りをあらわにすると、放置されて状況が悪化する恐れもある。食べ物をもらうときには必ず感謝すること。そうすれば定期的に食事がもらえるようになるだろう。

1 信頼関係を構築する
①家族の話をする
②食べ物や水を求める
③何がニュースになっているかを尋ねる
④天気について尋ねる

2 依存関係を構築する
①食べ物や水をもらうときは丁寧に接する
②感謝を示す
③聞き上手になる：監禁者に理解を示す
④気丈に振る舞う
⑤懇願したり、泣いたりしない

3 生き延びる心構えを維持する
①監禁者の習慣を観察する：弱みを見つける
②身体能力が衰えないようにする：ストレッチや体重を使った運動をする
③精神的に前向きな姿勢を保つ：脱出計画を練る
④焦らず、気長に構える

4 脱出のための道具を集める
割れたガラス
釘
クリップ
ホチキスの針

「監禁生活を終わらせるには誰かに救出してもらうか死ぬしかない」という堂々巡りの思考に陥ってはならない。監禁されると思考が受け身になりがちだが、3つ目の選択肢を忘れてはならない。それは自力で脱出することだ。

物理的にも心理的にも前向きであり続ければ、生き延びられる確率が高くなり、脱出するチャンスが現われたときに、そのチャンスをものにできる可能性も大きくなる。

脱出できるチャンスは必ずやってくる。監禁者の「慣れ」を利用するのだ。

監禁が40日も続けば、監視の目も当初と比べてずいぶんと甘くなる。組織化された近代的な刑務所の看守と違い、監禁者たちは通常、厳格な体制で監視しているわけではない。日々の監視体制にほころびができ、監禁施設にも脆さが生まれてくる。

そうした監視や施設の抜け穴を時間をかけて観察し、活用するのだ。常に情報収集に集中していると、精神的にたるまずにいられるというプラス効果もある。

観察し、待ち、作戦を立てる。道具とアイデアを蓄える。何もないと思っている部屋でも、何かしらあるものだ。家具から釘や切れ端を集め、壁から塗料のかけらを剥ぎ取り、換気口を壊して金属の破片を取る。

普段の監禁場所から一時的に別の場所へ移されることがあるなら、そのときこそ脱出に必要な情報を集め、実際に脱出を図る絶好の機会だ。

一瞬見た施設の状況を覚えておき、脱出に使える情報を整理しておこう。出口はどこか？ 見張りはどこに立っているか？ 見張りはどんな精神状態か？

いつも鍵のかかっているドアが一時的に開いたときは、デッドボルトが差し込まれる「受け座」をいじるチャンスだ。ドアを出入りするたびに、壁から剥がした塗料のかけらを丸めて、密かに受け座に詰めていく。

やがてデッドボルトは完全に差し込まれなくなり、釘や薄い金属の破片を使ってデッドボルトを押し戻せるようになる。鍵がかからなければ、脱出のチャンスは大きく広がるだろう。

PART 8
SIGNALING FOR HELP

助けを求める

白昼に救難信号を送る

昔懐かしい無人島の冒険物語では、救難信号を砂に書いたり岩に掘って助けを求めるのがお約束だった。

この古くさい方法は現代でも有効である。手持ちの技術では信号を送れず、選択肢が限られているなら、使わない手はない。

災害に見舞われた都市部から離れる場合でも、人がいない山中で立ち往生した場合でも、どういう信号を残すかによって、「どのような形で自分が発見されるか」が変わってくる。

山の中で仲間とはぐれてしまい、捜索救難隊が徒歩で助けにくる確率が一番高いとわかっているなら、自分が進む方向を文字や目印などで残していこう。できれば日付と時間も付記しておく。

リュックサックには、自然の中で目立ちやすい明るい色の油性マーカーや色つきテープを必ず入れておくこと。

軽装で旅行しているとか、装備を持たずに遭難した場合には、自然の中で手に入るもので足跡を残したり、服や尿を使って救助犬が臭いを追えるようにする。

飛行機や船の注意を引くための救難信号には、煙、閃光、ＳＯＳメッセージなどがある。どれも大げさにやったほうがよい。

日中に大きな焚き火をするときは、松ぼっくり、ゴム、石油製品やプラスチック製品をくべるといい。こうしたものを火にくべると、真っ黒な煙が立ち上る。

周りが雪に覆われている環境だと、黒い煙はいっそう効果的だ。逆に、白い煙や灰色の煙は、雪の中では見えにくくなってしまう。

飛行機の注意を引くには、閃光を投射するのがよい。ラミネートコーティングされたＩＤカードやアルミ缶の底、ガラスのかけらに日光を当て、上空を通過する飛行機めがけて反射させるのだ。

砂や雪原に大きく「ＳＯＳ」と掘る場合は、周囲とのコントラストを上げて目立たせるため、掘った文字に葉や草、岩などを埋めるといいだろう。

1　人に向けて

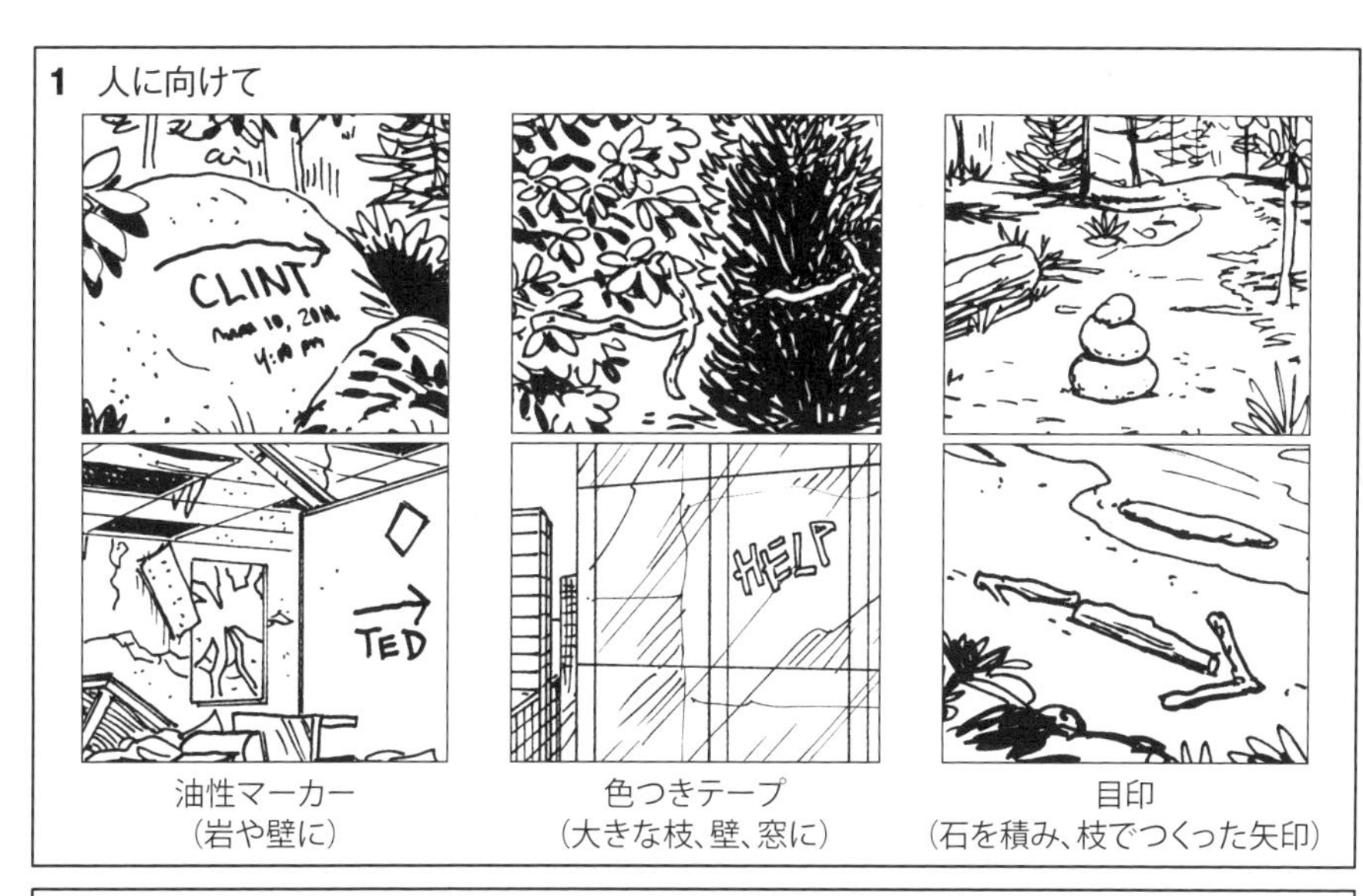

油性マーカー（岩や壁に）

色つきテープ（大きな枝、壁、窓に）

目印（石を積み、枝でつくった矢印）

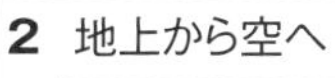

2　地上から空へ

煙（焚き火、発炎筒、消火器）

光の反射（IDカード、アルミ缶の底、ガラス）

メッセージ（SOSの文字を砂や雪に掘る／丸太でつくる）

夜間に救難信号を送る

夜間に緊急事態に陥ると、昼間よりも不安に感じるかもしれない。だがありがたいことに、日が落ちてからのほうが信号発信手段の選択肢は多いのだ。

人に向けて救難信号を送るには、懐中電灯を使って、通り過ぎる車、近所の家の窓、通りがかりの警官などに光を当てる。懐中電灯をストロボモードにセットしたり、手動で点滅させると、いっそう効果的だ。

車のパニックボタンを押すと、アラーム音だけでなく、ハザードランプやヘッドライトも点滅する。

停電中に商業施設に閉じ込められたら、施設の壁に設置されているバッテリー駆動の非常灯を取り外して、窓の外へ信号を送る。手や紙を使って光を規則的に遮れば、点滅する非常信号が送れる。

地上から空へ信号を送るときには、かなり遠くからでもわかるように、光をいっそう目立たせる必要がある。

懐中電灯を紐でくくって頭上で振り回したり、手首を回したりして輪状の光を送れば、上空を通過する航空機の目を引く。

続いて懐中電灯の光を航空機に向け、そのまま懐中電灯を下ろす。こうすることで、懐中電灯がつくる光跡は長く、より目立つものになる。

そして光を飛行機に戻す。こうして2つの方向を交互に照らせば、捜索が目的でないパイロットでも気づいてくれるだろう。

ライトや焚き火を三角形に配置すれば、救助を求める世界共通のサインになる。

ケミカルライトを束ねたり、懐中電灯を立てたりして光の三角形をつくる。あるいは焚き火を3つ起こしてもいい。

特に焚き火はジャングルで有効だ。うっそうとした枝葉に覆われたジャングルでは、上空から地上の光が見えにくい。唯一樹木のない場所が河川なら、いかだをツタやロープで係留し、その上で明かりを灯そう。

1 人に向けて

懐中電灯／スマートフォンのバックライト
（車や人に直接向ける）

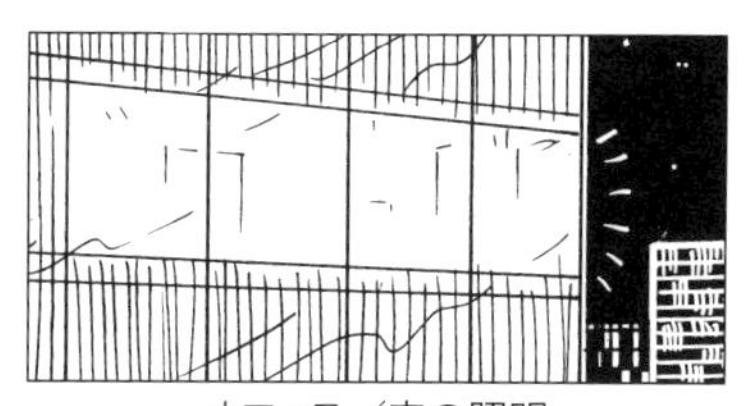

オフィス／家の照明
（SOSを点滅させる）

自動車のライト
（スマートキーでオン・オフを切り替える）

ケミカルライト
（手がかりを残す）

2 地上から空へ

照明器具（懐中電灯）

頭上で振り回す

手首を回す

三角形をつくる

焚き火

木に火をつけて松明にする

ヘアスプレー松明

三角形をつくる

発炎筒

手で持つ

信号銃を発射する

スマートフォンで救難信号を送る

現代人の多くが携帯しているスマートフォン（スマホ）は、さまざまな娯楽を提供してくれる「魔法の箱」であるとともに、我々の命を守ってくれる「高性能救難装置」にもなる。

今いるところに警察や救急車を呼ぶことなど朝飯前だ。とはいえ、その前にバッテリーが切れたら、スマホの救難能力は無きに等しくなる。

緊急時にはバッテリーの節約を心がけよう。着信をサイレント（消音）モードに、Ｗｉ－Ｆｉとブルートゥース（無線通信）をオフに、バックライトを暗くし、どうしても必要な基本アプリ以外は停止する。ただし、位置情報サービスは有効にして、警察が現在位置を追跡できるようにする。

警察や救急のオペレーターと話すときは、落ち着いて、はっきりとしゃべること。

緊急通報ダイヤルのオペレーターは、電話をつないだままにしておく決まりになっているので、情報を伝えて質問にすべて答えたら、「バッテリーを節約するために電話を切りたい」と丁重に説明しよう。

現在地がどこなのかわからない場合は、近くに見える店や地理的な特徴、ランドマークなどを伝えて、オペレーターが推測しやすくする。

電波が弱くて電話ができないなら、メッセージを送信しよう。メッセージの内容については、左図を参考にしてほしい。

アメリカには「Text-To-911（テキストメッセージによる緊急通報）」というシステムがある。対応していない地域では、緊急メッセージを家族や友人に送信する。その際は、必ず受信確認を（電話でなくメールで）返信してもらうようにしよう。

通常の救難信号がすべて失敗に終わっても、スマホの使い道はまだある。

日中ならディスプレイに日光を反射させて（232ページ参照）、夜ならバックライトを点灯して救難信号を送ろう（234ページ参照）。最後の手段は、電池切れになったスマホで火を起こすことだ（76ページ参照）。

1 圏内なら

警察か救急に電話をかける

動けなくなりました。怪我をしています／していません。バッテリーの残りが少ないです。現在地は＿＿です。現在地に＿＿で目印をつけました。緊急事態の内容は＿＿です。私の名前は＿＿。電話番号は＿＿。家族は＿＿といいます。電話番号は＿＿です。

メッセージを送信する

愉快犯ではありません。動けなくなりました。助けが必要です。怪我をしています／していません。バッテリーの残りが少ないです。現在地は＿＿です。現在地に＿＿で目印をつけました。緊急事態の内容は＿＿です。私の名前は＿＿。電話番号は＿＿です。

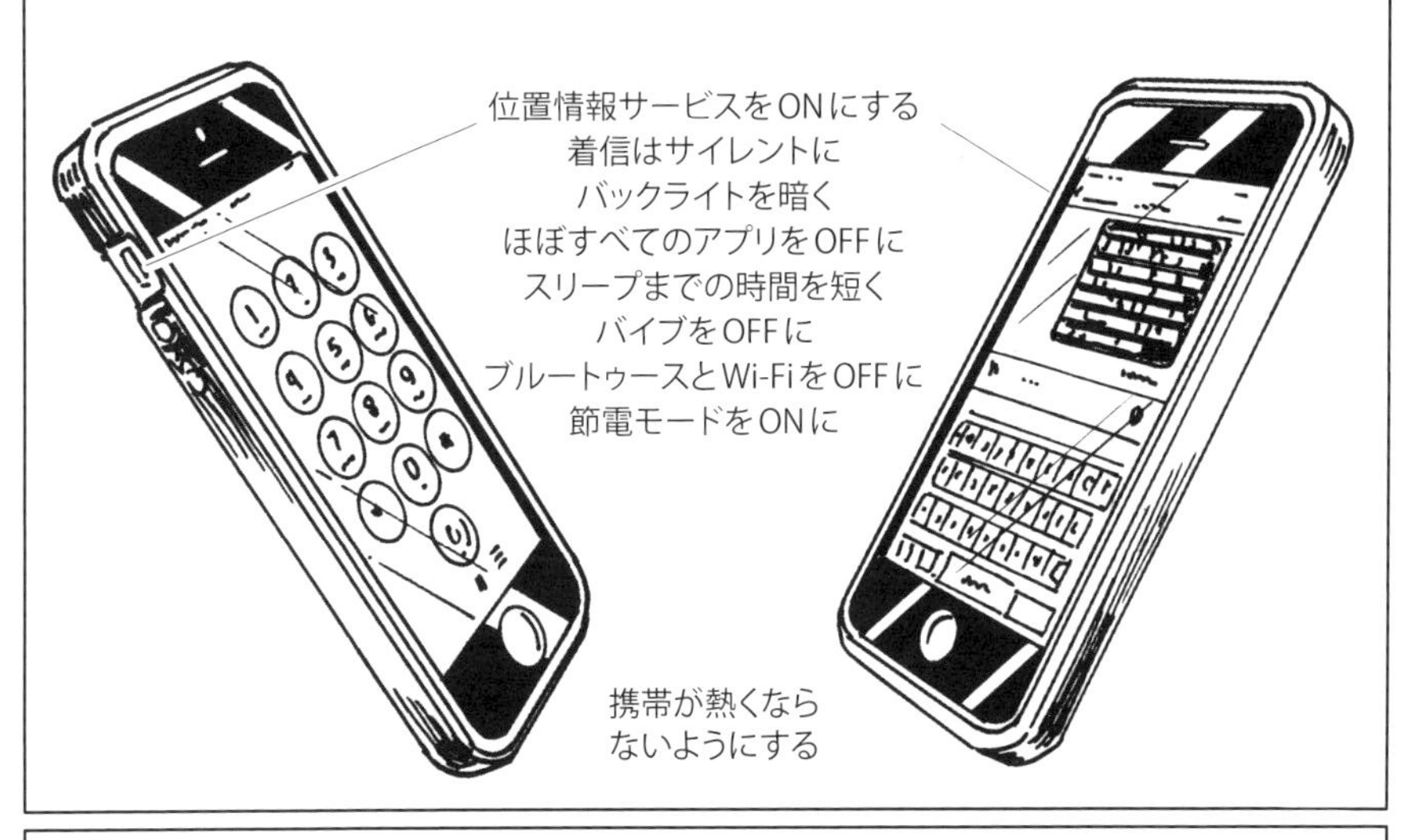
位置情報サービスをONにする
着信はサイレントに
バックライトを暗く
ほぼすべてのアプリをOFFに
スリープまでの時間を短く
バイブをOFFに
ブルートゥースとWi-FiをOFFに
節電モードをONに
携帯が熱くならないようにする

2 圏外なら

日光の反射やバックライトを利用する

日中

夜間

火を起こす

ショートさせる

DNAの痕跡を残す

監禁されているあいだ、脱出計画を練ったり（228ページ参照）、自叙伝のあらすじを考える以外にも、暇な時間を有効に使う方法がある。

それはDNAの痕跡を残すことだ。監禁場所に自分のDNAを残すと同時に、監禁者の血液、皮膚、髪の毛を集めよう。くれぐれも監禁者には見つからないように。

別の監禁場所に移された場合、少しでも遺伝子データを残しておけば、警察が跡を追うのに微量ながらも役立つ痕跡となる。また監禁者の生体情報を集めておけば、捜査当局や検察にとって何かと有益である。

最悪、苦難を生き残れなかったとしても、自分がそこにいたことを示す証拠があれば、監禁者が逮捕された場合に有罪に持ち込むことができる。この世に抵抗の証しを残して、あの世から正義の裁きを下すのだ。

目には見えずとも、壁に書かれた強力なメッセージは皆に伝わるだろう――「私はここにいた」というメッセージが。

自分の皮膚、髪の毛、汗、尿、血液を監禁部屋の隅、壁、換気口、ドアのヒンジなどに擦りつけよう。これらの場所は痕跡を消しにくく、監禁者が急いでいると見逃してしまう。それでも、警察なら必ず見つけてくれるはずだ。

監禁者の体に手を触れれば、それが暴力的な接触でなくても、監禁者のDNAを自分の体に残すことができる。通常は、相手の皮膚や血液の細胞が、自分の指と爪のあいだに残る。

髪や脇の下から出た汗をふき取られるなど、監禁者とのたび重なる接触によって痕跡を擦り取られたり、監禁者にシャワーを強要されて洗い流されたりしないように気をつけよう。

こうした方法は、車のトランクに拘禁された場合にも使える。

将来何が起こるかは、誰にもわからない。いざというときのために、あらゆる備えをしておこう。

1　監禁場所に残す――自分の血液や尿、髪の毛、指の爪、皮膚を残す

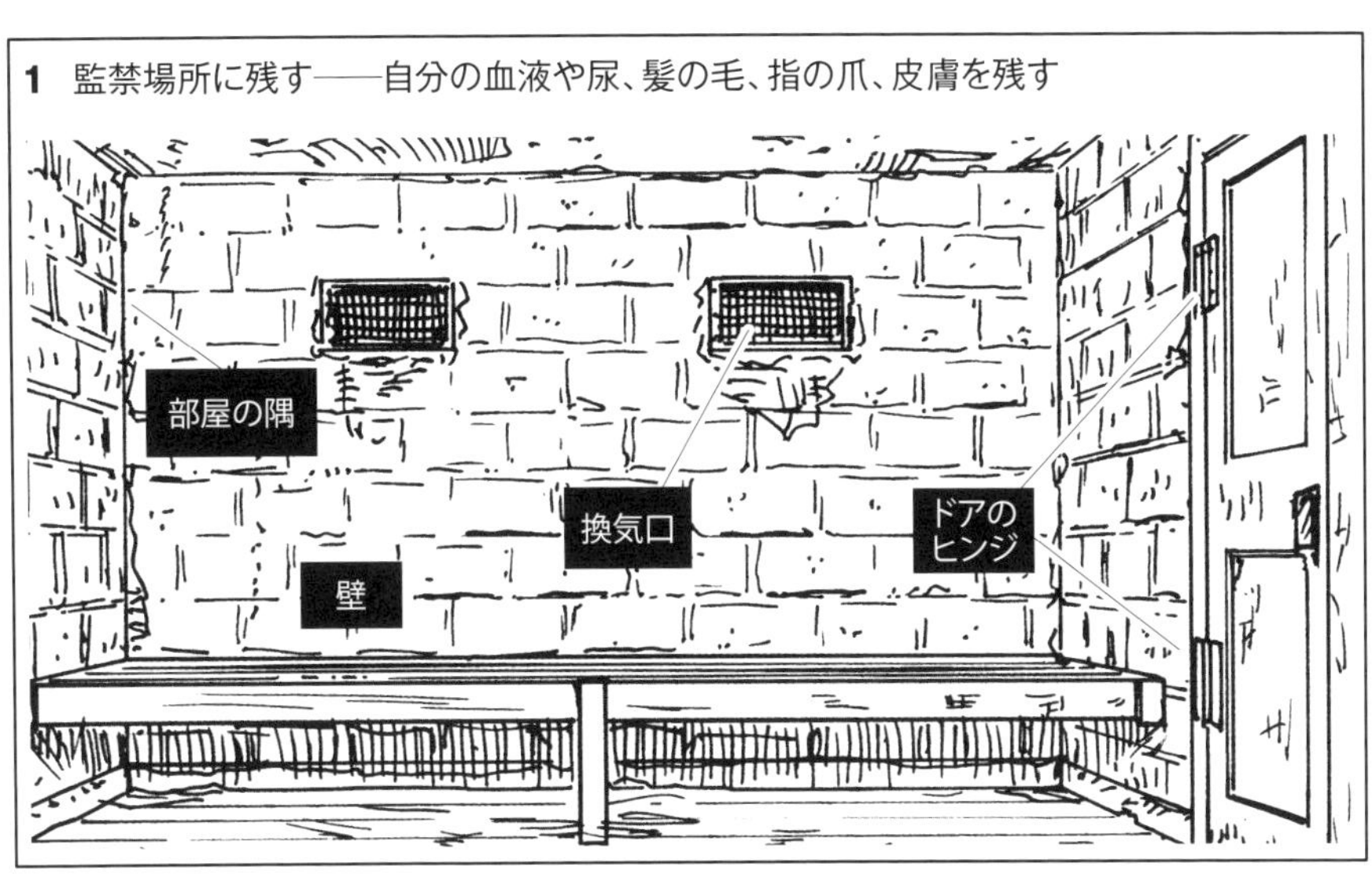

2　体に残す――監禁者の血液、精液、髪の毛、皮膚、衣服の繊維を残す

PART 9
EMERGENCY MEDICINE
救命処置を行なう

治療の初期判断を行なう

自然災害や重大事故、大規模な殺傷事件といった惨事が起こり、多数の死傷者を目の前にすると、気が動転してしまうのも無理はない。基本的な応急処置の訓練を受けた人でさえ、どうすればよいかあたふたしてしまう。

そうした大惨事にたまたま遭遇して、運よく無傷でいられたなら、どのように対処するのがよいか？

一番よいのは、まず救急に電話して、トリアージの手順に従うことだ。トリアージとは、患者の重症度に基づいて、治療の優先度を決定して選別を行なうことである。

意識レベルを確認する

まずは被害者の意識レベルを判定する。自分の名前を告げ、被害者に一連の簡単な行動ができるか確認する。

「助けにきました。起き上がれるなら、起き上がってこちらへ来てください。できないときは、手を上げるか大声を出してください」

一般的なトリアージの原則では、歩行可能な被害者よりも、意識はあるが動けない被害者の処置を優先する。意識も反応もない被害者は優先順位が低くなる。

もし、出血している被害者と意識がない被害者の両方がいたら、出血を止めることを優先する。それが、限られた時間を最も有効に使うことになるのだ。

助けを求めて叫ぶ被害者がいたら、思わず駆けつけて多くの時間を費やしてしまうかもしれない。だが、叫べるということは、まだ呼吸が可能ということだ。近くに、脳への重症なダメージはまぬがれたものの、喉に異物が詰まって声を出せない被害者がいるかもしれない。

ABC法を使う

目を開いていない被害者が、呼びかけに応じるか確認する。呼びかけに応じなければ、痛み刺激に反応するか確認する。反応がなければ、意識がないということだ。

こうした判断は難しく、トリアージの手順では「ABC法」を使うことになっている。Aは気道（Airway）、Bは呼吸（Breathing）、Cは循環（Circulation）である。

意識レベルを判定したら、すぐに気道が確保されているか確認し、続いて呼吸と血液の循環の有無を確認する。

気道の確認――呼吸を耳で聞いて、気道が確保されているか確かめる。呼吸が聞こえないときは、手で被害者の口を開け、気道を塞いでいる可能性があるものを探す。何か異物が見つかったら、取り除けるか慎重にやってみる。

呼吸の確認――肺の動きを見て呼吸を確かめる。

左右の肺はどちらも動いているか？　ほかの人に比べて動きが小さくないか？

被害者の胸に耳を押し当てて、呼吸によって胸腔に空気が出入りしているかどうかを確認する。

血液循環の確認および止血――気道と肺の確認を終えたら、喉仏のすぐ右か左に人差し指と中指を当てて脈を調べる。首の脈がとれ、手首の脈がもっととれ、膝の裏の脈がとれるなら、血液の循環は良好ということだ。

血液の循環を確認したら、傷口の状態を調べ、重傷なら圧迫法や止血帯を使って出血を止める（246ページ参照）。

心肺が停止している被害者の命をつなぐ方法としては、口対口人工呼吸法と心肺蘇生法（CPR）がある。しかし被害者が多い状況では、長時間にわたり反応がほとんどない被害者にそのような処置をして救急隊に引き渡すよりも、トリアージを優先すべきであろう。

トリアージを終えたあとは、救命活動を開始してできるだけ多くの人を救うとともに、現場に駆けつけた救急隊に有用な情報を伝えるのが最も望ましい。

4 呼吸を確認する

胸が膨らんでしぼむか観察する

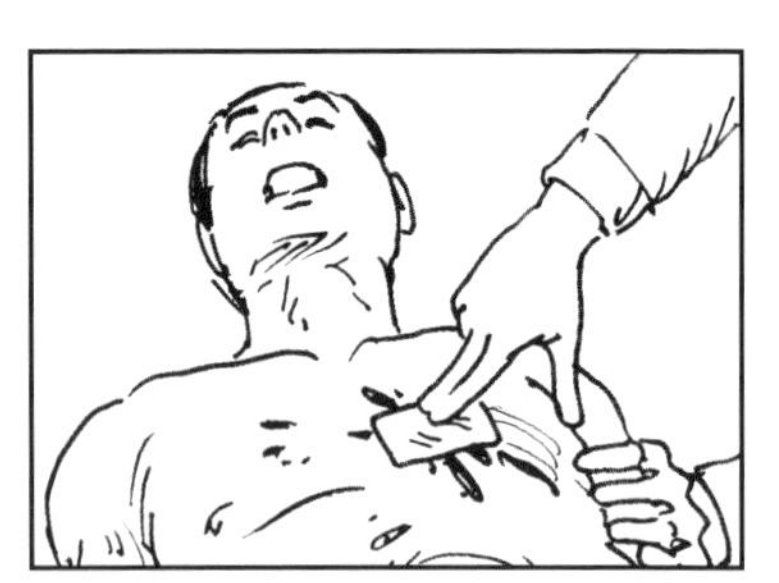

前胸部の傷口を塞ぐ

後胸部の傷口を塞ぐ

5 止血する（処置を行なう人の手は、感染予防のためにビニール袋などで覆うとよい）

大きな出血を特定して対処する

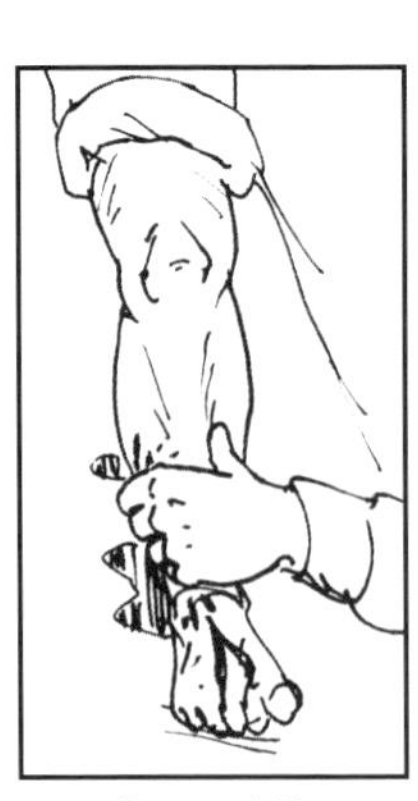

傷口に直接圧迫を加える

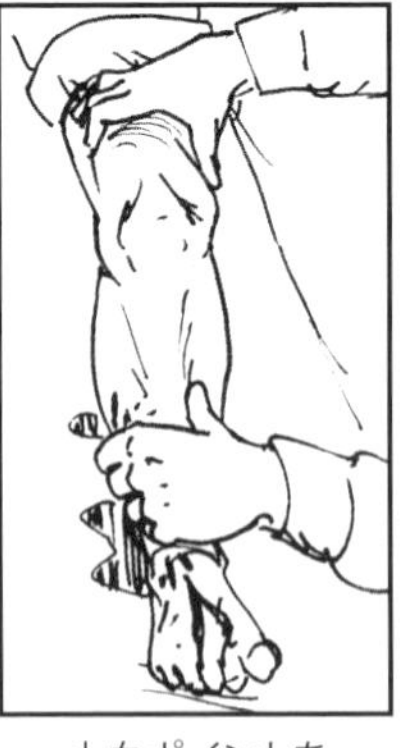

止血ポイントを圧迫する

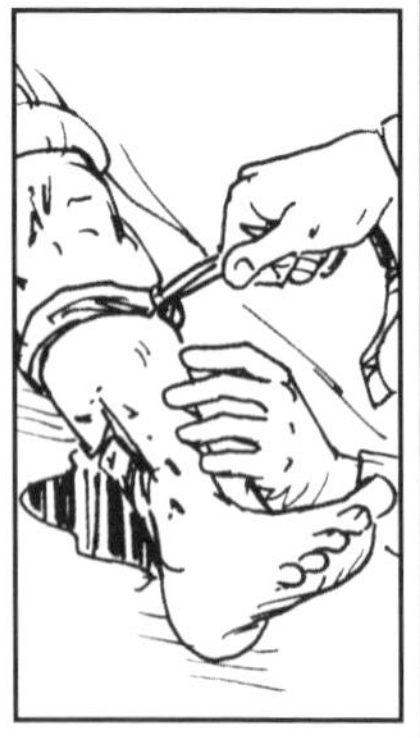

止血帯で縛る

1 救急に電話する。状況が安全かどうかを確認し、現時刻を正確に記憶する

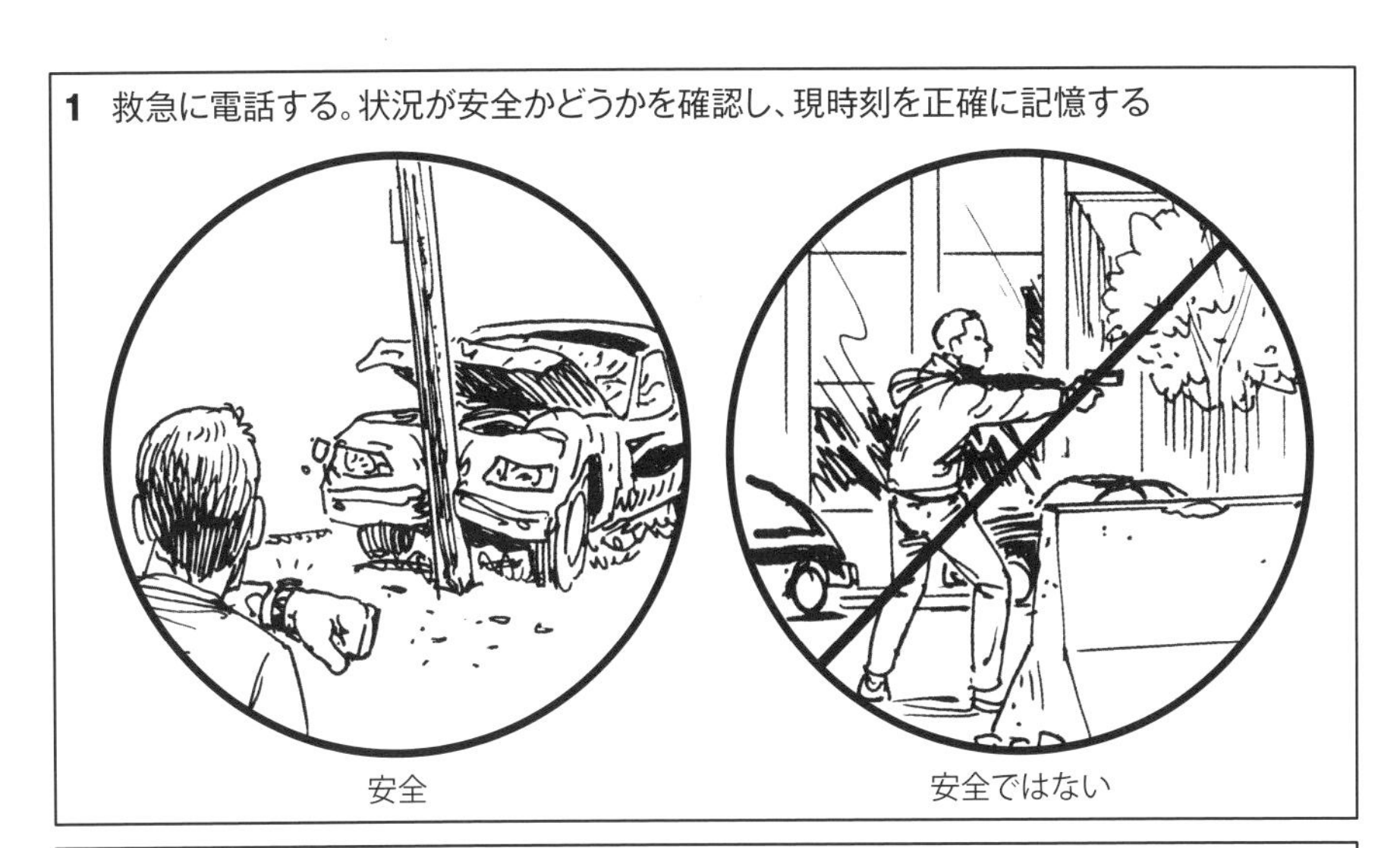

安全

安全ではない

2 意識レベルを確認する

覚醒

負傷して覚醒

呼びかけると開眼

負傷して
呼びかけに反応

痛み刺激

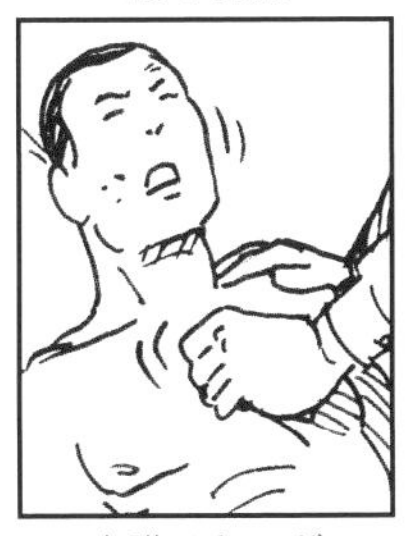

意識はないが
痛みに反応

反応なし

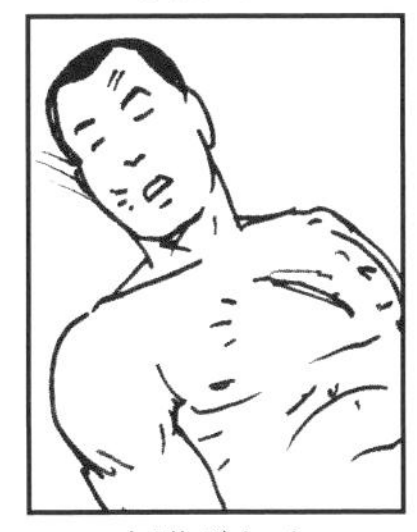

意識がなく、
刺激にも反応しない

3 気道を確認する

5秒から10秒間
呼吸を耳で確認

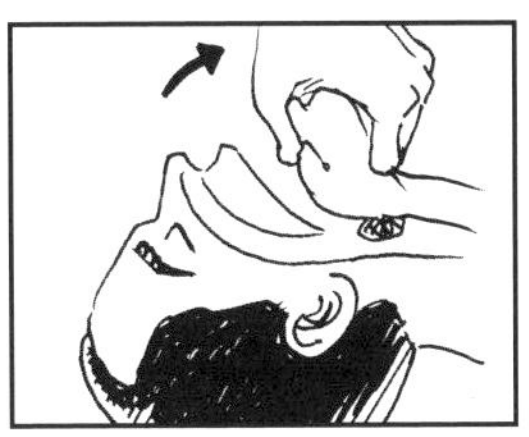

気道を開く

異物がないか指で確認し、
あれば慎重に取り除く

止血を行なう

大量の出血を見てショックを受けるのは自然な反応である。だが、ぼう然としている場合ではない。迅速な処置を行なえるかどうかが、怪我人の生死を分けることもあるのだ。

場合によっては、素手で傷口を押さえるだけで、誰でも臓器不全を食い止めることができる。

まずやるべきは直接圧迫すること。もたもたしてはいけない。

血の色が鮮やかなときはなおさらだ。血が鮮やかなのは動脈の出血なので、すぐに処置しないと臓器不全を招きかねない。

すぐに手の付け根や手のひらを傷口に当て、体重をかけて強く圧迫する。目的は動脈を骨に押しつけて塞ぐことだ。

負傷者がまだ横になっていないなら、横になるのを助ける。そうすれば重力に逆らわないですむ。

直接圧迫しても出血が止まらないなら、左図のように、血管圧迫ポイントも等しく強く圧迫する。圧迫ポイントは傷口よりも上の部位を選ぶ。

ただちに血流の低下が認められないときは、もう一度周辺を圧迫してみる。筋肉が多い場所や負傷者が肥満の場合には、手の付け根や手のひらの親指の下の膨らみを使う。

どれを試しても出血が止まらないときは、シャツやズボン、ベルトを止血帯にして、負傷した手足の傷口より上を縛る。縛るところはなるべく傷口に近いほうがいい。

そして、できるだけ早く医者に診てもらう。長いあいだ止血帯を締めたままにしておくと、怪我をしていない部分まで壊死してしまい、切断を余儀なくされる場合もある。

出血が止まったら、傷口に包帯を巻いて、可能なら傷口を心臓より高い位置に置く。いずれの場合でも、速やかに救急隊の助けを求めること。

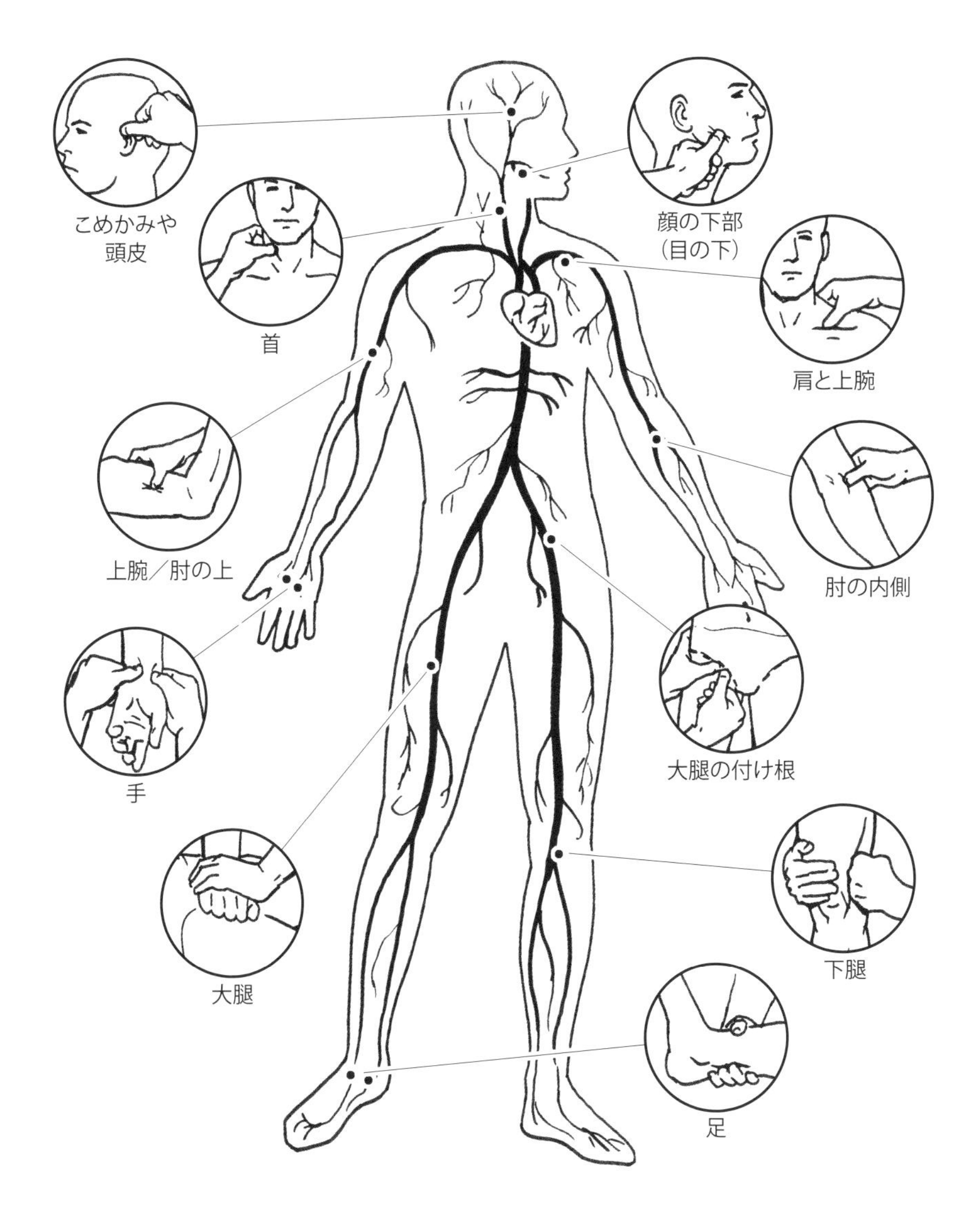

血管圧迫ポイント

銃創を手当てする

アメリカだけで毎年7万人以上が、銃による負傷（銃創）の手当てを受けている。

しかし一般人の大半は、人が銃で撃たれても、救急隊が到着するまでに行なえる手当ての方法についてほとんど知らない。

撃たれたのが脳や心臓、肺など命に関わる箇所なら、治療を受ける前に死んでしまうこともある。しかしその他の箇所なら、直接圧迫や間接圧迫、あるいは止血帯で出血を止めることができる（止血法の詳細は246ページ参照）。

出血がひどい場合には、シャツやタンポン、生理用ナプキンを当てがいながら直接圧迫して出血を少なくする。タンポンは大量の血液を吸収できるので、銃創にこれを差し込むと出血を元から止めることができる場合もある。

体内の損傷が広範囲におよぶこともある。特に銃弾が臓器や動脈に命中した場合は深刻だ。

体内の損傷について一般人が行なえることはほとんどない。それでも銃弾が貫通してできた傷口（射出創）を探せば、射入創と合わせて両方から出血を止めることができる。

射出創は予想外の箇所にあったりするので、体を徹底的に調べよう。体に入った銃弾は体腔内を跳ね回って骨に沿って進むため、膝に命中した銃弾が骨盤に射出創を残して飛び出すこともある。

銃創が小さいからといって甘く見ないこと。9ミリ弾は創洞（銃弾に組織が貫かれてできたトンネル状の傷）が小さいものの、致命傷になりやすい。鹿弾（バックショット）は創洞がより大きいが、発射速度が遅く、比較的致命傷になりにくい。

撃たれた人を落ち着かせよう。銃撃で負傷した人はショック状態に陥ることが多い。すると体が一種の緊急保護モードに入って、血圧が急激に低下する。被害者を毛布で覆って体温の低下を和らげよう。脊髄を損傷していそうな場合は、むやみに動かしてはならない。

胸に銃弾を受けた場合の処置については250ページを参照してほしい。

1 致命傷となる場所

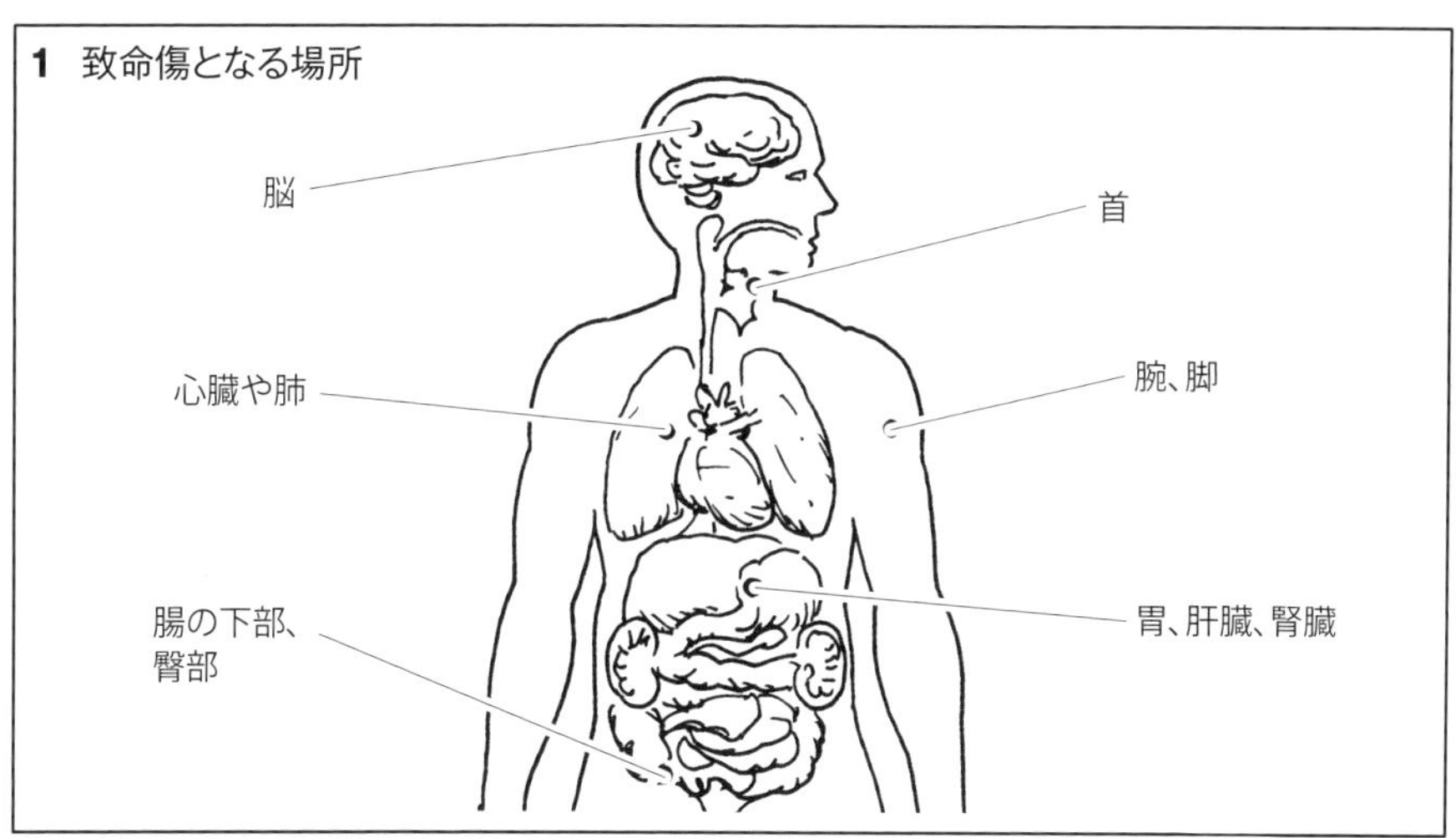

2 タンポンで止血

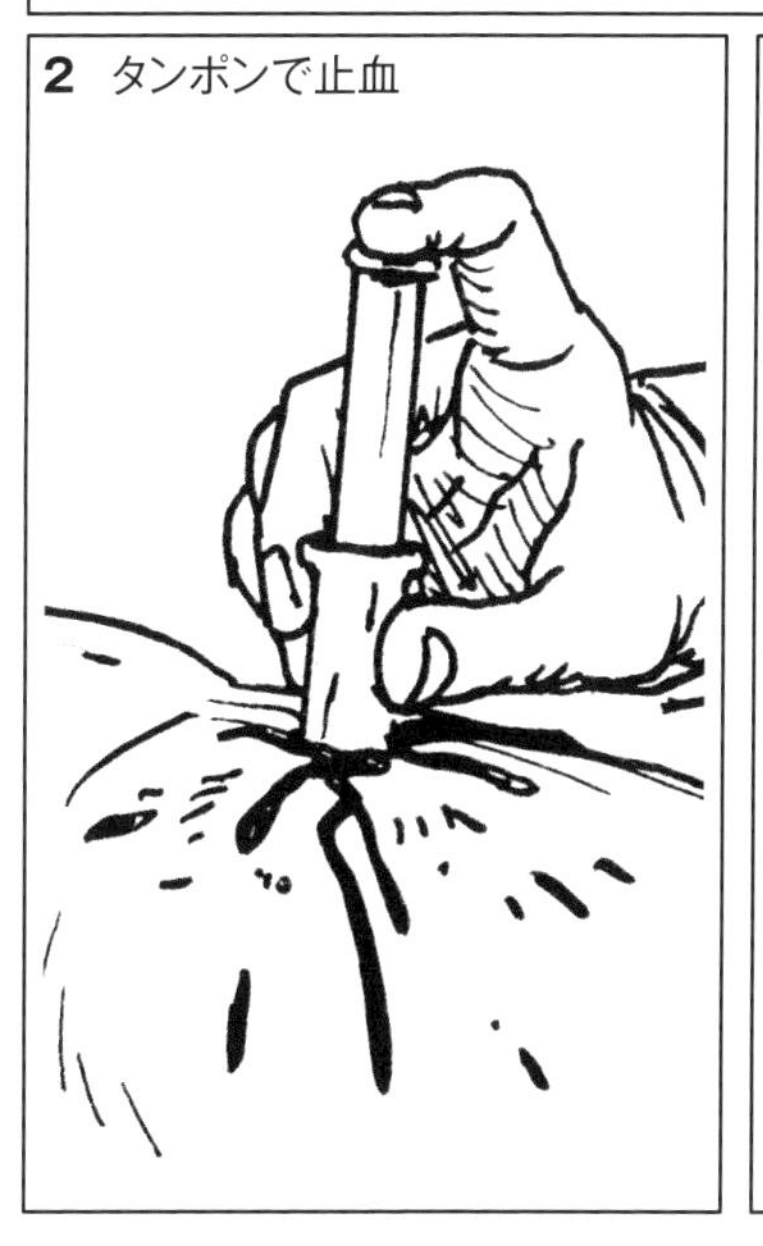

3 弾種によって創洞が変わることを理解しておく

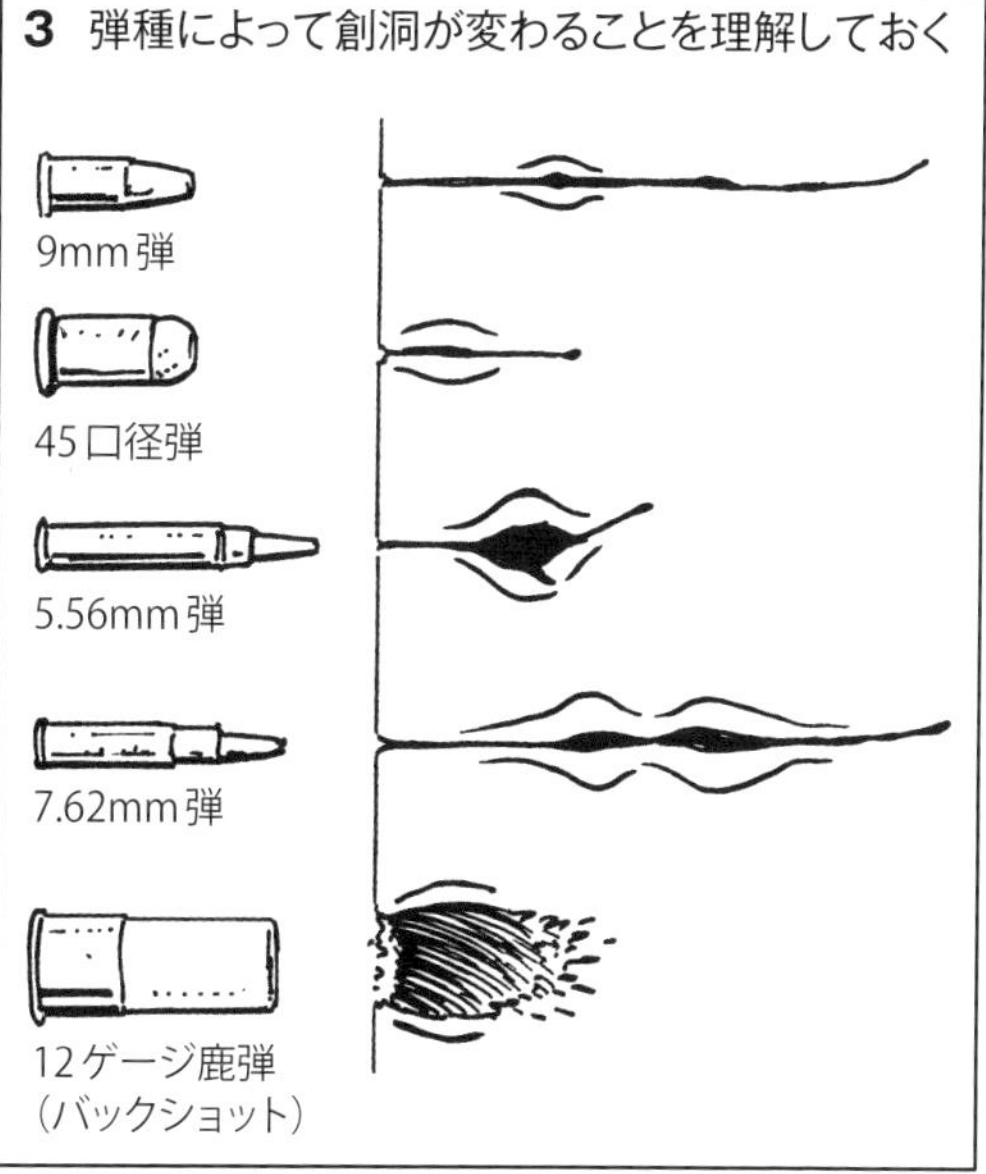

胸の傷を塞ぐ

運悪くナイフの先端や銃弾が胸に刺さって、刺し傷（穿通創）が胸腔近くに達したら、心臓だけでなく肺も危険な状態となる。

穿通創が心臓に達しているなら、救急に電話をかけるか心肺蘇生法（ＣＰＲ）を行なう以外に、一般人にできることはない。

だからといって、心臓に達する穿通創は絶対に死ぬというわけではない。確かなのは専門的な外科処置が必要ということだ。

だが、胸の傷が心臓でなく肺の機能を脅かしているなら、救急隊が到着するのを待つあいだ、応急処置としてできることがある。これは、救急救命士や軍隊の衛生兵に広く採用されている標準処置をもとにしたテクニックだ。

ここで求められる処置は、包帯を使って出血を止めるよりも、傷を塞いで空気の流入を防ぐことである。胸の傷は胸腔まで達する開放性胸部創であり、緊張性気胸を起こしているものとして対処しなければならない。

肺は胸膜という薄い膜に覆われている。この膜は袋状になっているので胸膜嚢と呼ばれる。

胸に怪我をして胸膜に穴が開くと、呼吸するたびに、傷口から入った空気が胸膜嚢内に溜まっていく。その結果、肺が圧迫されて縮んでしまい、空気を吸い込めなくなる。この状態が緊張性気胸と呼ばれるものだ。

そこで、息を吸っても胸膜内に空気が入ってこないように、クレジットカードや食品用のラップフィルムなど空気や水を通さない平らな素材を使って傷口を塞ぎ、この密封包帯（ドレッシング）の３辺にテープを貼って留める。

４辺すべてにテープを貼らないのは、胸膜嚢の中へ空気を入れず、胸膜嚢に溜まった空気を外へ逃がす一方向弁にするためだ。

息を吸うときに胸が広がって傷口が開くが、このときドレッシングに空気の圧力がかかって傷口をしっかり塞ぐので、ドレッシングの１辺が開いていても傷口から胸腔に空気が入ってくることはない。

1 緊張性気胸を特定する

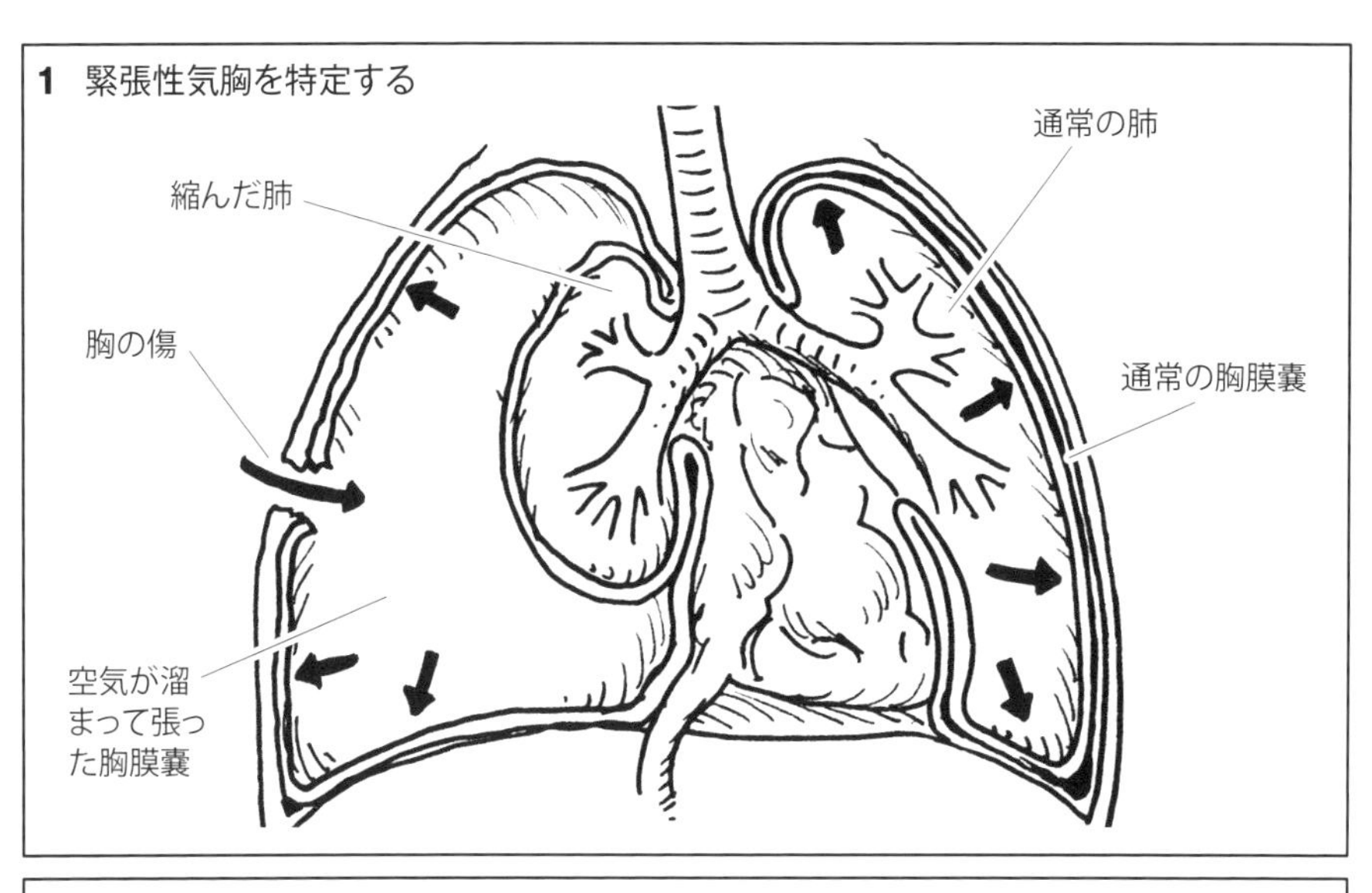

2 胸腔内に空気が入るのを防ぐ

クレジットカードを直接傷口に当てる→3辺にダクトテープを貼る

ラップフィルムを傷口に当てる→3辺にダクトテープを貼る

スマートフォンを傷口に当てる→3辺にダクトテープを貼る

深く刺さった異物を処置する

包丁などの異物が体に深く突き刺さったら、絶対に抜こうとしてはいけない。

特に、動脈、静脈、器官の近くに異物が達している可能性があるときは、なおさらそうだ。よかれと思って間違った対応をすると、組織を激しく損傷するか、もっと深刻な事態を招く恐れがある。

異物が動脈や静脈に穴を開けている場合、引き抜くと同時に大量の出血が起こる危険性がある。手が滑って包丁が足に刺さった場合も、決してその場で抜こうとしないこと。

被害者に大きな物体や固定された物体が突き刺さっている場合は、その物体を適切な道具で切断して、被害者を自由にしよう。それが無理なら、消防車に電動ノコギリが搭載してあるので、救急隊が来るのを待とう。

異物が胸腔近くに刺さっている場合、一般人に最大限できる救命活動は、救急に電話をかけ、刺さっている傷口の周りを塞ぐことだ。

胸部に刺さっているということは、肺に穴が開く開放性胸部創の恐れがあり、命を脅かす緊張性気胸になる危険性がある。息を吸うたびに胸の傷口から胸腔内に空気が入って溜まってき、肺が圧迫されて縮んでしまい、まともに呼吸ができなくなるのだ。

そこで、傷口から胸腔内に空気が入らないように、クレジットカードないし身分証明書とダクトテープ（ガムテープ）を組み合わせて、刺さっている異物の周辺を塞ごう。

異物の周りを塞いだら、その異物が動いたり、さらに深く刺さったりしないように支える。異物の、体の外に出ている部分が動かないように、丸めたガーゼやソックスをピラミッド状に積み上げて、テープで固定する。

開放性胸部創の処置について、詳しくは250ページを参照してほしい。

1　異物が刺さっている状況

状況1：体は動くが、異物が動かせない

状況2：異物は動くが体が動かない

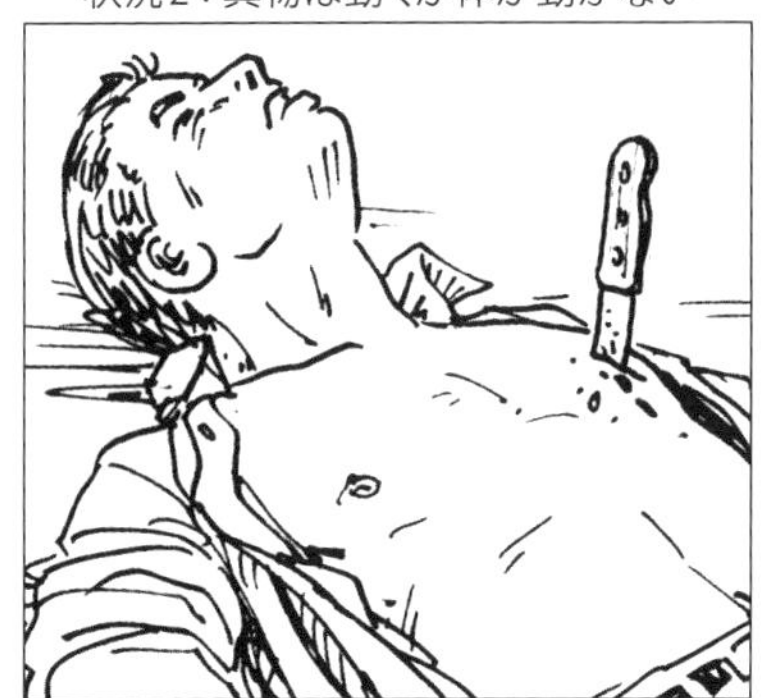

絶対に異物を抜こうとしないこと!
抜くと組織、神経、骨がさらに傷つくかもしれない。異物そのものが傷を塞いでいる場合もあり、抜くと出血死する危険性がある

2　胸に異物が刺さった場合は異物と皮膚が接するところを「塞ぐ」必要がある

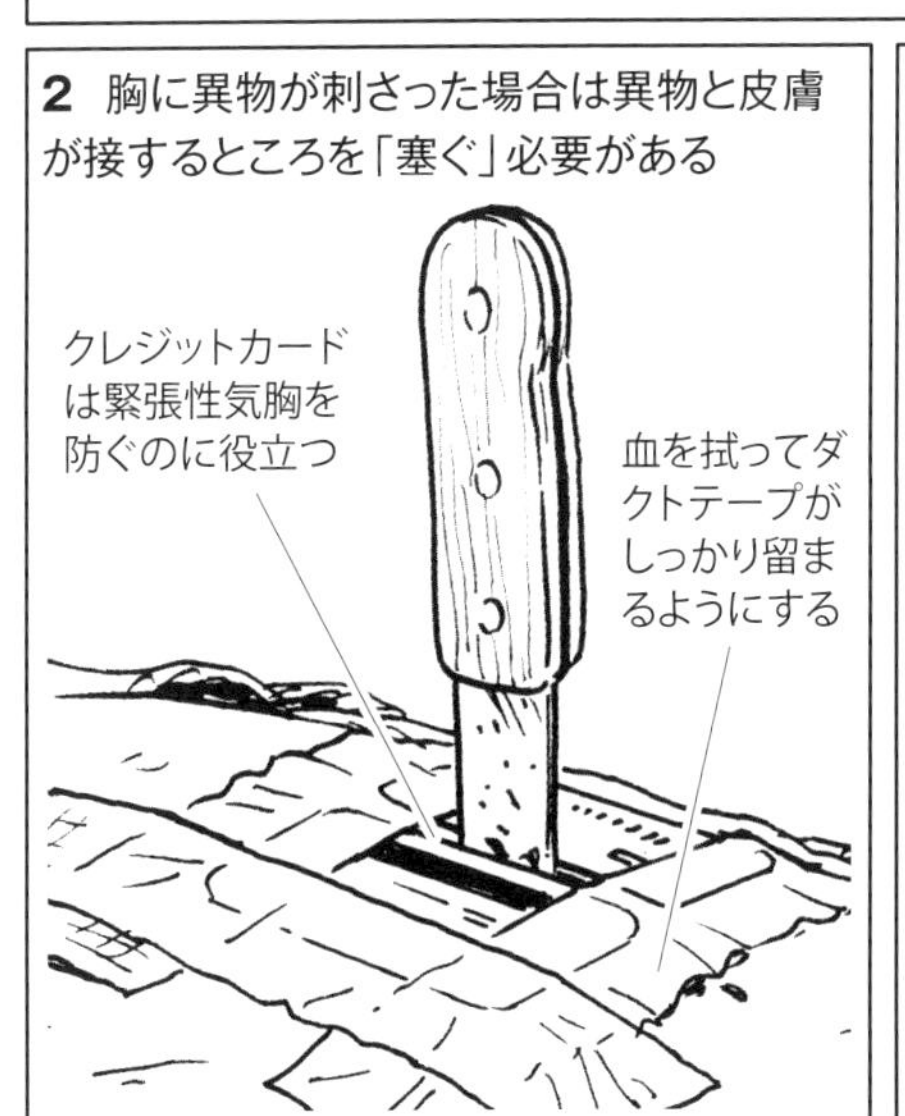
クレジットカードは緊張性気胸を防ぐのに役立つ
血を拭ってダクトテープがしっかり留まるようにする

3　異物がさらに刺さったり、動いたりしないように固定する

傷口を縫う

体のどこかを切ってしまったとき、数時間以内の距離に病院があるなら、傷口を洗浄してから、きつく包帯を巻いておく。それから病院に向かおう。

しかし、病院が24時間以内で行ける範囲にないときはどうするか。傷を縫うのに必要な道具があるなら、応急的な縫合を行なうこともできる。傷の長さが6ミリ以上あるケースでは参考にしてほしい。

ギザギザな傷、穴状の傷、かなり深い裂傷を縫うのはやめておこう。こうした複雑な傷は、深い部分を洗浄しなければならず、場合によっては皮膚移植が必要になる可能性もある。

傷口を閉じる際には、沸騰させて冷ました水やアルコールで適切に洗浄する必要がある。細菌に汚染されたまま傷口を閉じると、開いた状態よりもはるかに細菌感染が拡大しやすい。

たいていの人は体に針と糸を通すことに腰が引けるだろうが、裁縫の経験が少しでもあれば、誰にでも可能だ。

縫い方は傷の場所と形状で決まる。1針ずつ結んでいく「結節縫合」（左図参照）は時間がかかるため、器用でないと難しいかもしれない。しかし、傷口をきつく塞ぐことができ、ギザギザの裂傷にも対応できる。

「連続縫合」は簡単で時間もかからないが、傷にすき間ができ、時間が経つと縫合が緩む可能性がある。

「連続かがり縫合」は、傷に対して平行に輪をつくって縫っていく方法だ。これは連続縫合よりも確実だが、痕が残りやすい。

頭皮は薄く、かなり突っ張っているので、傷を縫うのは難しく、場合によっては不可能だ。そこで代替方法として、傷の両側の髪を結んで傷を閉じ、結び目を瞬間接着剤で固めることもできる。

医療用テープでも、針を使わずに傷口を閉じることができる。出血のある傷が開いた部分（創部）では、テープの中央部を摘まんでチョウのような形をつくり、傷口の両側はテープをしっかり貼ってとめる。

1 傷の縫い方

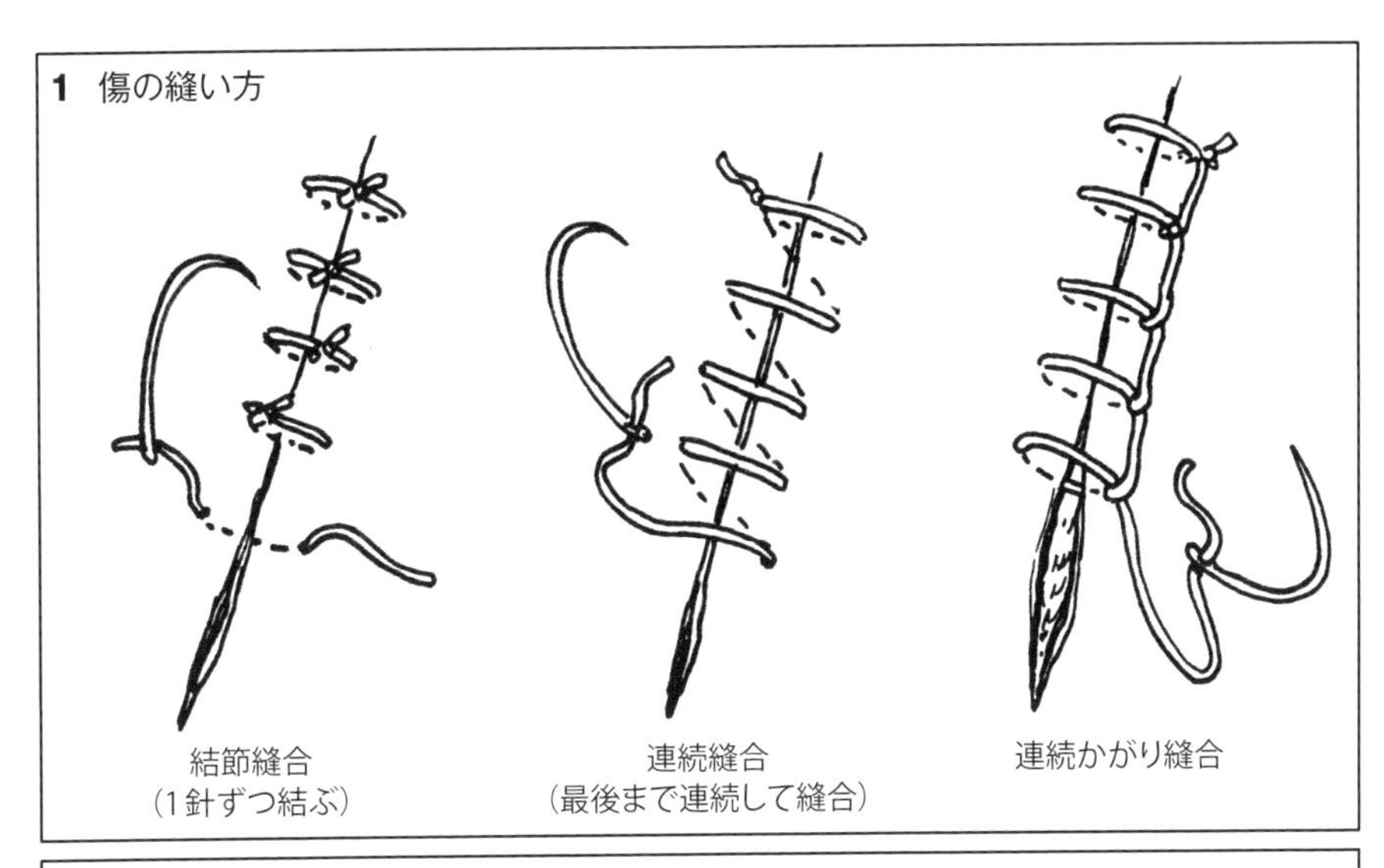

結節縫合
（1針ずつ結ぶ）

連続縫合
（最後まで連続して縫合）

連続かがり縫合

2 即席の縫合材料

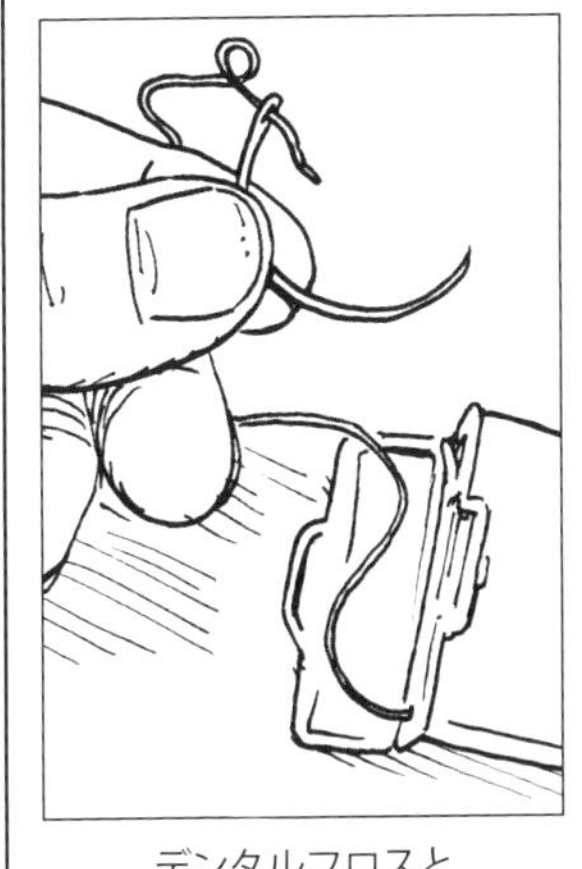

デンタルフロスと
折り曲げた縫い針

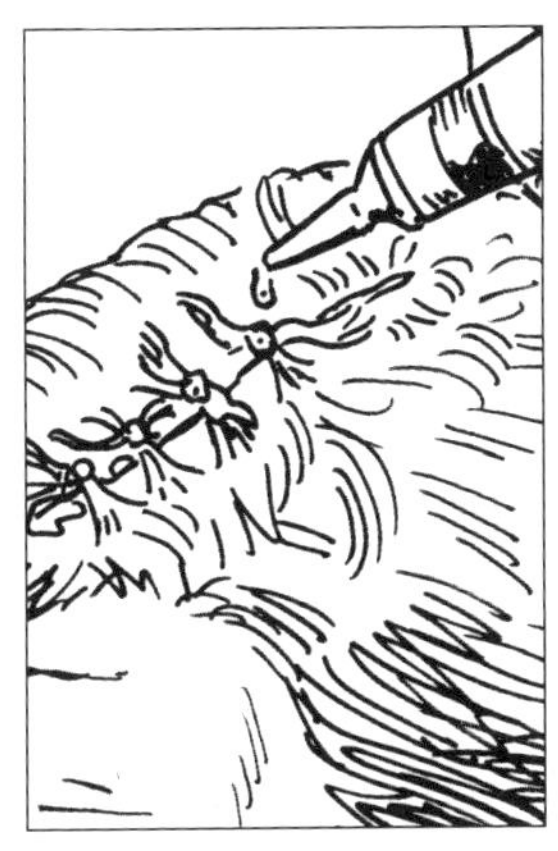

瞬間接着剤

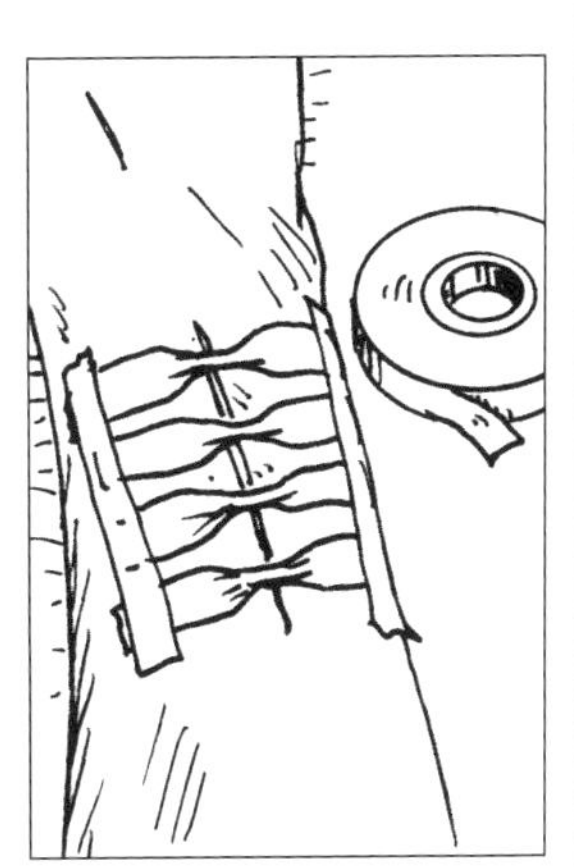

テープ

軽度の火傷を処置する

基本的な火傷(やけど)(熱傷)の処置についてはとっくに知っているかもしれないが、それは思い込みかもしれない。

火傷になったらとにかく冷やそうと、氷嚢(ひょうのう)を当てたことがあるとしたら、根本的な考え方を見直すべきだ。氷嚢は火傷になったばかりの皮膚を凍傷にし、治癒を遅らせる恐れがある。

火傷の種類には、熱によるもの(原因:火や熱い液体に直接触れる)や化学物質によるもの(腐食性物質や化学兵器に触れる)、あるいは感電によるもの(電流に触れる)があるが、どれも初期処置は基本的に同じだ。

どんな種類であれ、Ⅱ度熱傷とⅢ度熱傷は緊急処置が必要である。Ⅱ度熱傷は損傷が皮膚の深い真皮深層に達し、Ⅲ度熱傷は靱帯、腱、骨、内臓に取り返しのつかない重大な損傷をおよぼすことがある。

いずれの火傷も、きわめて深刻な感染症にかかりやすい。肺や消化系の内部火傷は医師による処置が必要である。腐食性物質を飲み込んでしまった場合には、一刻も早く病院か中毒事故専門機関へ連れていく。

皮膚の化学熱傷は、原因となる物質の接触から数時間経たないと症状や痛みが出てこないかもしれないが、これもすぐに処置しなければならない。

自宅で問題なく対処できるのは、損傷が皮膚の一番上の層、すなわち表皮のみに留まるⅠ度熱傷だけだ。

火傷した箇所に冷たい水を流し、鎮痛効果のある抗生剤軟膏を塗る。火傷したところは清潔にし、乾いた状態を保って細菌の感染を防ぐ。

火災に遭って自分の体に火がついたときは、ストップ・ドロップ・アンド・ロール(止まって倒れて転がる)を行なう。体に火がついた人を見たら、毛布で覆って空気を遮断する。

燃える建物から逃げる場合については212ページを参照してほしい。

1　火傷の原因

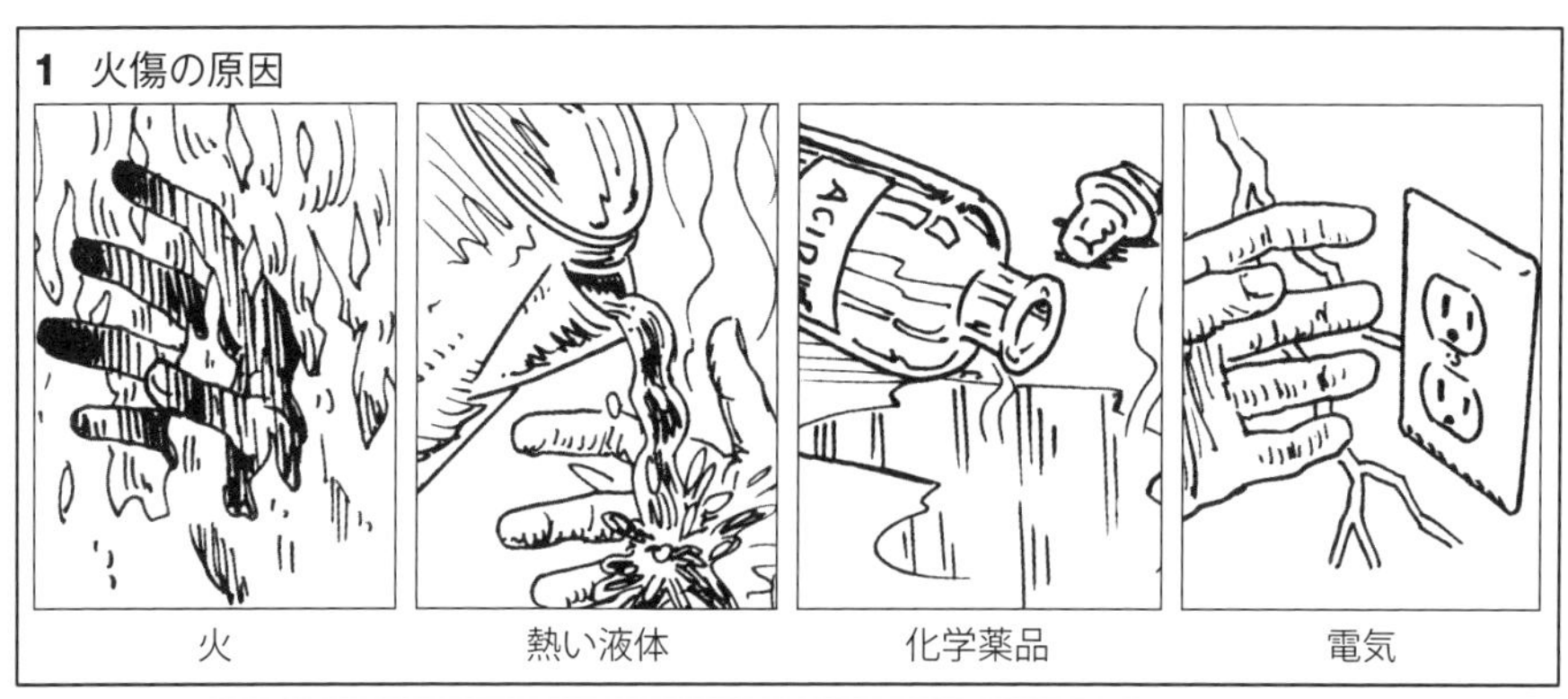

火　熱い液体　化学薬品　電気

2　火傷の種類

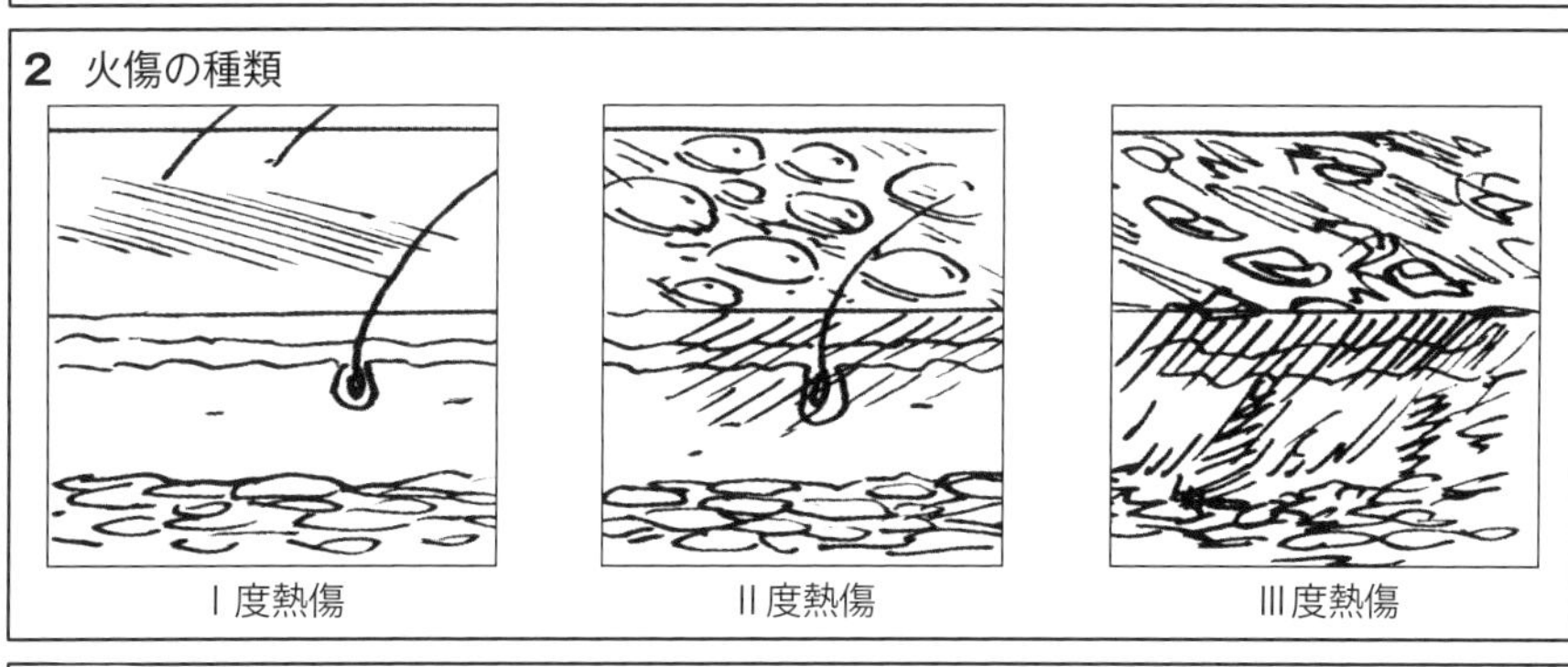

Ⅰ度熱傷　Ⅱ度熱傷　Ⅲ度熱傷

3　火傷の処置

燃焼を止める　火ぶくれになるのを防ぐ　痛みを和らげる

骨折したところに添え木を当てる

子供の怪我で最も多いもののひとつが骨折である。骨折はとても痛いし、治るのにも時間がかかるが、通常は命を脅かすものではない。

しかし、文明社会や医療施設から遠く離れた場所で骨折すると、生命の危険にさらされかねない。

もし骨折したロケーションが悪く、骨折したまま自力で病院へ行ったり、骨折した人を病院まで運ばなければならない場合は、添え木を当てよう。

添え木を当てれば痛みを和らげられる。また、手足を固定することにより、折れてノコギリの歯のように尖った骨が、動いて体内の組織や血管を傷つけるのを防げる。

場合によっては、骨折自体が大量の出血を招くこともある。骨折によって骨内の造血幹細胞が体内に流出するとともに、血管が傷つけられて深刻な内出血が起きることにもなりかねない。

したがって、骨が折れたらできるだけ速やかに処置すべきである。折れた部分を圧迫してはならない。

添え木を当てる目的は、折れた骨が動かないように固定することだ。

骨折した箇所の上下の関節から添え木を渡し、左右両側で固定する。向こうずねを骨折した場合は、足首から膝の先まで添え木で覆う。

応急処置の添え木としては、スキーのポールやハイキングのスティック、木の枝、折りたたんだ新聞紙、場合によっては枕も使える。巻くのはダクトテープだ。

添え木を手足にまっすぐ当てたら、それ以上折れたところが動かないよう体に巻きつける。腕なら胴体にぴったりと巻きつけ、足なら両脚を閉じて巻く。臀部を骨折したときは、両脚のももの部分を閉じて巻く。

肋骨が折れたときは、折れたところに腕をやさしくぴったりとくっつけて、動かないようにする。折れた肋骨を固定しないと、動いたとき肺に穴が開く恐れがあるからだ。

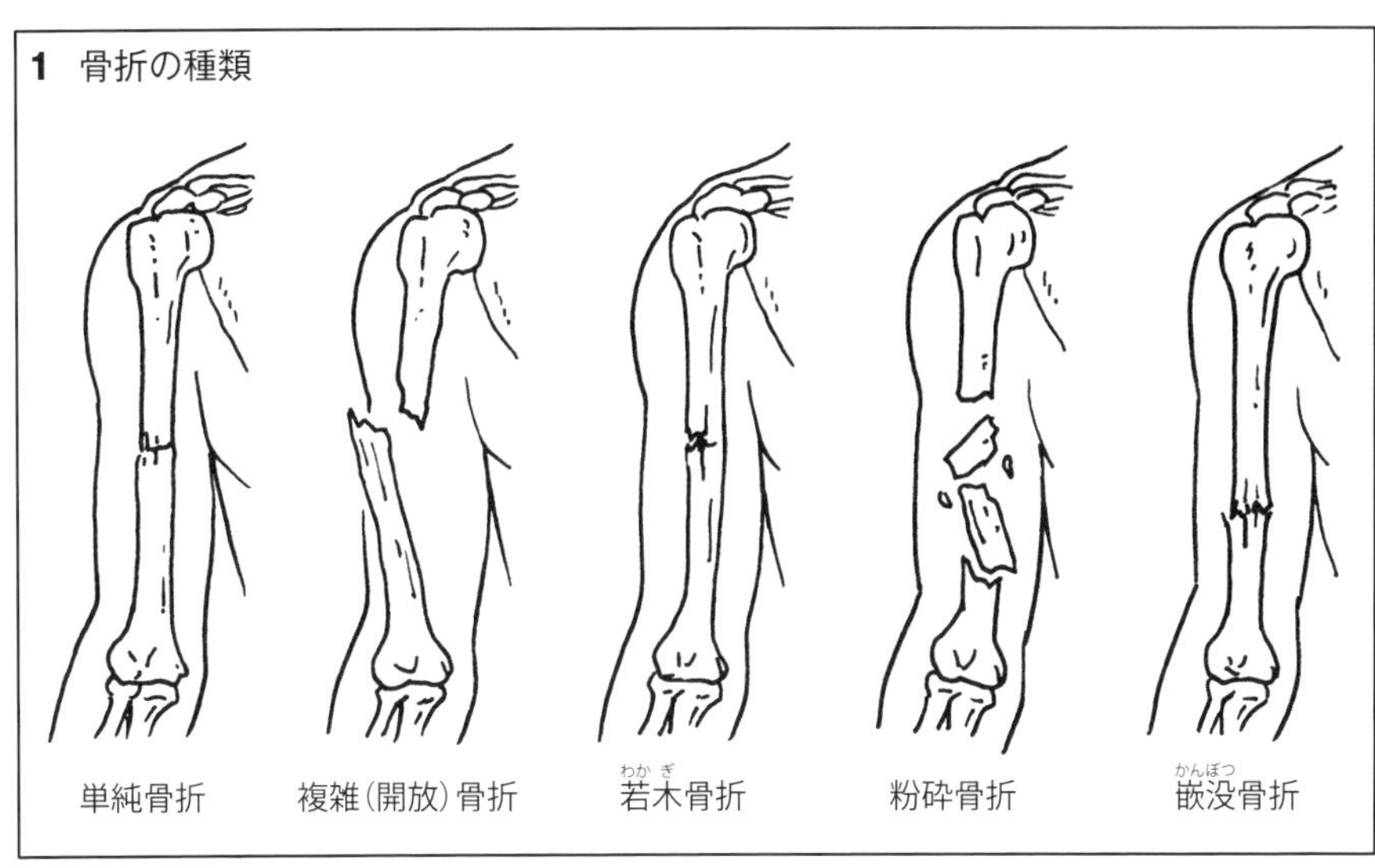
1 骨折の種類
単純骨折
複雑（開放）骨折
わかぎ
若木骨折
粉砕骨折
かんぼつ
嵌没骨折

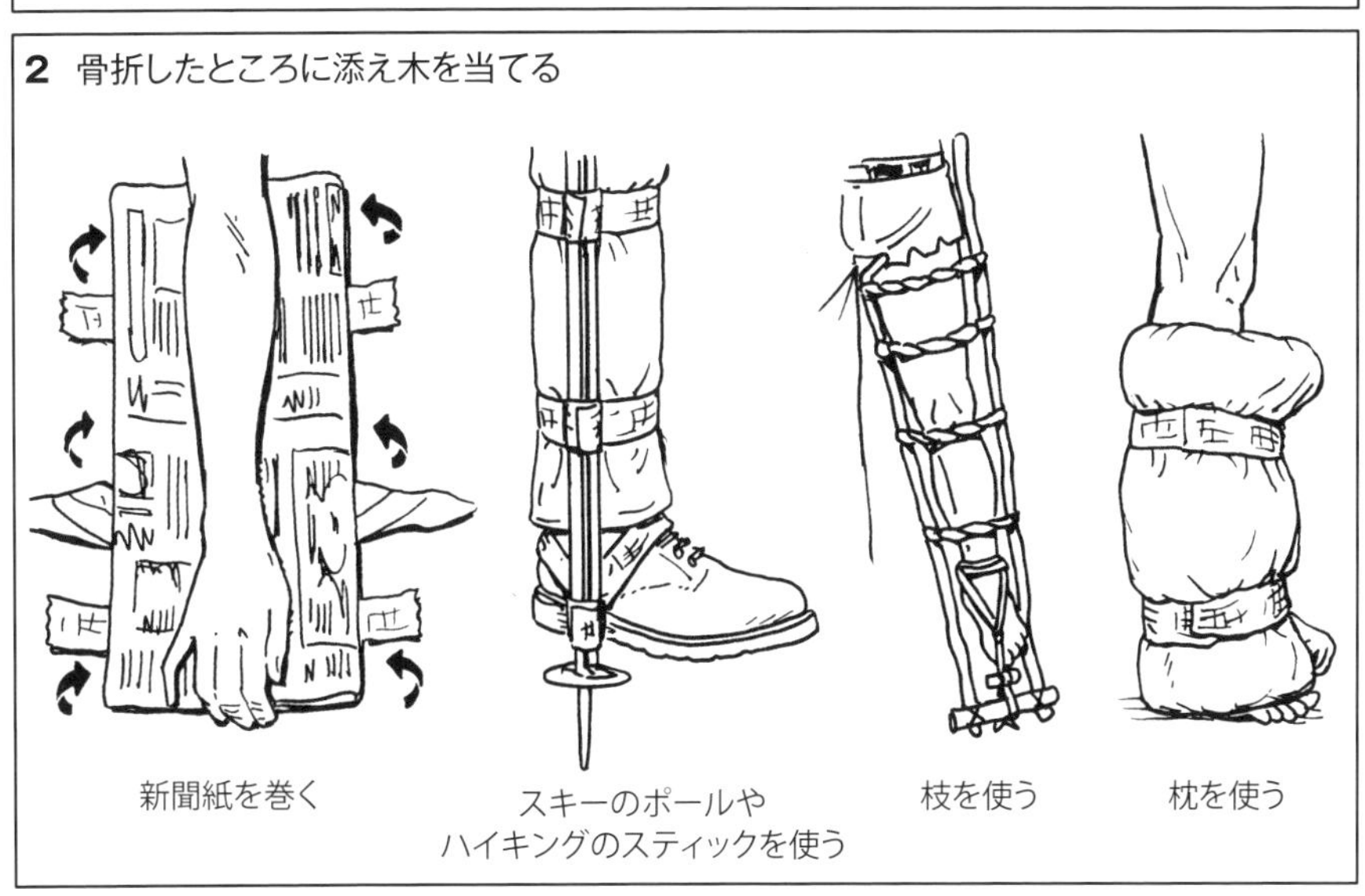
2 骨折したところに添え木を当てる
新聞紙を巻く
スキーのポールや
ハイキングのスティックを使う
枝を使う
枕を使う

輪状甲状膜切開の処置

この項目は、訓練を受けていない一般人にとって、実行してはいけない医療行為である。ひとつの知識として留めておいていただきたい。

輪状甲状膜切開とは、輪状甲状膜に穴を開けて、本来とは別の気道を確保することだ。

この救急処置が行なわれるのは、自動車事故でひどい外傷を受けて上気道が潰された場合や、上気道に異物が入って指やハイムリック（腹部突き上げ）法では取り除けず、空気が吸えずに意識不明に陥っている場合に限られる。

実際に輪状甲状膜切開を行なうときは、医師の判断に任せること。

あえぐ、むせる、ぜいぜい息をするといった「呼吸をしようとする兆候」が音として現われているあいだは、ハイムリック法を続ける。

あるデータによると、気道切開の経験がない研修医や2年目の医学生がメスとボールペンだけで模擬の切開を成功させる確率は57％だという。

しかし、放っておけば脳に取り返しのつかない深刻な損傷を負う（あるいは死ぬ）しかない状況では、こうした道具で切開を試みることで一縷(いちる)の希望が出てくる。

気道の確保は一刻を争う。人間の体は、わずか3～7分間酸素が取り込めないだけで、深刻な脳障害を起こすか完全な脳死状態になる危険性があるのだ。

まずは急いで道具を準備する。切開するのに使う鋭いナイフと、気道代わりにするボールペンの軸が必要だ。

ボールペンは太ければ太いほど、気道に使える確率が高い。研究によれば、スポーツボトルについている大きめの丈夫なストローだと、なおいい。救急救命キットに気管内チューブが入っていれば、当然ながらそれが一番いい。

しかし一刻を争う状況では、だいたいの人が所持しているボールペンが、現実的には最良の選択肢になることがある。ボールペンを使うときは、インクカートリッジを取り外して、ペンの先と尻を捨てて軸だけにする。

切開を始める前に、首を触って喉仏の位置を確認する。喉仏とは、喉頭を覆う甲状軟骨の出っ張りである。出っ張りが見えないときは、顎から胸に向けて首に指を這わせる。最初に触れた硬く出っ張ったものが喉仏だ。

狙うのはそのすぐ下のすき間、甲状軟骨と輪状軟骨をつなぐ輪状甲状膜である。まず皮膚を切開し、続いてこの膜に穴を開けて、気管に新しい空気の出入口をつくる。

首の皮膚はかなり薄いので、最初の切開では慎重の上にも慎重を重ねる。

深く切ってしまうと、組織の深層と軟骨も裂いてしまう恐れがある。頸静脈と頸動脈が頸椎のすぐ脇を通っているので、絶対に真ん中（正中）を切らなければならない。切り口が下になりすぎると、甲状腺を切ってしまう。

皮膚だけを切るには、喉仏のすぐ下の皮膚をつまんで喉から離す。浮かせた皮膚に約6ミリの縦切開を行なう。

すると、皮膚の下にある輪状甲状膜が現われる。2つの軟骨の輪（甲状軟骨と輪状軟骨）のあいだにあるくぼみを狙って、ナイフの先端で穴を開ける。

切り口は小さく浅いもので十分だ。そのほうが呼吸管の周りがしっかりと塞がるので、都合がよい。この処置で大量出血が起こる可能性は低い。

ボールペンの軸、あるいは気管内チューブを切り口に挿入する。

しっかり刺さったかどうか、すぐに確認する。チューブの中が曇っていたり、チューブから空気が出ていたり、チューブに空気が吸い込まれているのを肌で感じられれば大丈夫だ。そして、チューブを通じて2~3度息を吹き込む。

処置に成功したら、それ以降は人工の気道を通して自発呼吸が始まるはずだ。呼吸が再開せず、脈がとれないときは心肺蘇生法（ＣＰＲ）を開始する。

最後に——

今、求められる新たなサバイバル・スキル

現代の新しいサバイバル術は、戦争と平和の境目は脆く、しかもそれは軍事組織の襲撃ではなく、妄想に駆られた個人によって破壊されることが多いという現実に立脚している。こうした単独犯による攻撃から生き延びるためには、市民一人ひとりが立ち向かう準備を整えておくことが前提となる。

また、ときに私たちは、大自然を征服したかのように感じることがある。だが侮ってはならない。母なる自然は、今でも私たちに牙を剝く力を秘めているのだ。

20年にわたる特殊作戦の経験を持ち、安全対策の落とし穴を塞ぐ仕事を遂行してきた元SEAL（アメリカ海軍特殊部隊）隊員だから言えることがある。

危機的状況において自分でどうにかできるのは準備と対応だけだ。真の戦士とは、地上のどんな環境でも戦えるように常に準備しておき、銃撃から家宅侵入まであらゆる脅威から愛する者を守ることができる人間である。

強い者だけが生き残り、知識のある者だけが繁栄する。

世界は以前にも増して、脅威にあふれている。備えろ。負けてはならない。

100 DEADLY SKILLS : SURVIVAL EDITION
by Clint Emerson

アメリカ海軍SEALのサバイバル・マニュアル
災害・アウトドア編

著　者――クリント・エマーソン
訳　者――竹花秀春（たけはな・ひではる）
発行者――押鐘太陽
発行所――株式会社三笠書房
〒102-0072 東京都千代田区飯田橋3-3-1
電話：(03)5226-5734（営業部）
：(03)5226-5731（編集部）
http://www.mikasashobo.co.jp
印　刷――誠宏印刷
製　本――若林製本工場

編集責任者　長澤義文
ISBN978-4-8379-5785-0 C0030